咕泡学院 gupaoedu.com **Java架构师成长丛书**

Spring Cloud Alibaba
微服务原理与实战

谭锋（Mic）◎著

U0218244

电子工业出版社
Publishing House of Electronics Industry
北京·BEIJING

内 容 简 介

本书针对 Spring Cloud Alibaba 生态下的技术组件从应用到原理进行全面的分析，涉及的技术组件包括分布式服务治理 Dubbo、服务配置和服务注册中心 Nacos、分布式限流与熔断 Sentinel、分布式消息通信 RocketMQ、分布式事务 Seata 及微服务网关 Spring Cloud Gateway。由于 Spring Cloud 中所有的技术组件都是基于 Spring Boot 微服务框架来集成的，所以对于 Spring Boot 的核心原理也做了比较详细的分析。

本书中涉及的所有技术组件，笔者都采用"场景→需求→解决方案→应用→原理"高效技术学习模型进行设计，以便让读者知其然且知其所以然。在"原理"部分，笔者采用大量的源码及图形的方式来进行分析，帮助读者达到对技术组件深度学习和理解的目标。

图书在版编目（CIP）数据

Spring Cloud Alibaba 微服务原理与实战 / 谭锋著. —北京：电子工业出版社，2020.4
（咕泡学院 Java 架构师成长丛书）
ISBN 978-7-121-38824-8

Ⅰ．①S… Ⅱ．①谭… Ⅲ．①JAVA 语言－程序设计 Ⅳ．①TP312.8

中国版本图书馆 CIP 数据核字（2020）第 047380 号

责任编辑：董　英
印　　刷：北京天宇星印刷厂
装　　订：北京天宇星印刷厂
出版发行：电子工业出版社
　　　　　北京市海淀区万寿路 173 信箱　　　　　邮编：100036
开　　本：787×980　　1/16　　印张：25.5　　　字数：588 千字
版　　次：2020 年 4 月第 1 版
印　　次：2023 年 8 月第 10 次印刷
定　　价：106.00 元

凡所购买电子工业出版社图书有缺损问题，请向购买书店调换。若书店售缺，请与本社发行部联系，联系及邮购电话：（010）88254888，88258888。

质量投诉请发邮件至 zlts@phei.com.cn，盗版侵权举报请发邮件至 dbqq@phei.com.cn。
本书咨询联系方式：010-51260888-819，faq@phei.com.cn。

推荐序 1

近几年来，我们大家都体会到了移动互联网带来的便利，企业在应对外部环境的快速变化时需要快速创新。无论是传统企业还是互联网企业，都需要不断地对 IT 架构进行升级和改进，从而支持企业的数字化转型。

说到微服务架构，想必大家都不陌生，尤其在互联网应用中谈到企业应用架构时，微服务架构是当前必聊的话题。微服务架构是从单体架构、垂直架构和 SOA 架构逐渐演变而来的。微服务架构这么火热是因为相比之前的应用架构它有许多优点，例如更快速、灵活，更能适应现在需求变更快速的大环境。

Spring Cloud Alibaba 是一套完整的微服务架构解决方案，它为开发人员提供了一些工具来快速构建分布式系统，这对于中小型互联网公司来说是一种"福音"，它能帮助企业在应对业务发展的同时，大大减少开发的成本。

Spring Cloud Alibaba 于 2019 年 8 月开源以来，受到国内诸多企业和开发者的青睐，但在市面上缺少对其系统性的介绍和使用方法的相关内容。本书作者结合自己多年对互联网技术及微服务架构的理解和实践经验，从入门示例、原理剖析和源码分析等各个方面整理了每个模块的知识。无论你是刚入门的 Java 开发者，还是从事开发工作多年的资深码农，都会受益匪浅。

我是阿里巴巴淘系技术部的一名技术小二，很高兴能参与其中推广公司的开源技术。希望本书能够帮助大家快速理解和掌握微服务架构，通过技术的力量帮助企业快速成长。当然，我也希望更多的同学能够加入阿里巴巴。

汤陈

阿里巴巴高级开发工程师

推荐序 2

近年来，随着互联网技术的蓬勃发展，微服务理念逐渐深入人心。围绕微服务的讨论，一刻也未曾停止。而关于"Dubbo VS Spring Cloud"的技术选型，是其中一个"长盛不衰"的热门话题。大家普遍认为，Dubbo 是一款具备一定服务治理能力的 RPC 框架，而 Spring Cloud 是一整套微服务生态体系，双方的比较并不在对等的维度上。

Dubbo 由阿里巴巴于 2011 年开源，很快发展成为国内最火爆的 RPC 框架，其经典程度毋庸置疑。Spring Cloud 的出现，打开了微服务技术的新局面，全家桶式的解决方案，给广大开发者带来了极大的便利。Spring Cloud 制定了集成标准，允许开源社区来提供组件的实现。Netflix 公司在其中扮演了重要的角色，贡献了 REST RPC 框架、服务注册中心、服务网关、断路器、客户端负载均衡等多个服务治理组件。

2017 年，阿里巴巴"重启"Dubbo 的维护，不久就推出了支持 Spring Boot 的版本。而随后 Spring Cloud Alibaba 的问世，不仅宣告了拥抱 Spring Cloud 标准，也与 Netflix 系的解决方案站在了对等竞争的位置。对于很多偏好 Dubbo 的国内开发者来说，面对补齐的微服务生态，无疑又多了一个坚定选择它的理由。Spring Cloud Alibaba 的优势绝不仅仅在于"更服国内的水土"，其脱胎于内部中间件、在多年海量业务场景下打磨出的微服务生态组件，技术含量与工业成熟度在全球范围内也是极具竞争力的。

本书作者谭锋在微服务架构方面具备丰富的实战经验，并不断将自己所学所想分享给职场小伙伴们，本书是他的实战经验总结，推荐给大家。另外，也欢迎大家来"PerfMa 应用性能技术社区"交流。

李嘉鹏（你假笨/寒泉子）

PerfMa CEO

推荐序 3

我曾带领团队从 2016 年开始调研 Spring Cloud 的整体生态，在了解到其完整的一体化解决方案后，决定将其引入公司做成一套全新的研发框架。由于我当时所在的是一家已经成立 15 年以上的老牌互联网公司，其内部的研发架构、运维体系等都向这次转型提出了"挑战"。不同于从 0 开始搭建，我们对 Spring Cloud 的组件进行了大量的二次开发工作，目的是能更平滑地完成这次转变。比如，在跨系统交互时，我们依然保留着一些通过 api-gateway 进行通信的方式；在微服务的运维部署上，公司内并存着容器化（既有 Mesos 也有 Kubernetes）和虚拟机部署的方式等。在进行这些工作时，给我感触最深的就是，单纯地使用 Spring Cloud 整个生态的技术，已经需要一定的技术素养和研究成本。而在其基础上进行二次开发，就会面临参考资料不足、文档和书籍匮乏等问题，不得不花上大量的精力去研究源码。

用一句话形容程序员的进阶，那就是"从说 IT 术语，变成说人话"，这里当然有夸张的成分。我与 Mic 老师既是老同事，也是老朋友。我从他的身上，很明显地感受到他已经从一位大牛架构师，变成了一位"不但能讲人话"，还能"授人以渔"的优秀讲师。本书的目录编排、讲述方式，深谙程序员所求。对"实用主义者"，它直接"show you the code"；对"底层探究者"，它又会进阶地补充上一些原理性的内容，增强理解。相信无论你是新接触 Spring Cloud Alibaba，还是和我当时一样正在团队推进技术转型，这本书都能为你提供很好的帮助，减小你"踩坑"的概率。

目前国内的开源项目越来越多地在开源社区发光发热，Apache 基金会的顶级项目中，也有越来越多的"中国制造"。感谢 Mic 老师这本"干货"教材对 Spring Cloud Alibaba 的推广，为更多的 IT 开发者、IT 研发团队赋能增效。

顾冬煜

赋优信息技术 CTO、沪江网前技术总监

前　　言

我看过市面上很多关于分布式和微服务的书，对于初学者或者想要进阶的人来说，总感觉缺少一点什么。我希望能够写一本书帮助更多的同学快速并且正确地成长。当然，促使我写这本书的另外一个原因是我的职业生涯的转折。

我从事 Java 开发工作接近 10 年时间，然后在职业教育这个"风口"下选择以讲师的身份创业，幸运的是创业过程还算顺利，也有不少收获。从程序员转行到讲师之后，我接触了几十万名有不同背景和不同经验的程序员，慢慢总结了一些课程设计的方法和授课的方法，最大的收获是要针对不同层次的学员合理设计内容的铺垫方式和技术的讲解方式，从而达到事半功倍的效果。因此，我想基于这套方法论，结合目前比较主流的微服务架构，写这样一本书去帮助大家。

诚然，写书和讲课或者写代码是完全不一样的。对于这本书中的每一句话、每一个字，我都仔细斟酌，抱着一种程序员对于代码的极致追求的心态来写这本书。实际上我们都知道程序是不可能完美的，希望读者能够抱着容忍程序中出现小 bug 的心态来原谅我文字表达的不完美。

我从 2012 年开始接触 Dubbo，当时公司正面临大规模服务化之后的服务治理和服务监控等一系列问题，Dubbo 的出现解决了很多快速发展起来的互联网公司的技术难题。从那以后，我开始深入研究 Dubbo 的底层原理。

2015 年，公司内部全面推动微服务架构，当时采用 Spring Boot+Dubbo 来构建微服务，基于微服务的治理生态和运维生态的逐步完善，我逐步认识到微服务带来的价值。在 Spring Cloud 还没有在国内大规模运用时，我们要解决服务注册与发现、服务熔断和降级、服务监控、服务路由等问题，采用的技术大部分是大公司或者 Apache 组织开源的。各种技术的拼凑和组装给企业带来了比较大的挑战。

从 2016 年开始，Spring Cloud 逐步在国内普及，它提供了微服务开发、服务治理、监控等一体化解决方案。有了这个生态，中小型互联网公司要构建微服务，不需要再去找各种开源组件来集成。通过 Spring Cloud 可以轻松快速地构建微服务。

Spring Cloud 服务治理的整个体系采用的是 Netflix 公司提供的开源组件，但是 Netflix 公司开源组件的活跃度不是很高，并且 Netflix 公司官方也声明了对于很多组件逐步进入维护模式。所以 Spring Cloud 官方发布了声明，Spring Cloud Netflix 下的相关组件也会逐步进入维护模式（进入维护模式的意思就是从目前一直到以后一段时间 Spring Cloud Netflix 提供的服务和功能就这么多了，不再开发新的组件和功能了）。同时 Spring Cloud 官方也在积极孵化其他替代品，以满足 Spring Cloud 版本迭代的需求。

值得高兴的是，2018 年 10 月 31 日的凌晨，Spring Cloud Alibaba 正式入驻 Spring Cloud 官方孵化器，并在 Maven 中央库发布了第一个版本；2019 年 8 月 1 日，在 Alibaba 仓库发布了第一个毕业版本。

Spring Cloud Alibaba 生态下的各个组件其实在国内很多公司很早之前就有使用，它们在服务治理方面比 Spring Cloud Netflix 更加强大，而且比较符合国内互联网公司的业务特性，未来可期！

本书会从技术背景到基本使用再到深层次的设计思想和原理，对 Spring Cloud Alibaba 进行全面的分析，帮助大家全面构建 Spring Cloud Alibaba 技术体系。

本书特色

- **系统化的深度整理**

Spring Cloud Alibaba 在官网上有很多非常详细的资料，但是这些资料太散，没有系统性和深度。很多开发者需要花费大量的时间和精力去研究，很低效。本书系统分析了各个组件的使用方法和原理，对于初学者或者有一定经验的开发者来说，都能提供非常大的帮助。

- **高效的技术学习模型**

以往我们学习一个技术往往直接从应用着手，这种方式会使得读者知其然而不知其所以然。本书对于 Spring Cloud Alibaba 生态下的技术组件采用高效的技术学习模型"场景→需求→解决方案→应用→原理"来展开，可以让读者更加了解技术背景，更好地理解技术的本质。

- **不仅有应用，还有核心原理**

一个"不安分"的程序员，必然不会仅停留在技术的使用层次，技术实现原理的探索会给他带来更多的惊喜。本书在介绍 Spring Cloud Alibaba 生态下各个技术组件的使用方法的同时，会剖析其实现原理，并且结合一些核心源码分析设计方案的落地过程。这无疑给那些充满好奇心的读者带来了"福利"。

- 大量图形化设计，化繁为简

对于复杂的技术原理，如果一味地用书面化的文字来表述，难免会增加理解成本，读者可能要花大半天的时间去理解一句话。"书"对于开发者来说，是一个很好的学习渠道，理应化繁为简，所以本书采用"动不动就画图"的方式，在书中穿插了大量的图形，帮助读者更好地掌握技术原理。

示例源码

本书相关示例源码可以在 GitHub 站点下载：https://github.com/2227324689/Spring-Cloud-Alibaba-。

致谢

这本书笔者筹划了很久，中间因为各种原因，一直拖到 2019 年的 11 月份才正式动笔，接着到一月份又赶上了疫情在家里隔离，索性就利用隔离的这段时间没日没夜地把这本书写完了，也算是圆了自己写一本书的小梦想。

本书能够顺利出版，首先得感谢合伙人谭勇德、蒋孟枝的不断督促，以及本书的责任编辑董英的鼓励。其次，我要感谢我的妻子，是你的支持使我在写书期间可以"两耳不闻窗外事"，专注写作，从而顺利交稿。

我还要特别感谢我的好友汤陈，为本书提供了第 7 章的初稿。在整个写作过程中我们对于技术问题的交流，为我的写作提供了很多很好的思路。

读者服务

微信扫码回复：38824

- 获取各种共享文档、线上直播、技术分享等免费资源
- 加入本书读者交流群，与本书作者互动
- 获取博文视点学院在线课程、电子书 20 元代金券

目　　录

1

第 1 章
微服务的发展史

技术作为业务的支撑，它永远是伴随着业务的发展而发展的，所以作为一名技术开发者，我们需要不断地学习新的技术去解决新的技术问题。但是随着年龄的增长，我们能够投入的时间和精力越来越少，掌握科学的学习方法并且让自己的思维方式和对技术的理解层次前置于新技术就显得很重要了。其实现在很多程序员是很幸运的，他们进入 Java 开发这个领域，各个方面的技术体系都非常成熟，遇到任何问题都有非常成熟的解决方案，所以只需要了解并且会用这些技术就能够解决几乎所有的问题。但是他们也会因为缺少对于技术发展过程的了解，而导致对于技术解决方案的了解过于片面。我遇到的很多学员都问过我这样一个问题："SOA 和微服务有什么区别？"这个问题单纯靠网上各种文章去理解会比较困难，但是如果经历过 SOA 到微服务的发展过程，就很容易理解了。

我会从架构发展的角度来描述技术的发展过程，根据不同阶段所面临的问题来推动架构的演变，从而更好地理解微服务的本质以及它所带来的好处。大家会发现很多书的第 1 章都写一些基础性的或者架构演进的内容，我也不例外，因为这块内容主要会通过架构的演进过程帮助大家建立一个整体意识，从而更好地掌握微服务体系。

1.1 从单体架构到分布式架构的演进

任何现在看起来非常复杂和庞大的架构，一定都是随着业务产品中用户量和数据量增长而不断演变来的。而架构的发展可能都会经历单体架构、垂直化和集群、SOA（面向服务架构）、微服务架构等。当然不是所有的公司都会严格按照这个架构的顺序来演进，每个公司遇到的问题不一样，架构的发展过程也不一样。特别是互联网公司的架构，用户量大部分情况下属于爆发式的增长，那么后端架构所面临的挑战就会比较大，处理方式一定是先扛住流量然后在流量平稳之后再来优化架构。

1.1.1 单体架构

我是在 2008 年的时候开始学习 Java 的，那时候主要学习 Spring、Struts、Hibernate、MySQL 等技术。当时学完以后，开发了一个商城系统作为毕业项目，如图 1-1 所示。

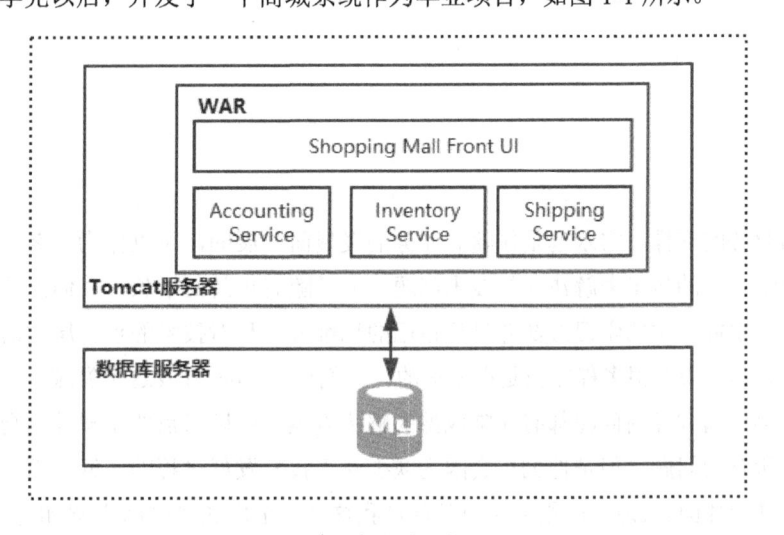

图 1-1　商城系统架构图

整个系统的架构非常简单，使用 Spring+Struts+Hibernate 构建一个基础工程、MySQL 数据库作为持久化存储，在这个工程中创建不同的 Service 实现商城中不同的业务场景，如账户、库存、商品等。最后把项目构建成一个 war 包部署在 Tomcat 容器上即可使用，这应该是很多学习 Java 开发的同学都有过的经历。

通常来说，如果一个 war 包或者 jar 包里面包含一个应用的所有功能，则我们称这种架构为单体架构。

很多传统互联网公司或者创业型公司早期基本都会采用这样的架构，因为这样的架构足够简单，能够快速开发和上线。而且对于项目初期用户量不大的情况，这样的架构足以支撑业务的正常运行。

1.1.2　集群及垂直化

假设在 1.1.1 节中提到的商城系统是某个创业公司早期的产品，我们知道技术只是业务的一个载体，它使得用户通过网页就能轻松实现线上购物，所以最终的核心还是产品的长期运营。作为公司，肯定希望这个产品被越来越多的人使用，这样才能创造更大的价值。如果这个希望变成了现实，那么对于整个技术架构来说，可能会面临以下挑战：

- 用户量越来越大，网站的访问量不断增大，导致后端服务器的负载越来越高。
- 用户量大了，产品需要满足不同用户的需求来留住用户，使得业务场景越来越多并且越来越复杂。

当服务器的负载越来越高的时候，如果不进行任何处理，用户在网站上操作的响应会越来越慢，甚至出现无法访问的情况，对于非常注重用户体验的互联网产品来说，这是无法容忍的。

业务场景越多越复杂，意味着 war 包中的代码量会持续上升，并且各个业务代码之间的耦合度也会越来越高，后期的代码维护和版本发布涉及的测试和上线，也会很困难。举个最简单的例子，当你需要在库存模块里面添加一个方法时，带来的影响是需要把整个商城重新测试和部署，而当一个 war 包有几 GB 的大小时，部署的过程也是相当痛苦的。

因此，我们可以从两个方面进行优化：

（1）通过横向增加服务器，把单台机器变成多台机器的集群。

（2）按照业务的垂直领域进行拆分，减少业务的耦合度，以及降低单个 war 包带来的伸缩性困难问题。

如图 1-2 所示，我们把商城系统按照业务维度进行了垂直拆分：用户子系统、库存子系统、商品子系统，每个子系统由不同的业务团队负责维护并且独立部署。同时，我们针对 Tomcat 服务器进行了集群部署，也就是把多台 Tomcat 服务器通过网络进行连接组合，形成一个整体对外提供服务。这样做的好处是能够在改变应用本身的前提下，通过增加服务器来进行水平扩容从而提升整个系统的吞吐量。

需要注意的是，图 1-2 中针对数据库进行了垂直分库，主要是考虑到 Tomcat 服务器能够承载的流量大了之后，如果流量都传导到数据库上，会给数据库造成比较大的压力。

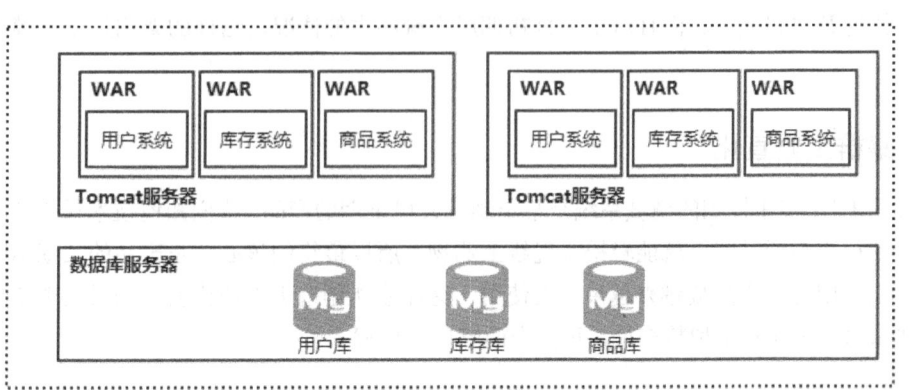

图 1-2　集群及垂直化之后的架构

总的来说，数据库层面的拆分思想和业务系统的拆分思想是一样的，都是采用分而治之的思想。

1.1.3　SOA

为了让大家更好地理解 SOA，我们来看两个场景：

- 假设一个用户执行下单操作，系统的处理逻辑是先去库存子系统检查商品的库存，只有在库存足够的情况下才会提交订单，那么这个检查库存的逻辑是放在订单子系统中还是库存子系统中呢？在整个系统中，一定会存在非常多类似的共享业务的场景，这些业务场景的逻辑肯定会被重复创建，从而产生非常多冗余的业务代码，这些冗余代码的维护成本会随着时间的推移越来越高，能不能够把这些共享业务逻辑抽离出来形成可重用的服务呢？
- 在一个集团公司下有很多子公司，每个子公司都有自己的业务模式和信息沉淀，各个子公司之间不进行交互和共享。这个时候每个子公司虽然能够创造一定的价值，但是由于各个子公司之间信息不是互联互通的，彼此之间形成了信息孤岛，使得价值无法最大化。

基于这些问题，就引入了 SOA（Service-Oriented Architecture），也就是面向服务的架构，从语义上说，它和面向过程、面向对象、面向组件的思想是一样的，都是一种软件组建及开发的方式。核心目标是把一些通用的、会被多个上层服务调用的共享业务提取成独立的基础服务，这些被提取出来的共享服务相对来说比较独立，并且可以重用。所以在 SOA 中，服务是最核心的抽象手段，业务被划分为一些粗粒度的业务服务和业务流程。

如图 1-3 所示，提取出了用户服务、库存服务、商品服务等多个共享服务。在 SOA 中，会采用 ESB（企业服务总线）来作为系统和服务之间的通信桥梁，ESB 本身还提供服务地址的管理、不同系统之间的协议转化和数据格式转化等。调用端不需要关心目标服务的位置，从而使得服务之间的交互是动态的，这样做的好处是实现了服务的调用者和服务的提供者之间的高度解耦。总的来说，SOA 主要解决的问题是：

- 信息孤岛。
- 共享业务的重用。

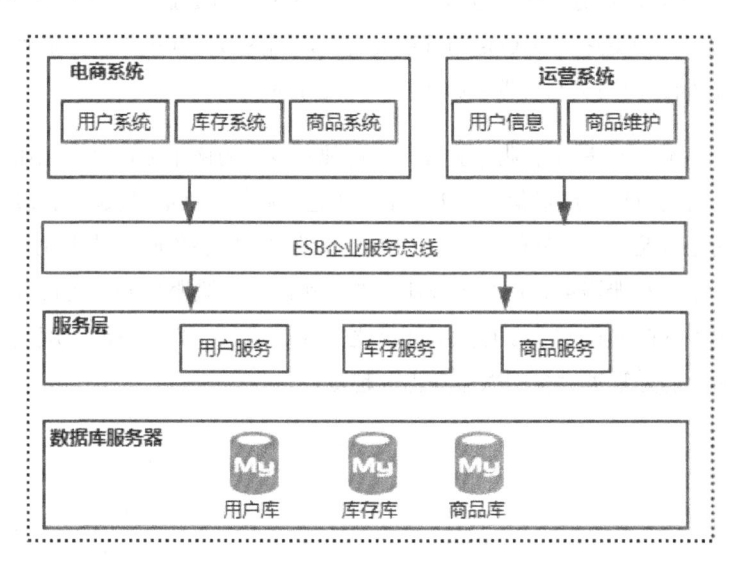

图 1-3　SOA

1.1.4　微服务架构

业务系统实施服务化改造之后，原本共享的业务被拆分形成可复用的服务，可以在最大程度上避免共享业务的重复建设、资源连接瓶颈等问题。那么被拆分出来的服务是否也需要以业务功能为维度来进行拆分和独立部署，以降低业务的耦合及提升容错性呢？

微服务就是这样一种解决方案，从名字上来看，面向服务（SOA）和微服务本质上都是服务化思想的一种体现。如果 SOA 是面向服务开发思想的雏形，那么微服务就是针对可重用业务服务的更进一步优化，我们可以把 SOA 看成微服务的超集，也就是多个微服务可以组成一个 SOA 服务。伴随着服务粒度的细化，会导致原本 10 个服务可能拆分成了 100 个微服务，一旦服务规模扩大就意味着服务的构建、发布、运维的复杂度也会成倍增加，所以实施微服务的前提是软件交付链路及基础设施的成熟化。因此微服务在我看来并不是一个新的概念，它本质上是服务化思想的最佳实践方向。

由于 SOA 和微服务两者的关注点不一样，造成了这两者有非常大的区别：

- SOA 关注的是服务的重用性及解决信息孤岛问题。
- 微服务关注的是解耦，虽然解耦和可重用性从特定的角度来看是一样的，但本质上是有区别的，解耦是降低业务之间的耦合度，而重用性关注的是服务的复用。
- 微服务会更多地关注在 DevOps 的持续交付上，因为服务粒度细化之后使得开发运维变得更加重要，因此微服务与容器化技术的结合更加紧密。

如图 1-4 所示，将每个具体的业务服务构成可独立运行的微服务，每个微服务只关注某个特定的功能，服务之间采用轻量级通信机制 REST API 进行通信。细心的读者会发现 SOA 中的服务和微服务架构中的服务粒度是一样的，不是说 SOA 是微服务的超集吗？其实我们可以把用户服务拆分得更细，比如用户注册服务、用户鉴权服务等。实际上，微服务到底要拆分到多大的粒度没有统一的标准，更多的时候是需要在粒度和团队之间找平衡的，微服务的粒度越小，服务独立性带来的好处就越多，但是管理大量的微服务也会越复杂。

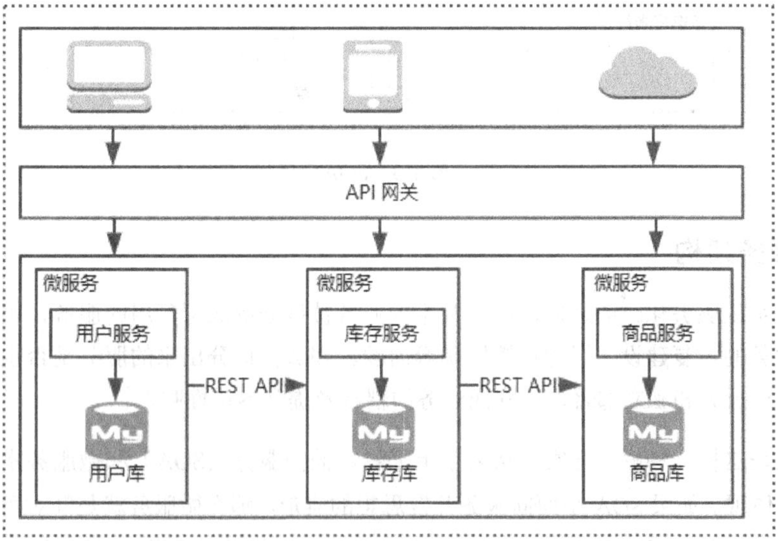

图 1-4 微服务架构

1.2 微服务架构带来的挑战

从单体架构到微服务架构，技术架构随着产品的复杂度和访问的压力增大不断地进行变化，最终的目的都是更好地服务业务，使得用户在使用产品时获得更好的体验。而微服务架构之所以能够被广泛地使用，自然有它的优势，先来简单分析一下微服务架构的优点。

1.2.1 微服务架构的优点

微服务架构有很多好处，下面简单罗列了几个比较突出的点。

- 复杂度可控：通过对共享业务服务更细粒度的拆分，一个服务只需要关注一个特定的业务领域，并通过定义良好的接口清晰表述服务边界。由于体积小、复杂度低，开发、维护会更加简单。
- 技术选型更灵活：每个微服务都由不同的团队来维护，所以可以结合业务特性自由选择技术栈。
- 可扩展性更强：可以根据每个微服务的性能要求和业务特点来对服务进行灵活扩展，比如通过增加单个服务的集群规模，提升部署了该服务的节点的硬件配置。
- 独立部署：由于每个微服务都是一个独立运行的进程，所以可以实现独立部署。当某个微服务发生变更时不需要重新编译部署整个应用，并且单个微服务的代码量比较小，使得发布更加高效。
- 容错性：在微服务架构中，如果某一个服务发生故障，我们可以使故障隔离在单个服务中。其他服务可以通过重试、降级等机制来实现应用层面的容错。

1.2.2 微服务架构面临的挑战

微服务架构不是银弹，它并不能解决所有的架构问题。虽然它本身具备非常多的优势，但是也给我们的开发工作带来了非常大的挑战。在拥抱微服务架构的过程中，我们经常会遇到数据库的拆分、API 交互、大量的微服务开发和维护、运维等问题。即便成功实现了微服务的主体，也还是会面临下面这样一些挑战。

- 故障排查：一次请求可能会经历多个不同的微服务的多次交互，交互的链路可能会比较长，每个微服务会产生自己的日志，在这种情况下如果出现一个故障，开发人员定位问题的根源会比较困难。

- 服务监控：在一个单体架构中很容易实现服务的监控，因为所有的功能都在一个服务中。在微服务架构中，服务监控开销会非常大，可以想象一下，在几百个微服务组成的架构中，我们不仅要对整个链路进行监控，还需要对每一个微服务都实现一套类似单体架构的监控。

- 分布式架构的复杂性：微服务本身构建的是一个分布式系统，分布式系统涉及服务之间的远程通信，而网络通信中网络的延迟和网络故障是无法避免的，从而增加了应用程序的复杂度。

- 服务依赖：微服务数量增加之后，各个服务之间会存在更多的依赖关系，使得系统整体更为复杂。假设你在完成一个案例，需要修改服务 A、B、C，而 A 依赖 B，B 依赖 C。在单体式应用中，你只需要改变相关模块，整合变化，再部署就好了。对比之下，微服务架构模式就需要考虑相关改变对不同服务的影响。比如，你需要更新服务 C，然后是 B，最后才是 A，幸运的是，许多改变一般只影响一个服务，需要协调多服务的改变很少。

- 运维成本：在微服务中，需要保证几百个微服务的正常运行，对于运维的挑战是巨大的。比如单个服务流量激增时如何快速扩容、服务拆分之后导致故障点增多如何处理、如何快速部署和统一管理众多的服务等。

1.3 如何实现微服务架构

前面基于微服务架构的发展演进过程阐述了微服务架构的本质和优缺点，那么如何实现一个微服务架构呢？在我看来，不管是单体架构还是微服务架构，本质上都是为了更好地支撑业务的发展，就像建房子，2 层楼和 20 层楼都是用来住人的，唯一的区别是建 2 层楼所需要的技术和建 20 层楼所需要的技术不一样，后者需要的技术更加复杂。

架构的本质是对系统进行有序化重构，使系统不断进化。在这个进化的过程中除了更好地支撑业务发展，也会带来非常多的挑战，譬如在 1.2.2 节中提到的微服务的挑战，为了解决这些问题就必须引入更多的技术，进而使得微服务架构的实现变得非常复杂。

1.3.1 微服务架构图

简单整理实现微服务架构需要考虑的功能，可以得到微服务架构图，如图 1-5 所示。

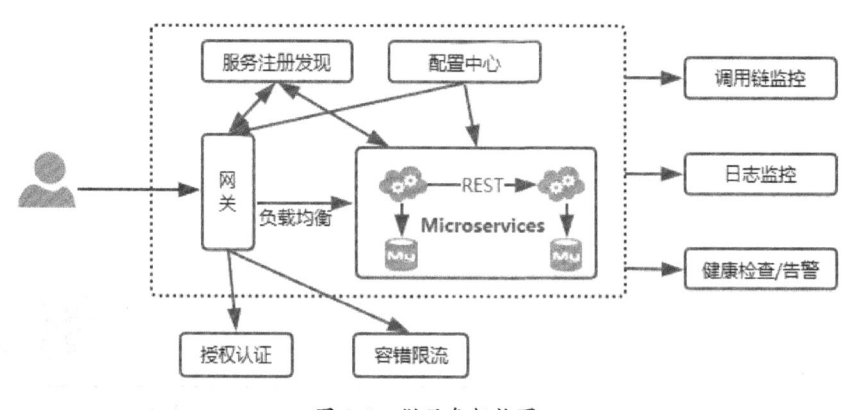

图 1-5　微服务架构图

1.3.2　微服务架构下的技术挑战

微服务架构主要的目的是实现业务服务的解耦。随着公司业务的高速发展，微服务组件会越来越多，导致服务与服务之间的调用关系越来越复杂。同时，服务与服务之间的远程通信也会因为网络通信问题的存在变得更加复杂，比如需要考虑重试、容错、降级等情况。那么这个时候就需要进行服务治理，将服务之间的依赖转化为服务对服务中心的依赖。除此之外，还需要考虑：

- 分布式配置中心。
- 服务路由。
- 负载均衡。
- 熔断限流。
- 链路监控。

这些都需要对应的技术来实现，我们是自己研发还是选择市场上比较成熟的技术拿来就用呢？如果市场上有多种相同的解决方案，应该如何做好技术选型？以及每个技术解决方案中的底层实现原理是什么？读者可以带着这些疑问继续往下阅读，本书后续的章节中会做非常详细的讲解。

2

第 2 章
微服务解决方案之 Spring Cloud

尽管微服务架构为复杂业务提供了很好的解决方案，但也给开发、测试、运维带来了非常大的挑战。站在开发人员的角度，首先，需要考虑各个微服务之间的远程通信，市场上有非常多的开源 RPC 框架，比如 Thrift、Dubbo、Motan、gRPC 等。其次，有了远程通信之后，还需要考虑服务构成大规模集群之后如何做好服务的动态感知，比如 A 服务要调用 B 服务，但是 B 服务部署了 10 个节点，那么 A 服务如何动态维护 B 服务的 10 个不同的地址信息呢？这就需要采用一些第三方组件来管理目标服务的地址。

在微服务一体化解决方案出现之前，各个公司在实现服务化的过程中都比较痛苦，不仅仅需要对各种开源技术进行横向对比及整合，还需要针对公司内部业务的特性对这些开源组件进行包装和优化。笔者就经历了这样一个痛苦的过程，直到 Spring Cloud 出现。

Spring Cloud 是 Pivotal 公司在 2015 年发布的一个项目，很多人可能不知道 Pivotal 公司，Spring 就是 Pivotal 公司研发的。

本章会围绕业内比较主流的微服务解决方案进行分析，主要包括：

- Spring Cloud Netflix
- Spring Cloud Alibaba

2.1　什么是 Spring Cloud

官网是这么描述 Spring Cloud 的：

Spring Cloud provides tools for developers to quickly build some of the common patterns in distributed systems (e.g. configuration management, service discovery, circuit breakers, intelligent routing, micro-proxy, control bus, one-time tokens, global locks, leadership election, distributed sessions, cluster state). Coordination of distributed systems leads to boiler plate patterns, and using Spring Cloud developers can quickly stand up services and applications that implement those patterns. They will work well in any distributed environment, including the developer's own laptop, bare metal data centres, and managed platforms such as Cloud Foundry.

简单来说，Spring Cloud 提供了一些可以让开发者快速构建微服务应用的工具，比如配置管理、服务发现、熔断、智能路由等，这些服务可以在任何分布式环境下很好地工作。Spring Cloud 主要致力于解决如下问题：

- Distributed/versioned configuration，分布式版本化配置。
- Service registration and discovery，服务注册与发现。
- Routing，服务路由。
- Service-to-service calls，服务调用。
- Load balancing，负载均衡。
- Circuit Breakers，断路器。
- Global locks，全局锁。
- Leadership election and cluster state，Leader 选举及集群状态。
- Distributed messaging，分布式消息。

需要注意的是，Spring Cloud 并不是 Spring 团队全新研发的框架，它只是把一些比较优秀的解决微服务架构中常见问题的开源框架基于 Spring Cloud 规范进行了整合，通过 Spring Boot 这个框架进行再次封装后屏蔽掉了复杂的配置，给开发者提供良好的开箱即用的微服务开发体验。不难看出，Spring Cloud 其实就是一套规范，而 Spring Cloud Netflix、Spring Cloud Consul、Spring Cloud Alibaba 才是 Spring Cloud 规范的实现。

2.2 Spring Cloud 版本简介

前面我们讲过，Spring Cloud 是一套整合了各大公司开源技术的规范，而这些开源技术的版本发布是由各个公司来维护的，每个子项目都维护了自己的发布版本号，所以它不像传统意义上的版本命名，而是采用了伦敦地铁站的名字根据字母表的顺序结合对应版本的时间顺序来定义一个大版本，Spring Cloud 以往的版本发布顺序排列如下：

- Angel（最早的 Release 版本）
- Brixton
- Camden
- Dalston
- Edgware
- Finchley
- Greenwich
- Hoxton（最新的版本）

Spring Cloud 的每一个大版本通过 BOM（Bill of Materials）来管理每个子项目的版本清单，如图 2-1 所示是 Spring Cloud 官网提供的各个子项目的版本清单，表头（Edgware.SR6、Greenwich.SR2）表示 Spring Cloud 的大版本号。表格中的内容是当前大版本号对应所有子项目的版本号。简单来说，如果我们引入 Spring Cloud 的版本是 Edgware.SR6，那么依赖的 Spring-Cloud-Aws 的版本号为 1.2.4.RELEASE，Spring-Cloud-Bus 的版本号为 1.3.4.RELEASE。细心的读者会发现 Spring Cloud 大版本号后面多了一个.SR6/.SR2，Spring Cloud 项目的发布内容积累到一个临界点或者解决一些严重的 Bug 后，会发布一个 Service Release 的版本，简称 SRX，其中 X 是一个递增的数字。

Table 2. Release train contents

Component	Edgware.SR6	Greenwich.SR2	Greenwich.BUILD-SNAPSHOT
spring-cloud-aws	1.2.4.RELEASE	2.1.2.RELEASE	2.1.3.BUILD-SNAPSHOT
spring-cloud-bus	1.3.4.RELEASE	2.1.2.RELEASE	2.1.3.BUILD-SNAPSHOT
spring-cloud-cli	1.4.1.RELEASE	2.0.0.RELEASE	2.0.1.BUILD-SNAPSHOT
spring-cloud-commons	1.3.6.RELEASE	2.1.2.RELEASE	2.1.3.BUILD-SNAPSHOT
spring-cloud-contract	1.2.7.RELEASE	2.1.2.RELEASE	2.1.3.BUILD-SNAPSHOT
spring-cloud-config	1.4.7.RELEASE	2.1.3.RELEASE	2.1.4.BUILD-SNAPSHOT
spring-cloud-netflix	1.4.7.RELEASE	2.1.2.RELEASE	2.1.3.BUILD-SNAPSHOT
spring-cloud-security	1.2.4.RELEASE	2.1.3.RELEASE	2.1.4.BUILD-SNAPSHOT
spring-cloud-cloudfoundry	1.1.3.RELEASE	2.1.2.RELEASE	2.1.3.BUILD-SNAPSHOT
spring-cloud-consul	1.3.6.RELEASE	2.1.2.RELEASE	2.1.3.BUILD-SNAPSHOT
spring-cloud-sleuth	1.3.6.RELEASE	2.1.1.RELEASE	2.1.2.BUILD-SNAPSHOT

图 2-1　Spring Cloud 各个子项目的版本清单

值得注意的是，Spring Cloud 中所有子项目都依赖 Spring Boot 框架，所以 Spring Boot 框架的版本号和 Spring Cloud 的版本号之间也存在依赖及兼容的关系。如图 2-2 所示，是 Spring Cloud 官方提供的版本依赖关系。Edgware 和 Dalston 这两个版本可以构建在 Spring Boot 1.5.x 版本上，但是不能兼容 Spring Boot 2.0.x。　并且，从 Finchley 版本开始，Spring Boot 版本必须在 2.0.x 之上，不支持 Spring Boot 1.5.x。

Release Train	Boot Version
Hoxton	2.2.x
Greenwich	2.1.x
Finchley	2.0.x
Edgware	1.5.x
Dalston	1.5.x

图 2-2　Spring Cloud 发布版本与 Spring Boot 版本的兼容关系

2.3　Spring Cloud 规范下的实现

在 Spring Cloud 这个规范下，有很多实现，比如：

- Spring-Cloud-Bus
- Spring-Cloud-Netflix
- Spring-Cloud-Zookeeper
- Spring-Cloud-Gateway

在这些实现中，绝大部分组件都使用"别人已经造好的轮子"，然后基于 Spring Cloud 规范进行整合，使用者只需要使用非常简单的配置即可完成微服务架构下复杂的需求。

这也是 Spring 团队最厉害的地方，他们很少重复造轮子。大家回想一下，最早的 Spring Framework，它只提供了 IoC 和 AOP 两个核心功能，对于 ORM、MVC 等其他的功能，Spring 都提供非常好的兼容性，比如 Hibernate、MyBatis、Struts 2。

只有在别人提供的东西不够好的情况下，Spring 团队才会考虑自己研发。比如 Struts 2 经常有安全漏洞，所以 Spring 团队自己研发了 Spring MVC 框架，并且成了现在非常主流的 MVC 框架。再比如 Spring Cloud Netflix 中的 Zuul 网关，因为性能及版本迭代较慢，所以 Spring 团队孵化了一个 Spring Cloud Gateway 来取代 Zuul。

另外，Spring 团队一直在不断地为开发者解决一些技术复杂度高的问题，使开发者能够更高效地专注于业务开发的工作。从 Spring Framework 到 Spring Boot，再到 Spring Cloud，都是如此。

Spring Cloud 生态下服务治理的解决方案主要有两个：Spring Cloud Netflix 和 Spring Cloud Alibaba。这两个解决方案分别是针对 Netflix OSS 及 Alibaba 的服务治理体系基于 Spring Cloud 规范做的整合，本书中主要基于 Spring Cloud Alibaba 生态进行详细的讲解。

2.4 Spring Cloud Netflix

Spring Cloud Netflix 主要为微服务架构下的服务治理提供解决方案，包括以下组件：

- Eureka，服务注册与发现。
- Zuul，服务网关。
- Ribbon，负载均衡。
- Feign，远程服务的客户端代理。
- Hystrix，断路器，提供服务熔断和限流功能。
- Hystrix Dashboard，监控面板。
- Turbine，将各个服务实例上的 Hystrix 监控信息进行统一聚合。

Spring Cloud Netflix 是 Spring Boot 和 Netflix OSS 在 Spring Cloud 规范下的集成。其中，Netflix OSS（Netflix Open Source Software）是由 Netflix 公司开发的一套开源框架和组件库，Eureka、Zuul 等都是 Netflix OSS 中的开源组件。而 Spring Cloud 只是把这些组件进行了整合，使得使用者可以更快速、更简单地构建微服务，以及解决微服务下的服务治理等难题。

Netflix OSS 本身是一套非常好的组件，由于 Netflix 对 Zuul 1、Ribbon、Archaius 等组件的维护不利，Spring Cloud 决定在 Greenwich 中将如下项目都改为"维护模式"（进入维护模式意味着这些组件以后不会有大的功能更新，只会修复 Block 级别的 Bug 及安全问题）。当然，这些组件短期来说仍然可以继续使用，但是长期来看显然是不合适的。

- Spring-Cloud-Netflix-Hystrix
- Spring-Cloud-Netflix-Ribbon
- Spring-Cloud-Netflix-Zuul

Spring Cloud Netflix 在很多公司都有大规模使用，一旦停止新的功能更新，短期来看影响不大，但是长期来看显然是不适合的，怎么办呢？别慌，Spring 官方提供了替换的建议，如图 2-3 所示。当然，除 Spring Cloud Netflix 外，在服务治理的解决方案上，还会有更多的选择，而最新发布的 Spring Cloud Alibaba 就是一个不错的方向。

CURRENT	REPLACEMENT
Hystrix	Resilience4j
Hystrix Dashboard / Turbine	Micrometer + Monitoring System
Ribbon	Spring Cloud Loadbalancer
Zuul 1	Spring Cloud Gateway
Archaius 1	Spring Boot external config + Spring Cloud Config

图 2-3　Spring Cloud 官方版本替换建议

2.5　Spring Cloud Alibaba

Spring Cloud Alibaba 是阿里巴巴集团下的开源组件和云产品在 Spring Cloud 规范下的实现。2018 年 10 月 31 日，Spring Cloud Alibaba 正式入驻 Spring Cloud 官方孵化器，并发布了第一个预览版本。2019 年 8 月 1 日在 Alibaba 仓库发布第一个毕业版本。

Spring Cloud Alibaba 主要为微服务开发提供一站式的解决方案，使开发者通过 Spring Cloud 编程模型轻松地解决微服务架构下的各类技术问题。以下是 Spring Cloud Alibaba 生态下的主要功能组件，这些组件包含开源组件和阿里云产品组件，云产品是需要付费使用的。

- Sentinel，流量控制和服务降级。
- Nacos，服务注册与发现。
- Nacos，分布式配置中心。
- RocketMQ，消息驱动。
- Seate，分布式事务。
- Dubbo，RPC 通信。
- OSS，阿里云对象存储（收费的云服务）。

2.5.1　Spring Cloud Alibaba 的优势

相对于 Spring Cloud Netflix 来说，它的优势有很多，笔者简单整理了以下两点：

- Alibaba 的开源组件在没有织入 Spring Cloud 生态之前，已经在各大公司广泛应用，所以集成到 Spring Cloud 生态使得开发者能够很轻松地实现技术整合及迁移。我从 2013 年开始接触 Dubbo，当时所在公司使用 Webservice 来实现服务的远程通信，但是 Webservice 在服务治理这块的能力是缺失的，因此使用 Dubbo 进行了全部替换。有意思的是，Dubbo 天然支持多协议，因此在迁移和改造过程中并没有投入太多的成本，这也使得笔者开始关注 Dubbo。在后续的几个公司中，也都是通过 Dubbo 来实现服务通信及服务治理的。

- Alibaba 的开源组件在服务治理上和处理高并发的能力上有天然的优势，毕竟这些组件都经历过数次双 11 的考验，也在各大互联网公司大规模应用过。所以，相比 Spring Cloud Netflix 来说，Spring Cloud Alibaba 在服务治理这块的能力更适合于国内的技术场景，同时，Spring Cloud Alibaba 在功能上不仅完全覆盖了 Spring Cloud Netflix 原生特性，而且还提供了更加稳定和成熟的实现，因此笔者很看好 Spring Cloud Alibaba 未来的发展。

2.5.2　Spring Cloud Alibaba 的版本

Spring Cloud Alibaba 在 2018 年 10 月 31 号发布了第一个预览版本，0.2.0.RELEASE 和 0.1.0.RELEASE，其中 0.1.0.RELEASE 与 Spring Boot 1.5.x 兼容，0.2.0.RELEASE 与 Spring Boot 2.0.x 兼容。由于 Spring Cloud 是基于 Spring Boot 框架来集成的，而 Spring Boot 1 和 Spring Boot 2 在一些配置类和注解等方面存在很大的变更，所以在一段时间内如果做升级，还是会考虑兼容老的版本。

目前 Spring Cloud Alibaba 发布了两个毕业版本，最新的版本对应各个子项目的版本关系如图 2-4 所示。

Spring Cloud Alibaba Version	Sentinel Version	Nacos Version	RocketMQ Version	Dubbo Version	Seata Version
(毕业版本) 2.1.1.RELEASE or 2.0.1.RELEASE or 1.5.1.RELEASE	1.7.0	1.1.4	4.4.0	2.7.3	0.9.0
(毕业版本) 2.1.0.RELEASE or 2.0.0.RELEASE or 1.5.0.RELEASE	1.6.3	1.1.1	4.4.0	2.7.3	0.7.1

图 2-4　Spring Cloud Alibaba 的版本对应各个子项目的版本关系

其中每一个毕业版本对应三个小的版本，小的版本实际上就表示对应 Spring Boot 版本的兼容关系。图 2-5 展示的是 Spring Cloud 大版本与 Spring Cloud Alibaba 和 Spring Boot 版本之间的依赖关系。不难发现，Spring Cloud Alibaba 的版本是从 Spring Cloud Edgware 这个大版本开始支持的。另外，Spring 官方宣布 Edgware 版本在 2019 年 8 月 1 号已经停止维护了，所以大家在选择版本的时候，可以采用 Finchley 或者 Greenwich。

Spring Cloud 版本	Spring Cloud Alibaba 版本	Spring Boot 版本
Spring Cloud Greenwich	2.1.1.RELEASE	2.1.X.RELEASE
Spring Cloud Finchley	2.0.1.RELEASE	2.0.X.RELEASE
Spring Cloud Edgware	1.5.1.RELEASE	1.5.X.RELEASE

图 2-5　Spring Cloud 大版本与 Spring Cloud Alibaba 和 Spring Boot 版本之间的依赖关系

3

第 3 章
Spring Cloud 的核心之
Spring Boot

Spring Cloud 是基于 Spring Boot 提供的一套微服务解决方案，配置中心、服务注册和负载均衡等，都是在 Spring Boot 这个框架上来构建的，所以 Spring Boot 其实是构建 Spring Cloud 生态的基石，那么到底什么是 Spring Boot 呢？简单来说，Spring Boot 是帮助开发者快速构建一个基于 Spring Framework 及 Spring 生态体系的应用解决方案，也是 Spring Framework 对于"约定优于配置（Convention over Configuration）"理念的最佳实践。如果想更加深入地了解 Spring Boot，有必要花一点时间了解一下 Spring 的起源。

3.1 重新认识 Spring Boot

Spring Framework 的起源需要追溯到 2002 年，当时很多知名公司都用 Java EE 标准及 EJB 容器作为主要的软件解决方案，其中 EJB 是 J2EE 规范的核心内容，也与我们要说的 Spring Framework 的诞生密切相关。

EJB 提供了一种组件模式，使得开发人员只需要关注业务开发，不需要关心底层的实现机制，比如远程调用、事务管理等，所以很多大公司都纷纷采用 EJB 来部署自己的系统，但是在使用 EJB 之后各种问题接踵而至，比如配置太过烦琐、臃肿、低效等。

2002 年，Rod Johnson 撰写了一本名为 *Expert one on one J2EE design and development* 的书，在书中指出了 Java EE 和 EJB 容器中存在的一些缺陷，并提出了更加简捷的实现方案。之后该书的作者基于书中的理念推出了最初版本的 Spring，经过 10 多年的发展，目前 Spring 的版本已经升级到了 5.0。

Spring 是一个轻量级框架，它的主要目的是简化 JavaEE 的企业级应用开发，而达到这个目的的两个关键手段是 IoC/DI 和 AOP。除此之外，Spring 就像一个万能胶，对 Java 开发中的常用技术进行合理的封装和设计，使之能够快速方便地集成和开发，比如 Spring 集成 MyBatis、Spring 集成 Struts 等。Spring 的出现给 Java EE 规范统治下的黑暗时代带来了春天，很快人们就抛弃了繁重的 EJB 标准，Spring 逐步成了现实中 Java EE 开发的标准。

本书不是专门介绍 Spring 的，就不过多展开 Spring 的内容，但是 Spring 中的 IoC 与 Spring Boot 的核心有比较大的关系，所以有必要再多说一下。

3.1.1　Spring IoC/DI

IoC（Inversion of Control）和 DI（Dependency Injection）的全称分别是控制反转和依赖注入。如何理解这两个概念呢？

IoC

IoC（控制反转）实际上就是把对象的生命周期托管到 Spring 容器中，而反转是指对象的获取方式被反转了，这个概念可能不是很好理解，咱们通过两张图来了解一下 IoC 的作用。图 3-1 表示的是传统意义上对象的创建方式，客户端类如果需要用到 User 及 UserDetail，需要通过 new 来构建，这种方式会使代码之间的耦合度非常高。

当使用 Spring IoC 容器之后，客户端类不需要再通过 new 来创建这些对象，如图 3-2 所示，在图 3-1 的基础上增加了 IoC 容器后，客户端类获得 User 及 UserDetail 对象实例时，不再通过 new 来构建，而是直接从 IoC 容器中获得。那么 Spring IoC 容器中的对象是什么时候构建的呢？在早期的 Spring 中，主要通过 XML 的方式来定义 Bean，Spring 会解析 XML 文件，把定义的 Bean 装载到 IoC 容器中。

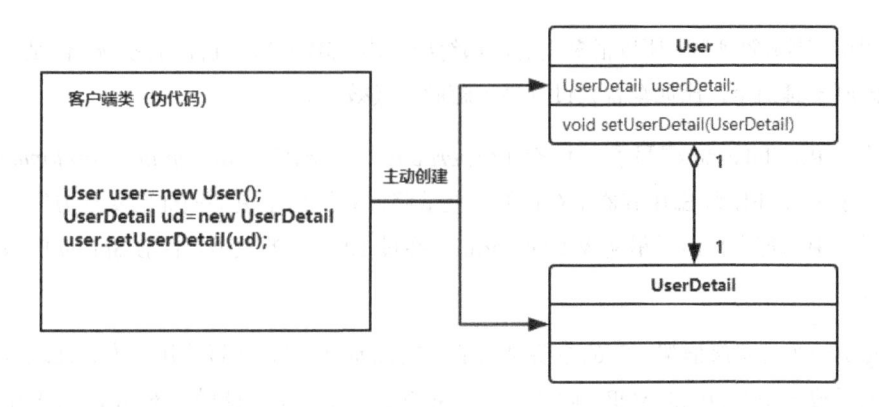

图 3-1 传统应用对象创建方式

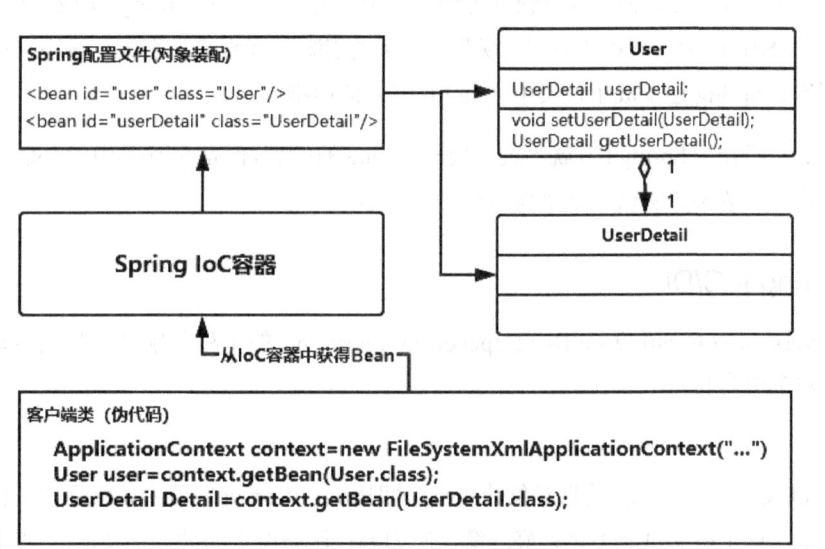

图 3-2 通过 IoC 容器来管理 Bean 的生命周期

DI

DI（Dependency Inject），也就是依赖注入，简单理解就是 IoC 容器在运行期间，动态地把某种依赖关系注入组件中。为了彻底搞明白 DI 的概念，我们继续看一下图 3-2。在 Spring 配置文件中描述了两个 Bean，分别是 User 和 UserDetail，这两个对象从配置文件上来看是没有任何关系的，但实际上从类的关系图来看，它们之间存在聚合关系。如果我们希望这个聚合关系在 IoC 容器中自动完成注入，也就是像这段代码一样，通过 user.getUserDetail 来获得 UserDetail 实例，该怎么做呢？

```
ApplicationContext context=new FileSystemXmlApplicationContext("...");
User user=context.getBean(User.class);
UserDetail userdetail=user.getUserDetail()
```

其实很简单，我们只需要在 Spring 的配置文件中描述 Bean 之间的依赖关系，IoC 容器在解析该配置文件的时候，会根据 Bean 的依赖关系进行注入，这个过程就是依赖注入。

```
<bean id="user" class="User">
  <property name="userDetail" ref="userDetail"/>
</bean>
<bean id="userDetail" class="UserDetail"/>
```

实现依赖注入的方法有三种，分别是接口注入、构造方法注入和 setter 方法注入。不过现在基本上都基于注解的方式来描述 Bean 之间的依赖关系，比如@Autowired、@Inject 和@Resource。但是不管形式怎么变化，本质上还是一样的。

3.1.2　Bean 装配方式的升级

基于 XML 配置的方式很好地完成了对象声明周期的描述和管理，但是随着项目规模不断扩大，XML 的配置也逐渐增多，使得配置文件难以管理。另一方面，项目中依赖关系越来越复杂，配置文件变得难以理解。这个时候迫切需要一种方式来解决这类问题。

随着 JDK 1.5 带来的注解支持，Spring 从 2.x 开始，可以使用注解的方式来对 Bean 进行声明和注入，大大减少了 XML 的配置量。笔者记得当时饱受争议的话题是：Spring 采用注解配置和 XML 配置哪个更好？

Spring 升级到 3.x 后，提供了 JavaConfig 的能力，它可以完全取代 XML，通过 Java 代码的方式来完成 Bean 的注入。所以，现在我们使用的 Spring Framework 或者 Spring Boot，已经看不到 XML 配置的存在了。

JavaConfig 的出现给开发者带来了很多的变化。

- XML 配置形式的变化

  在早期的 Spring 中，我们会基于 XML 配置文件来描述 Bean 及 Bean 的依赖关系：

  ```
  <?xml version="1.0" encoding="UTF-8"?>
  <beans xmlns="http://www.springframework.org/schema/beans"
         xmlns:xsi="http://www.w3.org/2001/XMLSchema-instance"
  ```

```
    xsi:schemaLocation="http://www.springframework.org/schema/beans
http://www.springframework.org/schema/beans/spring-beans.xsd">
  <!--bean 的描述-->
</beans>
```

使用 JavaConfig 形式之后，只需要使用@Configuration 注解即可，它等同于 XML 的配置形式：

```
@Configuration
public class SpringConfigClass{
  // Bean 的描述
}
```

- Bean 装载方式的变化

  基于 XML 形式的装载方式：

```
<bean id="beanDefine" class="com.gupaoedu.spring.BeanDefine"/>
```

基于 JavaConfig 的配置形式，可以通过@Bean 注解来将一个对象注入 IoC 容器中，默认情况下采用方法名称作为该 Bean 的 id。

```
@Configuration
public class SpringConfigClass{
  @Bean
  public BeanDefine beanDefine(){
    return new BeanDefine();
  }
}
```

- 依赖注入的变化

  在 XML 形式中，可以通过三种方式来完成依赖注入，比如 setter 方式注入：

```
<bean id="beanDefine" class="com.gupaoedu.spring.BeanDefine">
  <property name="dependencyBean" ref="dependencyBean"/>
</bean>
<bean id="dependencyBean" class="com.gupaoedu.spring.dependencyBean"/>
```

在 JavaConfig 中，可以这样来表述：

```
@Configuration
```

```
public class SpringConfigClass{
  @Bean
  public BeanDefine beanDefine(){
    BeanDefine beanDefine=new BeanDefine();
    beanDefine.setDependencyBean(dependencyBean());
    return beanDefine;
  }
  @Bean
  public DependencyBean dependencyBean(){
    return new DependencyBean();
  }
}
```

● 其他配置的变化

　　除了前面说的几种配置，还有其他常见的配置，比如：

○ @ComponentScan 对应 XML 形式的<context:component-scan base-package=""/>，它会扫描指定包路径下带有@Service、@Repository、@Controller、@Component 等注解的类，将这些类装载到 IoC 容器。

○ @Import 对应 XML 形式的<import resource=""/>，导入其他的配置文件。

　　虽然通过注解的方式来装配 Bean，可以在一定程度上减少 XML 配置带来的问题，但是在笔者看来，从某一方面来说它只是换汤不换药，本质问题仍然没有解决，比如：

● 依赖过多。Spring 可以整合几乎所有常用的技术框架，比如 JSON、MyBatis、Redis、Log 等，不同依赖包的版本很容易导致版本兼容的问题。

● 配置太多。以 Spring 使用 JavaConfig 方式整合 MyBatis 为例，需要配置注解驱动、配置数据源、配置 MyBatis、配置事物管理器等，这些只是集成一个技术组件需要的基础配置，在一个项目中这类配置很多，开发者需要做很多类似的重复工作。

● 运行和部署很烦琐。需要先把项目打包，再部署到容器上。

　　如何让开发者不再需要关注这些问题，而专注于业务呢？好在，Spring Boot 诞生了。

3.1.3　Spring Boot 的价值

　　Spring Boot 诞生的一个原因是 Mike Youngstrom 在 Spring jira 中提出的一个需求：在 Spring 框架中支持无容器 Web 应用程序体系结构，以下是原文：

I think that Spring's web application architecture can be significantly simplified if it were to provided tools and a reference architecture that leveraged the Spring component and configuration model from top to bottom. Embedding and unifying the configuration of those common web container services within a Spring Container bootstrapped from a simple main() method.

这个需求促使了 Spring Boot 项目的研发。2014 年，Spring Boot 1.0.0 发布。

Spring Boot 并不是一个新的技术框架，其主要作用就是简化 Spring 应用的开发，开发者只需要通过少量的代码就可以创建一个产品级的 Spring 应用，而达到这一目的最核心的思想就是"约定优于配置（Convention over Configuration）"。

如何理解约定优于配置

约定优于配置（Convention Over Configuration）是一种软件设计范式，目的在于减少配置的数量或者降低理解难度，从而提升开发效率。需要注意的是，它并不是一种新的思想，实际上从我们开始接触 Java 依赖，就会发现很多地方都有这种思想的体现。比如，数据库中表名的设计对应到 Java 中实体类的名字，就是一种约定，我们可以从这个实体类的名字知道它对应数据库中哪张表。再比如，每个公司都会有自己的开发规范，开发者按照开发规范可以在一定程度上减少 Bug 的数量，增加可读性和可维护性。

在 Spring Boot 中，约定优于配置的思想主要体现在以下方面（包括但不限于）：

- Maven 目录结构的约定。
- Spring Boot 默认的配置文件及配置文件中配置属性的约定。
- 对于 Spring MVC 的依赖，自动依赖内置的 Tomcat 容器。
- 对于 Starter 组件自动完成装配。

Spring Boot 的核心

Spring Boot 是基于 Spring Framework 体系来构建的，所以它并没有什么新的东西，但是要想学好 Spring Boot，必须知道它的核心：

- Starter 组件，提供开箱即用的组件。
- 自动装配，自动根据上下文完成 Bean 的装配。
- Actuator，Spring Boot 应用的监控。
- Spring Boot CLI，基于命令行工具快速构建 Spring Boot 应用。

其中，最核心的部分应该是自动装配，Starter 组件的核心部分也是基于自动装配来实现的。

由于本书并不是专门写 Spring Boot 的，所以笔者在后续章节中只会重点分析自动装配的原理。

在本节中，从 Spring 的起源，到 Spring XML 配置文件时代的问题，接着引出 JavaConfig 的方式实现无配置化注入的解决方案。可以看到，在整个发展过程中，Bean 的装载方式在形式上发生了变化，但是本质问题仍然没有解决，直到 Spring Boot 出现。然后我们简单分析了 Spring Boot 的优势以及核心。之所以花这么多笔墨去串联整个过程，是因为在笔者看来，比使用技术更重要的是了解技术的产生背景，这将有助于提高和改变技术人的思维方式。

3.2 快速构建 Spring Boot 应用

一个 Spring Boot 的应用应该是什么样子，或者 Spring Boot 的优势在哪里呢？接下来演示基于 Spring Boot 构建一个 Web 项目的例子。

构建 Spring Boot 应用的方式有很多，比如在 https://start.spring.io 网站上可以通过图形界面来完成创建。如果大家使用 IntelliJ IDEA 这个开发工具，就可以直接在这个工具上来创建 Spring Boot 项目，默认也是使用 https://start.spring.io 来构建的。

构建完成后会包含以下核心配置和类。

- Spring Boot 的启动类 SpringBootDemoApplication：

```
@SpringBootApplication
public class SpringBootDemoApplication {
    public static void main(String[] args) {
        SpringApplication.run(SpringBootDemoApplication.class, args);
    }
}
```

- resource 目录，包含 static 和 templates 目录，分别存放静态资源及前端模板，以及 application.properties 配置文件。
- Web 项目的 starter 依赖包：

```
<dependency>
    <groupId>org.springframework.boot</groupId>
    <artifactId>spring-boot-starter-web</artifactId>
</dependency>
```

在不做任何改动的情况下，可以直接运行 SpringBootDemoApplication 中的 main 方法来启动 Spring Boot 项目。当然，由于默认情况下没有任何 URI 映射，所以看不出效果，我们可以增加一个 Controller 来发布 Restful 接口，代码如下：

```
@RestController
public class HelloController {
  @GetMapping("/hello")
  public String hello(){
    return "Hello World";
  }
}
```

接着，直接运行 SpringBootDemoApplication 类，服务启动成功后在浏览器中输入 http://localhost:8080/hello，即可访问刚刚发布的 Restful 接口。

以往我们使用 Spring MVC 来构建一个 Web 项目需要很多基础操作：添加很多的 Jar 包依赖、在 web.xml 中配置控制器、配置 Spring 的 XML 文件或者 JavaConfig 等。而 Spring Boot 帮开发者省略了这些烦琐的基础性工作，使得开发者只需要关注业务本身，基础性的装配工作是由 Starter 组件及自动装配来完成的。

3.3 Spring Boot 自动装配的原理

在 Spring Boot 中，不得不说的一个点是自动装配，它是 Starter 的基础，也是 Spring Boot 的核心，那么什么叫自动装配呢？或者说什么叫装配呢？

简单来说，就是自动将 Bean 装配到 IoC 容器中，接下来，我们通过一个 Spring Boot 整合 Redis 的例子来了解一下自动装配。

- 添加 Starter 依赖：

```
<dependency>
    <groupId>org.springframework.boot</groupId>
    <artifactId>spring-boot-starter-data-redis</artifactId>
</dependency>
```

- 在 application.properties 中配置 Redis 的数据源：

```
spring.redis.host=localhost
spring.redis.port=6379
```

- 在 HelloController 中使用 RedisTemplate 实现 Redis 的操作：

```
@RestController
public class HelloController {
    @Autowired
    RedisTemplate<String,String> redisTemplate;

    @GetMapping("/hello")
    public String hello(){
        redisTemplate.opsForValue().set("key","value");
        return "Hello World";
    }
}
```

在这个案例中，我们并没有通过 XML 形式或者注解形式把 RedisTemplate 注入 IoC 容器中，但是在 HelloController 中却可以直接使用@Autowired 来注入 redisTemplate 实例，这就说明，IoC 容器中已经存在 RedisTemplate。这就是 Spring Boot 的自动装配机制。

在往下探究其原理前，可以大胆猜测一下，如何只添加一个 Starter 依赖，就能完成该依赖组件相关 Bean 的自动注入？不难猜出，这个机制的实现一定基于某种约定或者规范，只要 Starter 组件符合 Spring Boot 中自动装配约定的规范，就能实现自动装配。

3.3.1　自动装配的实现

自动装配在 Spring Boot 中是通过@EnableAutoConfiguration 注解来开启的，这个注解的声明在启动类注解@SpringBootApplication 内。

```
@SpringBootApplication
public class SpringBootDemoApplication {
    public static void main(String[] args) {
        SpringApplication.run(SpringBootDemoApplication.class, args);
    }
}
```

进入@SpringBootApplication 注解，可以看到@EnableAutoConfiguration 注解的声明。

```
@Target(ElementType.TYPE)
@Retention(RetentionPolicy.RUNTIME)
@Documented
```

```
@Inherited
@SpringBootConfiguration
@EnableAutoConfiguration
@ComponentScan(excludeFilters = { @Filter(type = FilterType.CUSTOM, classes =
TypeExcludeFilter.class),
        @Filter(type = FilterType.CUSTOM, classes = AutoConfigurationExcludeFilter.class) })
public @interface SpringBootApplication {
```

这里简单和大家讲解一下@Enable 注解。其实 Spring 3.1 版本就已经支持@Enable 注解了，它的主要作用把相关组件的 Bean 装配到 IoC 容器中。@Enable 注解对 JavaConfig 的进一步完善，为使用 Spring Framework 的开发者减少了配置代码量，降低了使用的难度。比如常见的@Enable 注解有@EnableWebMvc、@EnableScheduling 等。

在前面的章节中讲过，如果基于 JavaConfig 的形式来完成 Bean 的装载，则必须要使用@Configuration 注解及@Bean 注解。而@Enable 本质上就是针对这两个注解的封装，所以大家如果仔细关注过这些注解，就不难发现这些注解中都会携带一个@Import 注解，比如@EnableScheduling：

```
@Target({ElementType.TYPE})
@Retention(RetentionPolicy.RUNTIME)
@Import({SchedulingConfiguration.class})
@Documented
public @interface EnableScheduling {
}
```

因此，使用@Enable 注解后，Spring 会解析到@Import 导入的配置类，从而根据这个配置类中的描述来实现 Bean 的装配。大家思考一下，@EnableAutoConfiguration 的实现原理是不是也一样呢？

3.3.2　EnableAutoConfiguration

进入@EnableAutoConfiguration 注解里，可以看到除@Import 注解之外，还多了一个@AutoConfigurationPackage 注解（它的作用是把使用了该注解的类所在的包及子包下所有组件扫描到 Spring IoC 容器中）。并且，@Import 注解中导入的并不是一个 Configuration 的配置类，而是一个 AutoConfigurationImportSelector 类。从这一点来看，它就和其他的@Enable 注解有很大的不同。

```
@Target(ElementType.TYPE)
```

```
@Retention(RetentionPolicy.RUNTIME)
@Documented
@Inherited
@AutoConfigurationPackage
@Import(AutoConfigurationImportSelector.class)
public @interface EnableAutoConfiguration
```

不过，不管 AutoConfigurationImportSelector 是什么，它一定会实现配置类的导入，至于导入的方式和普通的@Configuration 有什么区别，这就是我们需要去分析的。

3.3.3　AutoConfigurationImportSelector

AutoConfigurationImportSelector 实现了 ImportSelector，它只有一个 selectImports 抽象方法，并且返回一个 String 数组，在这个数组中可以指定需要装载到 IoC 容器的类，当在@Import 中导入一个 ImportSelector 的实现类之后，会把该实现类中返回的 Class 名称都装载到 IoC 容器中。

```
public interface ImportSelector {
    String[] selectImports(AnnotationMetadata var1);
}
```

和@Configuration 不同的是，ImportSelector 可以实现批量装配，并且还可以通过逻辑处理来实现 Bean 的选择性装配，也就是可以根据上下文来决定哪些类能够被 IoC 容器初始化。接下来通过一个简单的例子带大家了解 ImportSelector 的使用。

- 首先创建两个类，我们需要把这两个类装配到 IoC 容器中。

  ```
  public class FirstClass {
  }
  public class SecondClass {
  }
  ```

- 创建一个 ImportSelector 的实现类，在实现类中把定义的两个 Bean 加入 String 数组，这意味着这两个 Bean 会装配到 IoC 容器中。

  ```
  public class GpImportSelector implements ImportSelector {
      @Override
      public String[] selectImports(AnnotationMetadata importingClassMetadata) {
          return new String[]{FirstClass.class.getName(),SecondClass.class.getName()};
      }
  }
  ```

- 为了模拟 EnableAutoConfiguration，我们可以自定义一个类似的注解，通过@Import 导入 GpImportSelector。

```
@Target(ElementType.TYPE)
@Retention(RetentionPolicy.RUNTIME)
@Documented
@Inherited
@AutoConfigurationPackage
@Import(GpImportSelector.class)
public @interface EnableAutoImport {

}
```

- 创建一个启动类，在启动类上使用@EnableAutoImport 注解后，即可通过 ca.getBean 从 IoC 容器中得到 FirstClass 对象实例。

```
@SpringBootApplication
@EnableAutoImport
public class ImportSelectorMain {
    public static void main(String[] args) {
        ConfigurableApplicationContext
ca=SpringApplication.run(ImportSelectorMain.class, args);
        FirstClass fc=ca.getBean(FirstClass.class);
    }
}
```

这种实现方式相比@Import(*Configuration.class)的好处在于装配的灵活性，还可以实现批量。比如 GpImportSelector 还可以直接在 String 数组中定义多个 Configuration 类，由于一个配置类代表的是某一个技术组件中批量的 Bean 声明，所以在自动装配这个过程中只需要扫描到指定路径下对应的配置类即可。

```
public class GpImportSelector implements ImportSelector {
    @Override
    public String[] selectImports(AnnotationMetadata importingClassMetadata) {
        return new
String[]{FirstConfiguration.class.getName(),SecondConfiguration.class.getName()};
    }
}
```

3.3.4　自动装配原理分析

基于前面章节的分析可以猜想到，自动装配的核心是扫描约定目录下的文件进行解析，解析完成之后把得到的 Configuration 配置类通过 ImportSelector 进行导入，从而完成 Bean 的自动装配过程。那么接下来我们通过分析 AutoConfigurationImportSelector 的实现来求证这个猜想是否正确。

定位到 AutoConfigurationImportSelector 中的 selectImports 方法，它是 ImportSelector 接口的实现，这个方法中主要有两个功能：

- AutoConfigurationMetadataLoader.loadMetadata 从 META-INF/spring-autoconfigure-metadata.properties 中加载自动装配的条件元数据，简单来说就是只有满足条件的 Bean 才能够进行装配。
- 收集所有符合条件的配置类 autoConfigurationEntry.getConfigurations()，完成自动装配。

```
@Override
public String[] selectImports(AnnotationMetadata annotationMetadata) {
    if (!isEnabled(annotationMetadata)) {
        return NO_IMPORTS;
    }
    AutoConfigurationMetadata autoConfigurationMetadata = AutoConfigurationMetadataLoader
        .loadMetadata(this.beanClassLoader);
    AutoConfigurationEntry autoConfigurationEntry =
getAutoConfigurationEntry(autoConfigurationMetadata, annotationMetadata);
    return StringUtils.toStringArray(autoConfigurationEntry.getConfigurations());
}
```

需要注意的是，在 AutoConfigurationImportSelector 中不执行 selectImports 方法，而是通过 ConfigurationClassPostProcessor 中的 processConfigBeanDefinitions 方法来扫描和注册所有配置类的 Bean，最终还是会调用 getAutoConfigurationEntry 方法获得所有需要自动装配的配置类。

我们重点分析一下配置类的收集方法 getAutoConfigurationEntry，结合之前 Starter 的作用不难猜测到，这个方法应该会扫描指定路径下的文件解析得到需要装配的配置类，而这里面用到了 SpringFactoriesLoader，这块内容后续随着代码的展开再来讲解。简单分析一下这段代码，它主要做几件事情：

- getAttributes 获得@EnableAutoConfiguration 注解中的属性 exclude、excludeName 等。
- getCandidateConfigurations 获得所有自动装配的配置类，后续会重点分析。

- removeDuplicates 去除重复的配置项。
- getExclusions 根据@EnableAutoConfiguration 注解中配置的 exclude 等属性，把不需要自动装配的配置类移除。
- fireAutoConfigurationImportEvents 广播事件。
- 最后返回经过多层判断和过滤之后的配置类集合。

```
protected AutoConfigurationEntry getAutoConfigurationEntry(AutoConfigurationMetadata
autoConfigurationMetadata, AnnotationMetadata annotationMetadata) {
    if (!isEnabled(annotationMetadata)) {
        return EMPTY_ENTRY;
    }
    AnnotationAttributes attributes = getAttributes(annotationMetadata);
    List<String> configurations = getCandidateConfigurations(annotationMetadata, attributes);
    configurations = removeDuplicates(configurations);
    Set<String> exclusions = getExclusions(annotationMetadata, attributes);
    checkExcludedClasses(configurations, exclusions);
    configurations.removeAll(exclusions);
    configurations = filter(configurations, autoConfigurationMetadata);
    fireAutoConfigurationImportEvents(configurations, exclusions);
    return new AutoConfigurationEntry(configurations, exclusions);
}
```

总的来说，它先获得所有的配置类，通过去重、exclude 排除等操作，得到最终需要实现自动装配的配置类。这里需要重点关注的是 getCandidateConfigurations，它是获得配置类最核心的方法。

```
protected List<String> getCandidateConfigurations(AnnotationMetadata metadata,
AnnotationAttributes attributes) {
    List<String> configurations =
SpringFactoriesLoader.loadFactoryNames(getSpringFactoriesLoaderFactoryClass(),
getBeanClassLoader());
    Assert.notEmpty(configurations, "No auto configuration classes found in
META-INF/spring.factories. If you "
                + "are using a custom packaging, make sure that file is correct.");
    return configurations;
}
```

这里用到了 SpringFactoriesLoader，它是 Spring 内部提供的一种约定俗成的加载方式，类似于

Java 中的 SPI。简单来说，它会扫描 classpath 下的 META-INF/spring.factories 文件，spring.factories 文件中的数据以 Key=Value 形式存储，而 SpringFactoriesLoader.loadFactoryNames 会根据 Key 得到对应的 value 值。因此，在这个场景中，Key 对应为 EnableAutoConfiguration，Value 是多个配置类，也就是 getCandidateConfigurations 方法所返回的值。

```
org.springframework.boot.autoconfigure.EnableAutoConfiguration=\
org.springframework.boot.autoconfigure.admin.SpringApplicationAdminJmxAutoConfiguration,\
org.springframework.boot.autoconfigure.aop.AopAutoConfiguration,\
org.springframework.boot.autoconfigure.amqp.RabbitAutoConfiguration,\
org.springframework.boot.autoconfigure.batch.BatchAutoConfiguration,\
org.springframework.boot.autoconfigure.cache.CacheAutoConfiguration,\
//省略部分
```

打开 RabbitAutoConfiguration，可以看到，它就是一个基于 JavaConfig 形式的配置类。

```
@Configuration(proxyBeanMethods = false)
@ConditionalOnClass({ RabbitTemplate.class, Channel.class })
@EnableConfigurationProperties(RabbitProperties.class)
@Import(RabbitAnnotationDrivenConfiguration.class)
public class RabbitAutoConfiguration
```

除了基本的@Configuration 注解，还有一个@ConditionalOnClass 注解，这个条件控制机制在这里的用途是，判断 classpath 下是否存在 RabbitTemplate 和 Channel 这两个类，如果是，则把当前配置类注册到 IoC 容器。另外，@EnableConfigurationProperties 是属性配置，也就是说我们可以按照约定在 application.properties 中配置 RabbitMQ 的参数，而这些配置会加载到 RabbitProperties 中。实际上，这些东西都是 Spring 本身就有的功能。

至此，自动装配的原理基本上就分析完了，简单来总结一下核心过程：

- 通过@Import(AutoConfigurationImportSelector)实现配置类的导入，但是这里并不是传统意义上的单个配置类装配。
- AutoConfigurationImportSelector 类实现了 ImportSelector 接口，重写了方法 selectImports，它用于实现选择性批量配置类的装配。
- 通过 Spring 提供的 SpringFactoriesLoader 机制，扫描 classpath 路径下的 META-INF/spring.factories，读取需要实现自动装配的配置类。
- 通过条件筛选的方式，把不符合条件的配置类移除，最终完成自动装配。

3.3.5　@Conditional 条件装配

@Conditional 是 Spring Framework 提供的一个核心注解，这个注解的作用是提供自动装配的条件约束，一般与@Configuration 和@Bean 配合使用。

简单来说，Spring 在解析@Configuration 配置类时，如果该配置类增加了@Conditional 注解，那么会根据该注解配置的条件来决定是否要实现 Bean 的装配。

3.3.5.1　@Conditional 的使用

@Conditional 的注解类声明代码如下，该注解可以接收一个 Condition 的数组。

```
@Target({ElementType.TYPE, ElementType.METHOD})
@Retention(RetentionPolicy.RUNTIME)
@Documented
public @interface Conditional {
    Class<? extends Condition>[] value();
}
```

Condition 是一个函数式接口，提供了 matches 方法，它主要提供一个条件匹配规则，返回 true 表示可以注入 Bean，反之则不注入。

```
@FunctionalInterface
public interface Condition {
    boolean matches(ConditionContext var1, AnnotatedTypeMetadata var2);
}
```

我们接下来基于@Conditional 实现一个条件装配的案例。

- 自定义一个 Condition，逻辑很简单，如果当前操作系统是 Windows，则返回 true，否则返回 false。

```
public class GpCondition implements Condition{

    @Override
    public boolean matches(ConditionContext conditionContext, AnnotatedTypeMetadata
annotatedTypeMetadata) {
        //此处进行条件判断，如果返回 true，表示需要加载该配置类或者 Bean
        //否则，表示不加载
        String os=conditionContext.getEnvironment().getProperty("os.name");
```

```
        if(os.contains("Windows")){
            return true;
        }
        return false;
    }
}
```

- 创建一个配置类，装载一个 BeanClass（自定义的一个类）。

```
@Configuration
public class ConditionConfig {

    @Bean
    @Conditional(GpCondition.class)
    public BeanClass beanClass(){
        return new BeanClass();
    }
}
```

在 BeanClass 的 bean 声明方法中增加@Conditional(GpCondition.class)，其中具体的条件是我们自定义的 GpCondition 类。

上述代码所表达的意思是，如果 GpCondition 类中的 matchs 返回 true，则将 BeanClass 装载到 Spring IoC 容器中。

- 运行测试方法。

```
public class ConditionMain {

    public static void main(String[] args) {
        AnnotationConfigApplicationContext context=new
AnnotationConfigApplicationContext(ConditionConfig.class);
        BeanClass beanClass=context.getBean(BeanClass.class);
        System.out.println(beanClass);
    }
}
```

在 Windows 环境中运行，将会输出 BeanClass 这个对象实例。在 Linux 环境中，会出现如下错误。

```
Exception in thread "main" org.springframework.beans.factory.NoSuchBeanDefinitionException:
No qualifying bean of type 'com.gupaoedu.springboot.condition.BeanClass'
available
```

以上就是@Conditional 注解的使用方法，为 Bean 的装载提供了上下文的判断。

3.3.5.2 Spring Boot 中的@Conditional

在 Spring Boot 中，针对@Conditional 做了扩展，提供了更简单的使用形式，扩展注解如下：

- ConditionalOnBean/ConditionalOnMissingBean：容器中存在某个类或者不存在某个 Bean 时进行 Bean 装载。
- ConditionalOnClass/ConditionalOnMissingClass：classpath 下存在指定类或者不存在指定类时进行 Bean 装载。
- ConditionalOnCloudPlatform：只有运行在指定的云平台上才加载指定的 Bean。
- ConditionalOnExpression：基于 SpEl 表达式的条件判断。
- ConditionalOnJava：只有运行指定版本的 Java 才会加载 Bean。
- ConditionalOnJndi：只有指定的资源通过 JNDI 加载后才加载 Bean。
- ConditionalOnWebApplication/ConditionalOnNotWebApplication：如果是 Web 应用或者不是 Web 应用，才加载指定的 Bean。
- ConditionalOnProperty：系统中指定的对应的属性是否有对应的值。
- ConditionalOnResource：要加载的 Bean 依赖指定资源是否存在于 classpath 中。
- ConditionalOnSingleCandidate：只有在确定了给定 Bean 类的单个候选项时才会加载 Bean。

这些注解只需要添加到@Configuration 配置类的类级别或者方法级别，然后根据每个注解的作用来传参就行。下面演示几种注解类的使用。

```
@ConditionalOnProperty
@Configuration
@ConditionalOnProperty(value="gp.bean.enable",havingValue="true",matchIfMissing=true)
public class ConditionConfig{

}
```

在 application.properties 或 application.yml 文件中当 gp.bean.enable=true 时才会加载 ConditionConfig 这个 Bean，如果没有匹配上也会加载，因为 matchIfMissing = true，默认值是 false。

```
@ConditionalOnBean 和 ConditionalOnMissingBean
```

```
@Configuration
@ConditionalOnBean(GpBean.class)
public class ConditionConfig{

}
```

当 Spring IoC 容器中存在 GpBean 时，才会加载 ConditionConfig。

```
@ConditionalOnResource
@Configuration
@ConditionalOnResource(resource="/gp.properties")
public class ConditionConfig{

}
```

在 classpath 中如果存在 gp.properties，则会加载 ConditionConfig。

这些条件配置在 Spring Boot 的自动装配配置类中出现的频率非常高，它能够很好地为自动装配提供上下文条件判断，来让 Spring 决定是否装载该配置类。

3.3.6　spring-autoconfigure-metadata

除了 @Conditional 注解类，在 Spring Boot 中还提供了 spring-autoconfigure-metadata. properties 文件来实现批量自动装配条件配置。

它的作用和 @Conditional 是一样的，只是将这些条件配置放在了配置文件中。下面这段配置来自 spring-boot-autoconfigure.jar 包中的 /META-INF/spring-autoconfigure-metadata.properties 文件。

```
org.springframework.boot.autoconfigure.web.client.RestTemplateAutoConfiguration.AutoC
onfigureAfter=org.springframework.boot.autoconfigure.http.HttpMessageConvertersAutoCo
nfiguration
org.springframework.boot.autoconfigure.data.cassandra.CassandraReactiveDataAutoConfig
uration.ConditionalOnClass=com.datastax.driver.core.Cluster,reactor.core.publisher.Fl
ux,org.springframework.data.cassandra.core.ReactiveCassandraTemplate
org.springframework.boot.autoconfigure.data.solr.SolrRepositoriesAutoConfiguration.Co
nditionalOnClass=org.apache.solr.client.solrj.SolrClient,org.springframework.data.sol
r.repository.SolrRepository
```

同样，这种形式也是"约定优于配置"的体现，通过这种配置化的方式来实现条件过滤必须

要遵循两个条件:

- 配置文件的路径和名称必须是/META-INF/spring-autoconfigure-metadata.properties。
- 配置文件中 key 的配置格式:自动配置类的类全路径名.条件=值。

这种配置方法的好处在于,它可以有效地降低 Spring Boot 的启动时间,通过这种过滤方式可以减少配置类的加载数量,因为这个过滤发生在配置类的装载之前,所以它可以降低 Spring Boot 启动时装载 Bean 的耗时。

3.4 手写实现一个 Starter

对于自动装配的原理进行分析之后,我们可以基于这个机制来实现一个 Starter 组件,以便加深大家对自动装配及 Starter 组件的理解。同时,Spring Boot 官方提供的 Starter 并不能囊括所有的技术组件,在工作中,如果自己的项目需要支持 Spring Boot,也需要开发 Starter 组件。

从 Spring Boot 官方提供的 Starter 的作用来看,Starter 组件主要有三个功能:

- 涉及相关组件的 Jar 包依赖。
- 自动实现 Bean 的装配。
- 自动声明并且加载 application.properties 文件中的属性配置。

下面我们先来了解一下 Starter 组件的命名规范。

3.4.1 Starter 的命名规范

Starter 的命名主要分为两类,一类是官方命名,另一类是自定义组件命名。这种命名格式并不是强制性的,也是一种约定俗成的方式,可以让开发者更容易识别。

- 官方命名的格式为:spring-boot-starter-模块名称,比如 spring-boot-starter-web。
- 自定义命名格式为:模块名称-spring-boot-starter,比如 mybatis-spring-boot-starter。

简单来说,官方命名中模块名放在最后,而自定义组件中模块名放在最前面。

3.4.2 实现基于 Redis 的 Starter

虽然 Spring Boot 官方提供了 spring-boot-starter-data-redis 组件来实现 RedisTemplate 的自动装

配，但是我们仍然基于前面学到的思想实现一个基于 Redis 简化版本的 Starter 组件。

- 创建一个工程，命名为 redis-spring-boot-starter。
- 添加 Jar 包依赖，Redisson 提供了在 Java 中操作 Redis 的功能，并且基于 Redis 的特性封装了很多可直接使用的场景，比如分布式锁。

```
<dependency>
    <groupId>org.redisson</groupId>
    <artifactId>redisson</artifactId>
    <version>3.11.1</version>
</dependency>
```

- 定义属性类，实现在 application.properties 中配置 Redis 的连接参数，由于只是一个简单版本的 Demo，所以只简单定义了一些必要参数。另外 @ConfigurationProperties 这个注解的作用是把当前类中的属性和配置文件（properties/yml）中的配置进行绑定，并且前缀是gp.redisson。

```
@ConfigurationProperties(prefix = "gp.redisson")
public class RedissonProperties {

    private String host = "localhost";
    private String password;
    private int port = 6379;
    private int timeout;
    private boolean ssl;

    public String getHost() {return host;}
    public void setHost(String host) {this.host = host;}
    public String getPassword() {return password;}
    public void setPassword(String password) {this.password = password;}
    public int getPort() {return port;}
    public void setPort(int port) {this.port = port;}
    public boolean isSsl() {return ssl;}
    public void setSsl(boolean ssl) {this.ssl = ssl;}
    public int getTimeout() {return timeout;}
    public void setTimeout(int timeout) {this.timeout = timeout;}

}
```

- 定义需要自动装配的配置类，主要就是把 RedissonClient 装配到 IoC 容器，值得注意的是 @ConditionalOnClass，它表示一个条件，在当前场景中表示的是：在 classpath 下存在 Redisson 这个类的时候，RedissonAutoConfiguration 才会实现自动装配。另外，这里只演示了一种单机的配置模式，除此之外，Redisson 还支持集群、主从、哨兵等模式的配置，大家有兴趣的话可以基于当前案例去扩展，建议使用 config.fromYAML 方式，直接加载配置完成不同模式的初始化，这会比根据不同模式的判断来实现配置化的方式更加简单。

```java
@Configuration
@ConditionalOnClass(Redisson.class)
@EnableConfigurationProperties(RedissonProperties.class)
public class RedissonAutoConfiguration {

    @Bean
    RedissonClient redissonClient(RedissonProperties redissonProperties){
        Config config=new Config();
        String prefix="redis://";
        if(redissonProperties.isSsl()){
            prefix="rediss://";
        }
        SingleServerConfig singleServerConfig=config.useSingleServer()
                .setAddress(prefix+redissonProperties.getHost()+":"+redissonProperties.getPort())
                .setConnectTimeout(redissonProperties.getTimeout());
        if(!StringUtils.isEmpty(redissonProperties.getPassword())){
            singleServerConfig.setPassword(redissonProperties.getPassword());
        }
        return Redisson.create(config);
    }
}
```

- 在 resources 下创建 META-INF/spring.factories 文件，使得 Spring Boot 程序可以扫描到该文件完成自动装配，key 和 value 对应如下：

```
org.springframework.boot.autoconfigure.EnableAutoConfiguration=\
com.gupaoedu.book.RedissonAutoConfiguration
```

- 最后一步，使用阶段只需要做两个步骤：添加 Starter 依赖、设置属性配置：

```
<dependency>
    <groupId>com.gupaoedu.book</groupId>
    <artifactId>redis-spring-boot-starter</artifactId>
    <version>1.0-SNAPSHOT</version>
</dependency>
```

在 application.properties 中配置 host 和 port，这个属性会自动绑定到 RedissonProperties 中定义的属性上。

```
gp.redisson.host=192.168.13.106
gp.redisson.port=6379
```

至此，一个非常简易的手写 Starter 就完成了，建议大家看完这段内容之后，基于对这块内容的理解尝试自己写一个 Starter 组件，以便真正掌握它的原理。

3.5　本章小结

本章主要分析了 Spring Boot 中的自动装配的基本原理，并且通过实现一个自定义 Starter 的方式加深了大家对于自动装配的理解。由于 Spring Cloud 生态中的组件，都是基于 Spring Boot 框架来实现的，了解 Spring Boot 的基本原理将有助于大家对后续内容的理解，磨刀不误砍柴工，笔者还是那句话，比了解技术的基本使用方法更重要的是了解技术产生的背景及核心原理。

4

第 4 章
微服务架构下的服务治理

众所周知，服务与服务之间的远程通信是分布式架构最基本的组成部分，传统意义上的远程通信，更多的时候是解决信息孤岛及数据互联互通问题的，它主要关注的是数据的共享。随着 SOA 生态的不断完善以及微服务架构思想的落地，服务与服务之间的远程通信需求更多来自服务的解耦。同时，业务规模的不断增长会使得微服务数量增加，那么问题也就随之产生了，比如：

- 如何协调线上运行的服务，以及保障服务的高可用性。
- 如何根据不同服务的访问情况来合理地调控服务器资源，提高机器的利用率。
- 线上出现故障时，如何动态地对故障业务做降级、流量控制等。
- 如何动态地更新服务中的配置信息，比如限流阈值、降级开关等。
- 如何实现大规模服务集群所带来的服务地址的管理和服务上下线的动态感知。

为了解决这些问题，就需要一个统一的服务治理框架对服务进行统一、有效的管控，从而保障服务的高效、健康运行，而 Dubbo 就是一个这样的框架。

Dubbo 是阿里巴巴内部使用的一个分布式服务治理框架，于 2012 年开源。由于 Dubbo 在服务治理这一领域的优势，以及它本身在阿里巴巴经过大规模的业务验证，所以在很短的时间内，Dubbo 就被很多互联网公司采用，笔者就是在 2013 年的时候开始接触 Dubbo 的，当时是在公司内部把

Webservice 切换到 Dubbo 框架。

由于某些原因 Dubbo 在 2014 年停止了维护,所以那些使用 Dubbo 框架的公司开始自己维护,比较知名的是当当网开源的 DubboX。值得高兴的是,2017 年 9 月,阿里巴巴重启了 Dubbo 的维护并且做好了长期投入的准备,也对 Dubbo 的未来做了很多的规划。2018 年 2 月份,Dubbo 进入 Apache 孵化,这意味着它将不只是阿里巴巴的 Dubbo,而是属于开源社区的,也意味着会有更多的开源贡献者参与到 Dubbo 的开发中来。

2019 年 5 月,Apache Dubbo 正式从孵化器中毕业,代表着 Apache Dubbo 正式成为 Apache 的顶级项目。笔者在写这本书的时候,Apache Dubbo 的最新版本是 2.7.5。

本章主要围绕 Apache Dubbo 框架的基本解决方案,以及它背后的一些实现原理和设计思想进行展开,帮助大家更好地了解 Apache Dubbo。

4.1 如何理解 Apache Dubbo

Apache Dubbo 是一个分布式服务框架,主要实现多个系统之间的高性能、透明化调用,简单来说它就是一个 RPC 框架,但是和普通的 RPC 框架不同的是,它提供了服务治理功能,比如服务注册、监控、路由、容错等。

促使 Apache Dubbo 框架产生的原因有两个:

- 在大规模服务化之后,服务越来越多,服务消费者在调用服务提供者的服务时,需要在配置文件中维护服务提供者的 URL 地址,当服务提供者出现故障或者动态扩容时,所有相关的服务消费者都需要更新本地配置的 URL 地址,这种维护成本非常高。这个时候,实现服务的上下动态线感知及服务地址的动态维护就显得非常重要了。
- 随着用户的访问量增大,后端服务为了支撑更大的访问量,会通过增加服务器来扩容。但是,哪些服务要扩容,哪些服务要缩容,需要一个判断依据,也就是说需要知道每个服务的调用量及响应时间,这个时候,就需要有一种监控手段,使用监控的数据作为容量规划的参考值,从而实现根据不同服务的访问情况来合理地调控服务器资源,提高机器的利用率。

从如图 4-1 所示的 Apache Dubbo 架构图也能够很清晰地看出,除了基本的 RPC 框架的职能,它的核心功能便是监控及服务注册。

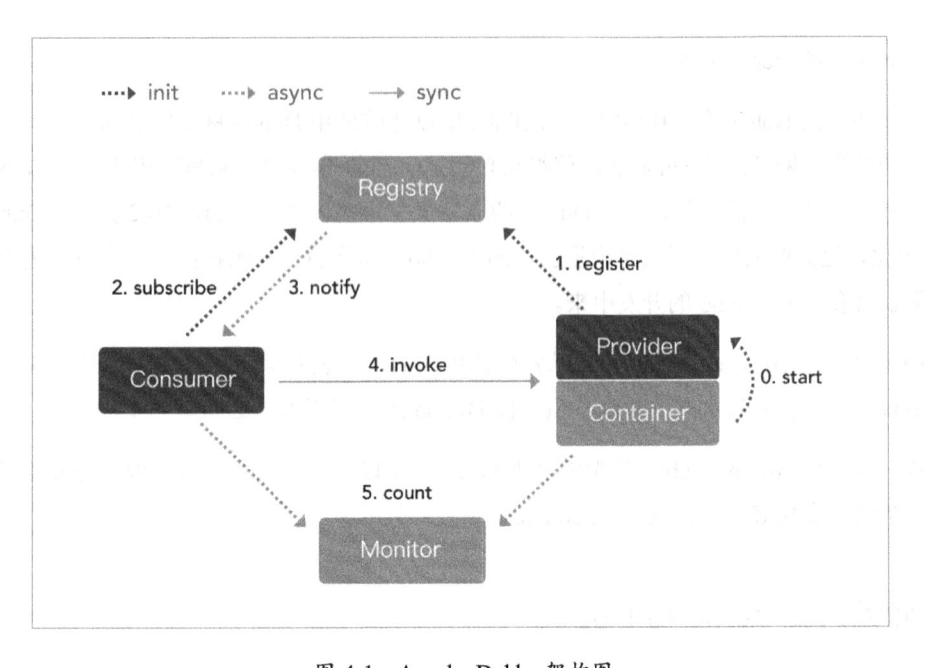

图 4-1　Apache Dubbo 架构图

4.2　Apache Dubbo 实现远程通信

　　创建两个普通的 Maven 工程,分别为 order-service 和 user-service,代表订单服务和用户服务,这两个服务之间在实际业务场景中会存在相互依赖的情况,比如订单服务中的某个功能可能需要查询用户信息时,就需要调用用户服务指定的接口来完成。

user-service 的实现流程

- 在 user-service 服务中定义了两个模块,分别为 user-api 和 user-provider,前者用来定义当前服务对外提供的接口,这个模块会部署到 Maven 的远程私服上,便于服务调用者依赖;后者是针对这个接口的实现,该实现会独立部署在服务器上。

```
user-service
  |--user-api
 |--user-provider
```

- 在 user-api 中定义一个接口,执行 mvn install 将其打包成 Jar 包安装到本地仓库,本地环境的其他项目就可以找到该依赖,当然,如果自己搭建了私服,可以通过 mvn deploy 发布。

```
public interface IUserService {
    String getNameById(String uid);
}
```

- 在 user-provider 中编写实现，这里需要注意的是，user-provider 中需要用到 user-api 中定义的 IUserService 接口，所以需要先添加 user-api 的 maven dependency 依赖。

```
public class UserServiceImpl implements IUserService{
    @Override
    public String getNameById(String uid) {
        System.out.println("receive request data:"+uid);
        //TODO 省略数据库操作
        return "Mic";
    }
}
```

- 添加 Dubbo 的依赖。

```
<dependency>
    <groupId>org.apache.dubbo</groupId>
    <artifactId>dubbo</artifactId>
    <version>2.7.5</version>
</dependency>
```

- 创建配置文件 resources/META-INF/spring/user-provider.xml，把服务发布到网络上，让其他进程可以访问。因为 Dubbo 采用了 Spring 配置的扩展来实现透明化的服务发布和服务消费，所以它的配置基本上和以往通过 XML 形式描述 Bean 差不多。
  - **dubbo:application** 用来描述提供方的应用信息，比如应用名称、维护人、版本等，其中应用名称是必填项。开发者或者运维人员可以通过监控平台查看这些信息来更快速地定位和解决问题。
  - **dubbo:registry** 配置注册中心的地址，如果不需要注册中心，可以设置为 N/A。Dubbo 支持多种注册中心，比如 ZooKeeper、Nacos 等。
  - **dubbo:protocol** 配置服务提供者的协议信息，Dubbo 支持多种协议来发布服务，默认采用 Dubbo 协议，可选的协议有很多，比如 Hessian、Webservice、Thrift 等。这意味着如果公司之前采用的协议是 Webservice，想切换到 Dubbo 上来，几乎没有太大的迁移成本。
  - **dubbo:service** 描述需要发布的服务接口，也就是这个接口可供本网络上的其他进程访问。interface 表示定义的接口，ref 表示这个接口的实现。

```xml
<?xml version="1.0" encoding="UTF-8"?>
<beans xmlns="http://www.springframework.org/schema/beans"
      xmlns:xsi="http://www.w3.org/2001/XMLSchema-instance"
      xmlns:dubbo="http://dubbo.apache.org/schema/dubbo"
      xsi:schemaLocation="http://www.springframework.org/schema/beans
       http://www.springframework.org/schema/beans/spring-beans-4.3.xsd
       http://dubbo.apache.org/schema/dubbo
       http://dubbo.apache.org/schema/dubbo/dubbo.xsd">
    <!-- 提供方应用信息，用于计算依赖关系 -->
    <dubbo:application name="user-service" />
    <!-- 服务注册中心的地址，N/A 表示不注册 -->
    <dubbo:registry address="N/A" />
    <!-- 用 Dubbo 协议在 20880 端口暴露服务 -->
    <dubbo:protocol name="dubbo" port="20880" />
    <!-- 声明需要暴露的服务接口 -->
    <dubbo:service interface="com.gupaoedu.book.dubbo.IUserService"
ref="userService" />
    <!-- 和本地 Bean 一样实现服务 -->
    <bean id="userService" class="com.gupaoedu.book.dubbo.UserServiceImpl" />
</beans>
```

- 加载 Spring 的 XML 文件，可以通过 ClassPathXmlApplicationContext 来完成加载启动的过程，也可以通过 Main.main(args)来启动。两者在本质上没有区别，只是 Dubbo 做了一层封装，简化了开发者的使用。

```java
public class DubboMain {
    public static void main(String[] args) throws IOException {
        //第一种方式
        ClassPathXmlApplicationContext context=new
ClassPathXmlApplicationContext("classpath*:/META-INF/user-provider.xml");
        context.start();
        System.in.read(); //阻塞 Main 线程
        //第二种方式
        //Main.main(args);
    }
}
```

- 启动之后，可以在控制台的日志中看到如下信息，说明服务已经发布成功，而且还打印了
  Dubbo 发布的地址 dubbo://192.168.13.1:20880/com.gupaoedu.book.dubbo.IUserService，这个
  地址是一个远程通信地址，服务调用者可以基于该地址来访问该服务完成远程通信的流程。

```
[DUBBO] Export dubbo service com.gupaoedu.book.dubbo.IUserService to url
dubbo://192.168.13.1:20880/com.gupaoedu.book.dubbo.IUserService?anyhost=true&a
pplication=hello-world-app&bind.ip=192.168.13.1&bind.port=20880&deprecated=fal
se&dubbo=2.0.2&dynamic=true&generic=false&interface=com.gupaoedu.book.dubbo.IU
serService&methods=getNameById&pid=208540&release=2.7.5&side=provider&timestam
p=1578285298744, dubbo version: 2.7.5, current host: 192.168.13.1
```

order–service 的实现流程

order-service 的实现流程比较简单，大部分配置是相同的。

- 添加 user-api 和 Dubbo 的 Maven 依赖，前者是用户访问 IUserService 接口的方法，后者通
  过远程代理完成远程通信过程。

```xml
<dependency>
    <groupId>com.gupaoedu.book.dubbo</groupId>
    <version>1.0-SNAPSHOT</version>
    <artifactId>user-api</artifactId>
</dependency>
<dependency>
    <groupId>org.apache.dubbo</groupId>
    <artifactId>dubbo</artifactId>
    <version>2.7.5</version>
</dependency>
```

- 在 resources/META-INF/spring/consumer.xml 中配置远程服务的引用，主要关注一下 dubbo:
  reference 这个配置，它会生成一个针对当前 interface 的远程服务的代理，指向的远程服务
  地址是 user-service 发布的 Dubbo 协议的 URL 地址。

```xml
<?xml version="1.0" encoding="UTF-8"?>
<beans xmlns="http://www.springframework.org/schema/beans"
      xmlns:xsi="http://www.w3.org/2001/XMLSchema-instance"
      xmlns:dubbo="http://dubbo.apache.org/schema/dubbo"
      xsi:schemaLocation="http://www.springframework.org/schema/beans
        http://www.springframework.org/schema/beans/spring-beans-4.3.xsd
```

```
        http://dubbo.apache.org/schema/dubbo
        http://dubbo.apache.org/schema/dubbo/dubbo.xsd">
    <!-- 提供方应用信息，用于计算依赖关系 -->
    <dubbo:application name="order-service" />
    <dubbo:registry address="N/A" />
    <!-- 生成远程服务代理，可以和本地 Bean 一样使用 userService -->
    <dubbo:reference id="userService"
interface="com.gupaoedu.book.dubbo.IUserService"
        url="dubbo://192.168.13.1:20880/com.gupaoedu.book.dubbo.IUserService"/>
</beans>
```

- 加载 Spring 配置文件，使用方式和本地 Bean 一样，通过从 IoC 容器中获取一个实例对象进行调用，需要注意的是，这里的 IUserService 返回的是一个代理对象，它的底层会基于网络通信来实现远程服务的调用。

```
public static void main( String[] args ){
    ClassPathXmlApplicationContext context=new ClassPathXmlApplicationContext
("classpath*:META-INF/spring/consumer.xml");
    IUserService iUserService=(IUserService)context.getBean("userService");
    System.out.println(iUserService.getNameById("1001"));
}
```

上述案例中，演示的仅仅是点对点的通信形式。整体来看，由于 Dubbo 天然地集成了 Spring，并且在此基础上做了标签的扩展，所以整体的配置方式和 Spring 相差不大，开发者在使用 Dubbo 的时候几乎没有太多的学习成本。基于 XML 形式的服务发布和服务消费方式还是比较烦琐的，而且在发布的服务接口比较多的情况下，配置会非常复杂，所以 Apache Dubbo 也提供了对注解的支持，在接下来的案例中，笔者会简单演示基于 Spring Boot 集成 Apache Dubbo 来实现零配置的服务注册与发布。

4.3 Spring Boot 集成 Apache Dubbo

Apache Dubbo 不需要依赖 Spring Boot 也是可以实现微服务的，集成到 Spring Boot 的好处是可以享受到 Spring Boot 生态的框架和技术支持，也就是基于 Spring Boot 实现了标准化，并统一了开发、部署、运维的形态。在 2015 年的时候，笔者所在公司就开始以 Spring Boot 集成 Dubbo 来实现微服务，不过，那时候整个生态没有现在这么成熟。现在，咱们可以使用 Dubbo Spring Boot

组件轻松集成，它整合了 Spring Boot 的自动装配、健康检查、外部化配置等功能。接下来通过一个案例来简单演示基于 Spring Boot 构建的 Dubbo 使用过程。

服务提供者开发流程

- 创建一个普通的 Maven 工程 springboot-provider，并创建两个模块：sample-api 和 sample-provider，其中 sample-provider 模块是一个 Spring Boot 工程。
- 在 sample-api 模块中定义一个接口，并且通过 mvn install 安装到本地私服。

```
public interface IHelloService {
    String sayHello(String name);
}
```

- 在 sample-provider 中引入以下依赖，其中 dubbo-spring-boot-starter 是 Apache Dubbo 官方提供的开箱即用的组件。

```
<dependency>
    <groupId>org.springframework.boot</groupId>
    <artifactId>spring-boot-starter</artifactId>
</dependency>
<dependency>
    <groupId>org.apache.dubbo</groupId>
    <artifactId>dubbo-spring-boot-starter</artifactId>
    <version>2.7.5</version>
</dependency>
<dependency>
    <groupId>com.gupaoedu.book.dubbo</groupId>
    <version>1.0-SNAPSHOT</version>
    <artifactId>sample-api</artifactId>
</dependency>
```

- 在 sample-provider 中实现 IHelloService，并且使用 Dubbo 中提供的@Service 注解发布服务。

```
@Service
public class HelloServiceImpl implements IHelloService {
    @Value("${dubbo.application.name}")
    private String serviceName;
```

```
    @Override
    public String sayHello(String name) {
        return String.format("[%s]: Hello,%s",serviceName,name);
    }
}
```

- 在 application.properties 文件中添加 Dubbo 服务的配置信息，配置元素在前面的章节中讲过，只是换了一种配置形式。

```
spring.application.name=springboot-dubbo-demo

dubbo.application.name=springboot-provider
dubbo.protocol.name=dubbo
dubbo.protocol.port=20880
dubbo.registry.address=N/A
```

- 启动 Spring Boot，需要注意的是，需要在启动方法上添加@DubboComponentScan 注解，它的作用和 Spring Framework 提供的@ComponetScan 一样，只不过这里扫描的是 Dubbo 中提供的@Service 注解。

```
@DubboComponentScan
@SpringBootApplication
public class ProviderApplication {
    public static void main(String[] args) {
        SpringApplication.run(ProviderApplication.class, args);
    }
}
```

服务调用者的开发流程

服务调用者的开发流程相对来说也很简单。

- 创建一个 Spring Boot 项目 springboot-consumer，添加 Jar 包依赖。

```
<dependency>
    <groupId>org.apache.dubbo</groupId>
    <artifactId>dubbo-spring-boot-starter</artifactId>
    <version>2.7.5</version>
```

```
    </dependency>
    <dependency>
        <groupId>com.gupaoedu.book.dubbo</groupId>
        <version>1.0-SNAPSHOT</version>
        <artifactId>sample-api</artifactId>
    </dependency>
```

- 在 application.properties 中配置项目名称。

```
dubbo.application.name=springboot-consumer
```

- 在 Spring Boot 启动类中，使用 Dubbo 提供的@Reference 注解来获得一个远程代理对象。

```
@SpringBootApplication
public class SpringbootConsumerApplication {
    @Reference(url =
"dubbo://192.168.13.1:20880/com.gupaoedu.book.dubbo.IHelloService")
    private IHelloService helloService;

    public static void main(String[] args) {
        SpringApplication.run(SpringbootConsumerApplication.class, args);
    }
    @Bean
    public ApplicationRunner runner(){
        return args -> System.out.println(helloService.sayHello("Mic"));
    }
}
```

相比基于 XML 的形式来说，基于 Dubbo-Spring-Boot-Starter 组件来使用 Dubbo 完成服务发布和服务消费会使得开发更加简单。另外，官方还提供了 Dubbo-Spring-Boot-Actuator 模块，可以实现针对 Dubbo 服务的健康检查；还可以通过 Endpoints 实现 Dubbo 服务信息的查询和控制等，为生产环境中对 Dubbo 服务的监控提供了很好的支持。

前面的两个案例中，主要还是使用 Dubbo 以点对点的形式来实现服务之间的通信，Dubbo 可以很好地集成注册中心来实现服务地址的统一管理。早期大部分公司采用的是 ZooKeeper 来实现注册，接下来将带大家了解一下 ZooKeeper，然后基于前面演示的案例整合 ZooKeeper 实现服务的注册和发现。

4.4　快速上手 ZooKeeper

ZooKeeper 是一个高性能的分布式协调中间件，所谓的分布式协调中间件的作用类似于多线程环境中通过并发工具包来协调线程的访问控制，只是分布式协调中间件主要解决分布式环境中各个服务进程的访问控制问题，比如访问顺序控制。所以，在这里需要强调的是，ZooKeeper 并不是注册中心，只是基于 ZooKeeper 本身的特性可以实现注册中心这个场景而已。

4.4.1　ZooKeeper 的安装

ZooKeeper 的安装非常简单，需要注意的是，由于 ZooKeeper 是使用 Java 编写的，所以在安装之前必须要安装 Java 运行环境。另外，ZooKeeper 支持单机部署和集群部署，由于本书并不是专门讲解 ZooKeeper 的，所以只会简单演示单机环境的安装过程，便于完成 Dubbo 和 ZooKeeper 的集成，安装步骤如下：

- 在 Apache 官网上下载 ZooKeeper，笔者写作本书的时候最新版本为 3.5.6。
- 将下载好的安装包解压到指定目录，解压后可以看到 ZooKeeper 包含很多目录，其中 conf 是存放配置文件的目录，bin 是 ZooKeeper 提供的可执行脚本的目录。
- ${Zookeeper_Home}\conf 目录下提供了 ZooKeeper 核心配置的样例文件 zoo_sample.cfg，如果要将 ZooKeeper 运行起来，需要将其名称修改为 zoo.cfg，内容可以暂时不用修改。
- 在${ZOOKEEPER_HOME}\bin 路径下，执行 sh zkServer.sh start，启动服务。
- 启动服务之后，就可以通过默认发布的 2181 端口来访问。如果是在同一台机器上访问，通过 sh zkCli.sh 即可连接到 ZooKeeper 服务器。如果要连接到不同机器上的 ZooKeeper 服务，需要增加-server 参数，即 sh zkCli.sh -server target-server-ip:2181。

4.4.2　ZooKeeper 的数据结构

ZooKeeper 的数据模型和分布式文件系统类似，是一种层次化的属性结构，如图 4-2 所示。和文件系统不同的是，ZooKeeper 的数据是结构化存储的，并没有在物理上体现出文件和目录。

ZooKeeper 树中的每个节点被称为 Znode，Znode 维护了一个 stat 状态信息，其中包含数据变化的时间和版本等。并且每个 Znode 可以设置一个 value 值，ZooKeeper 并不用于通用的数据库或者大容量的对象存储，它只是管理和协调有关的数据，所以 value 的数据大小不建议设置得非常大，较大的数据会带来更大的网络开销。

ZooKeeper 上的每个节点的数据都是允许读和写的，读表示获得指定 Znode 上的 value 数据，写表示修改指定 Znode 上的 value 数据。另外，节点的创建规则和文件系统中文件的创建规则类似，必须要按照层级创建。举个简单的例子，如果需要创建/node/node1/node1-1，那么必须先创建/node/node1 这两个层级节点。

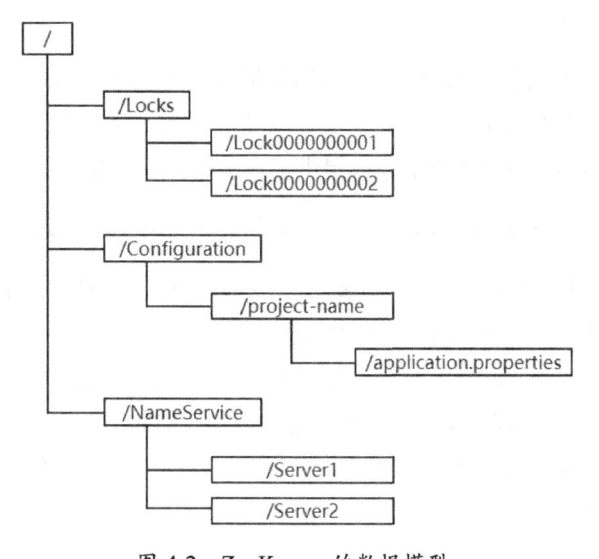

图 4-2　ZooKeeper 的数据模型

4.4.3　ZooKeeper 的特性

ZooKeeper 中的 Znode 在被创建的时候，需要指定节点的类型，节点类型分为：

- 持久化节点，节点的数据会持久化到磁盘。
- 临时节点，节点的生命周期和创建该节点的客户端的生命周期保持一致，一旦该客户端的会话结束，则该客户端所创建的临时节点会被自动删除。
- 有序节点，在创建的节点后面会增加一个递增的序列，该序列在同一级父节点之下是唯一的。需要注意的是，持久化节点或者临时节点也是可以设置为有序节点的，也就是持久化有序节点或者临时有序节点。

在 3.5.3 版本之后，又增加了两种节点类型，分别是：

- 容器节点，当容器节点下的最后一个子节点被删除时，容器节点就会被自动删除。
- TTL 节点，针对持久化节点或者持久化有序节点，我们可以设置一个存活时间，如果在存活时间之内该节点没有任何修改并且没有任何子节点，它就会被自动删除。

需要注意的是，在同一层级目录下，节点的名称必须是唯一的，就像我们在同一个目录下不能创建两个有相同名字的文件夹一样。

4.4.4 Watcher 机制

ZooKeeper 提供了一种针对 Znode 的订阅/通知机制，也就是当 Znode 节点状态发生变化时或者 ZooKeeper 客户端连接状态发生变化时，会触发事件通知。这个机制在服务注册与发现中，针对服务调用者及时感知到服务提供者的变化提供了非常好的解决方案。

在 ZooKeeper 提供的 Java API 中，提供了三种机制来针对 Znode 进行注册监听，分别是：

- getData()，用于获取指定节点的 value 信息，并且可以注册监听，当监听的节点进行创建、修改、删除操作时，会触发相应的事件通知。
- getChildren()，用于获取指定节点的所有子节点，并且允许注册监听，当监听节点的子节点进行创建、修改、删除操作时，触发相应的事件通知。
- exists()，用于判断指定节点是否存在，同样可以注册针对指定节点的监听，监听的时间类型和 getData() 相同。

Watcher 事件的触发都是一次性的，比如客户端通过 getData('/node',true) 注册监听，如果/node 节点发生数据修改，那么该客户端会收到一个修改事件通知，但是/node 再次发生变化时，客户端无法收到 Watcher 事件，为了解决这个问题，客户端必须在收到的事件回调中再次注册事件。

4.4.5 常见应用场景分析

基于 ZooKeeper 中节点的特性，可以为多种应用场景提供解决方案。

分布式锁

用过多线程的读者应该都知道锁，比如 Synchronized 或者 Lock，它们主要用于解决多线程环境下共享资源访问的数据安全性问题，但是它们所处理的范围是线程级别的。在分布式架构中，多个进程对同一个共享资源的访问，也存在数据安全性问题，因此也需要使用锁的形式来解决这类问题，而解决分布式环境下多进程对于共享资源访问带来的安全性问题的方案就是使用分布式锁。锁的本质是排他性的，也就是避免在同一时刻多个进程同时访问某一个共享资源。

如果使用 ZooKeeper 实现分布式锁达到排他的目的，只需要用到节点的特性：临时节点，以及同级节点的唯一性。

- 获得锁的过程

  在获得排他锁时，所有客户端可以去 ZooKeeper 服务器上/Exclusive_Locks 节点下创建一个临时节点/lock。ZooKeeper 基于同级节点的唯一性，会保证所有客户端中只有一个客户端能创建成功，创建成功的客户端获得了排他锁，没有获得锁的客户端就需要通过 Watcher 机制监听/Exclusive_Locks 节点下子节点的变更事件，用于实时监听/lock 节点的变化情况以做出反应。

- 释放锁的过程

  在获得锁的过程中，我们定义的锁节点/lock 为临时节点，那么在以下两种情况下会触发锁的释放。

  ◦ 获得锁的客户端因为异常断开了和服务端的连接，基于临时节点的特性，/lock 节点会被自动删除。

  ◦ 获得锁的客户端执行完业务逻辑之后，主动删除了创建的/lock 节点。

当/lock 节点被删除之后，ZooKeeper 服务器会通知所有监听了/Exclusive_Locks 子节点变化的客户端。这些客户端收到通知后，再次发起创建/lock 节点的操作来获得排他锁。

Master 选举

Master 选举是分布式系统中非常常见的场景，在分布式架构中，为了保证服务的可用性，通常会采用集群模式，也就是当其中一个机器宕机后，集群中的其他节点会接替故障节点继续工作。这种工作模式有点类似于公司中某些重要岗位的 A/B 角，当 A 请假之后，B 可以接替 A 继续工作。在这种场景中，就需要从集群中选举一个节点作为 Master 节点，剩余的节点都作为备份节点随时待命。当原有的 Master 节点出现故障之后，还需要从集群中的其他备份节点中选举一个节点作为 Master 节点继续提供服务。

ZooKeeper 就可以帮助集群中的节点实现 Master 选举。具体而言，ZooKeeper 中有两种方式来实现 Master 选举这一场景：

- 同一级节点不能重复创建一个已经存在的节点，这个有点类似于分布式锁的实现场景，其实 Master 选举的场景也是如此。假设集群中有 3 个节点，需要选举出 Master，那么这三个节点同时去 ZooKeeper 服务器上创建一个临时节点/master-election，由于节点的特性，只会有一个客户端创建成功，创建成功的客户端所在的机器就成了 Master。同时，其他没有创建成功的客户端，针对该节点注册 Watcher 事件，用于监控当前的 Master 机器是否存活，一旦发现 Master "挂了"，也就是/master-election 节点被删除了，那么其他的客户端将会重新发起 Master 选举操作。

- 利用临时有序节点的特性来实现。所有参与选举的客户端在 ZooKeeper 服务器的/master 节点下创建一个临时有序节点，编号最小的节点表示 Master，后续的节点可以监听前一个节点的删除事件，用于触发重新选举，如图 4-3 所示，client01、client02、client03 三个节点去 ZooKeeper Server 的/master 节点下创建临时有序节点，编号最小的节点 client01 表示 Master 节点，client02 和 client03 会分别通过 Watcher 机制监听比自己编号小的一个节点，比如 client03 会监听 client01-0000000001 节点的删除事件、client02 会监听 client-03-0000000002 节点的删除事件，一旦最小的节点被删除，那么在图 4-3 这个场景中，client-03 就会被选举为 Master。

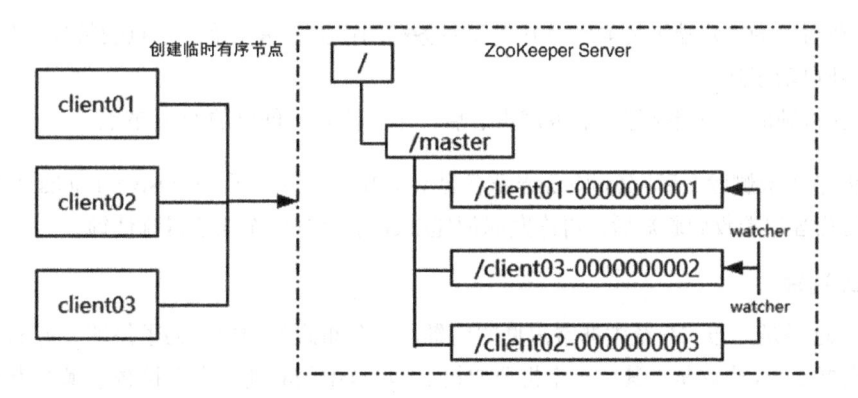

图 4-3 利用临时有序节点实现 Master 选举

4.5 Apache Dubbo 集成 ZooKeeper 实现服务注册

大规模服务化之后，在远程 RPC 通信过程中，会遇到两个比较尖锐的问题：

- 服务动态上下线感知。
- 负载均衡。

服务动态上下线感知，就是服务调用者要感知到服务提供者上下线的变化。按照以往传统的形式，服务调用者如果要调用服务提供者，必须要知道服务提供者的地址信息及映射参数。以 Webservice 为例，服务调用者需要在配置文件中维护一个 http://ip:port/service?wsdl 地址，但是如果服务提供者是一个集群节点，那么服务调用者需要维护多个这样的地址。问题来了，一旦服务提供者的 IP 故障或者集群中某个节点下线了，服务调用者需要同步更新这些地址，但是这个操作如果人工来做是不现实的，所以需要一个第三方软件来统一管理服务提供者的 URL 地址，服务调用者可以从这个软件中获得目标服务的相关地址，并且第三方软件需要动态感知服务提供者状态的变化来维护所管理的 URL，进而使得服务调用者能够及时感知到变化而做出相应的处理。

负载均衡这个概念大家都熟悉，就是当服务提供者是由多个节点组成的集群环境时，服务调用者需要通过负载均衡算法来动态选择一台目标服务器进行远程通信。负载均衡的主要目的是通过多个节点的集群来均衡服务器的访问压力，提升整体性能。实现负载均衡的前提是，要得到目标服务集群的所有地址，在服务调用者端进行计算，而地址的获取也同样依赖于第三方软件。

第三方软件的主要功能其实就是服务注册和发现，如图 4-4 所示，可以看到引入服务注册中心后服务调用者和服务提供者之间的访问变化。Apache Dubbo 支持多种注册中心，比如 ZooKeeper、Nacos、Redis 等。在开源版本中，官方推荐使用的注册中心是 ZooKeeper，所以使用 Apache Dubbo 的公司大部分都用 ZooKeeper 来实现服务注册和发现，在本节中会简单介绍 ZooKeeper，后续章节会详细分析 Nacos。

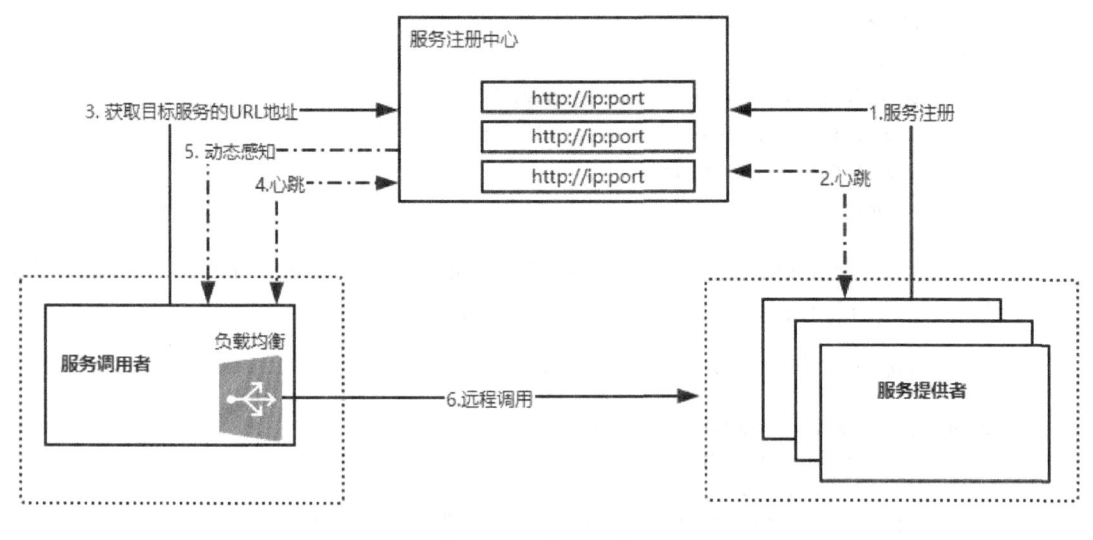

图 4-4　服务注册中心

4.5.1　Apache Dubbo 集成 ZooKeeper 实现服务注册的步骤

由于 Dubbo 的关系，大家最早认识的 ZooKeeper 用于实现服务的注册和发现。在初步了解了 ZooKeeper 的特性之后，我们就可以将 ZooKeeper 集成进来实现 Dubbo 服务的注册和动态感知。

还是以 Spring Boot 集成 Apache Dubbo 的案例作为演示，完整代码请去笔者提供的 GitHub 地址下载。

在这个案例中，只需要非常简单的几个步骤就能完成服务注册的功能。

- 在 springboot-provider 项目的 sample-provider 模块中添加 ZooKeeper 相关依赖，其中 curator-framework 和 curator-recipes 是 ZooKeeper 的开源客户端。

```xml
<dependency>
    <groupId>org.apache.zookeeper</groupId>
    <artifactId>zookeeper</artifactId>
    <version>3.5.3-beta</version>
</dependency>
<dependency>
    <groupId>org.apache.curator</groupId>
    <artifactId>curator-framework</artifactId>
    <version>4.0.1</version>
</dependency>
<dependency>
    <groupId>org.apache.curator</groupId>
    <artifactId>curator-recipes</artifactId>
    <version>4.0.1</version>
</dependency>
```

- 修改 application.properties 文件，修改 dubbo.registry.address 的地址为 ZooKeeper 服务器的地址，表示当前 Dubbo 服务需要注册到 ZooKeeper 上。

```
spring.application.name=springboot-dubbo-demo

dubbo.application.name=springboot-provider
dubbo.protocol.name=dubbo
dubbo.protocol.port=20880
dubbo.registry.address=zookeeper://192.168.13.106:2181
```

- 服务调用方只需要修改 application.properties，设置 Dubbo 服务注册中心的地址即可，当 Dubbo 调用方发起远程调用时，会去注册中心获取目标服务的 URL 地址以完成最终通信。

```
dubbo.registry.address=zookeeper://192.168.13.106:2181
```

4.5.2　ZooKeeper 注册中心的实现原理

Dubbo 服务注册到 ZooKeeper 上之后，可以在 ZooKeeper 服务器上看到如图 4-5 所示的树形结构。

当 Dubbo 服务启动时，会去 Zookeeper 服务器上的/dubbo/com.gupaoedu.book.dubbo. IHelloService/providers 目录下创建当前服务的 URL，其中 com.gupaoedu.book.dubbo.IHelloService 是发布服务的接口全路径名称，providers 表示服务提供者的类型，dubbo://ip:port 表示该服务发布的协议类型及访问地址。其中，URL 是临时节点，其他皆为持久化节点。在这里使用临时节点的好处在于，如果注册该节点的服务器下线了，那么这个服务器的 URL 地址就会从 ZooKeeper 服务器上被移除。

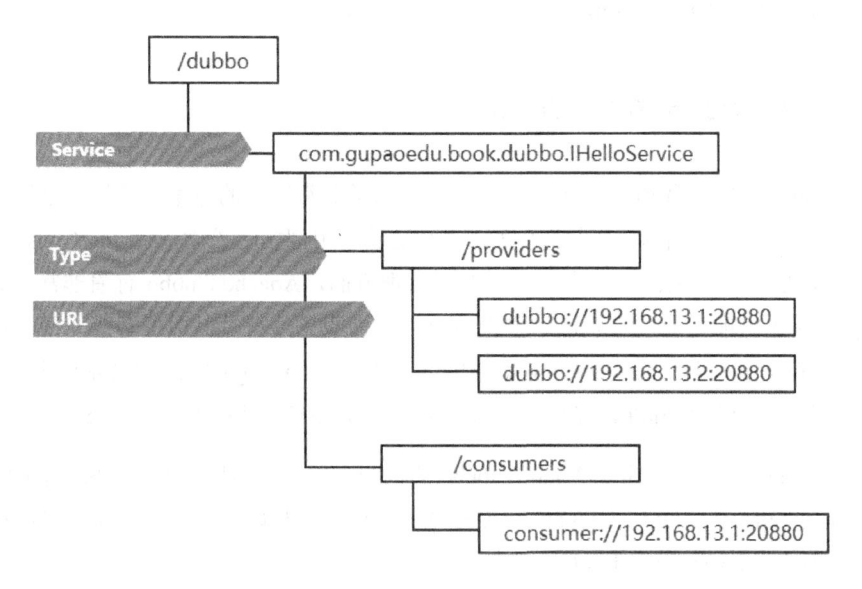

图 4-5　ZooKeeper 服务器上的树形结构

当 Dubbo 服务消费者启动时，会对/dubbo/com.gupaoedu.book.dubbo.IHelloService/providers 节点下的子节点注册 Watcher 监听，这样便可以感知到服务提供方节点的上下线变化，从而防止请求发送到已经下线的服务器造成访问失败。同时，服务消费者会在 dubbo/com.gupaoedu.book. dubbo.IHelloService/consumers 下写入自己的 URL，这样做的目的是可以在监控平台上看到某个 Dubbo 服务正在被哪些服务调用。最重要的是，Dubbo 服务的消费者如果需要调用 IHelloService 服务，那么它会先去/dubbo/com.gupaoedu.book.dubbo. IHelloService/providers 路径下获得所有该服务的提供方 URL 列表，然后通过负载均衡算法计算出一个地址进行远程访问。

整体来看，服务注册和动态感知的功能用到了 ZooKeeper 中的临时节点、持久化节点、Watcher 等，回过头看前面分析的 ZooKeeper 的应用场景可以发现，几乎所有的场景都是基于这些来完成的。另外，不得不提的是，Dubbo 还可以针对不同的情况来实现以下功能。

- 基于临时节点的特性，当服务提供者宕机或者下线时，注册中心会自动删除该服务提供者的信息。
- 注册中心重启时，Dubbo 能够自动恢复注册数据及订阅请求。
- 为了保证节点操作的安全性，ZooKeeper 提供了 ACL 权限控制，在 Dubbo 中可以通过 dubbo. registry.username/dubbo.registry.password 设置节点的验证信息。
- 注册中心默认的根节点是/dubbo，如果需要针对不同环境设置不同的根节点，可以使用 dubbo.registry.group 修改根节点名称。

4.6 实战 Dubbo Spring Cloud

Spring Cloud 为 Java 环境中解决微服务问题提供了非常完整的方案，所以在最近几年时间，Spring Cloud 成了很多公司首选的技术方案。但是随着运用规模的扩大，Spring Cloud 在服务治理领域的局限性逐步显露出来。相对来说，在服务治理方面，Apache Dubbo 有着非常大的优势，并且在 Spring Cloud 出现之前，它就已经被很多公司作为服务治理及微服务基础设施的首选框架。Dubbo Spring Cloud 的出现，使得 Dubbo 既能够完全整合到 Spring Cloud 的技术栈中，享受 Spring Cloud 生态中的技术支持和标准化输出，又能够弥补 Spring Cloud 中服务治理这方面的短板。

Dubbo Spring Cloud 是 Spring Cloud Alibaba 的核心组件，它构建在原生的 Spring Cloud 标准之上，不仅覆盖了 Spring Cloud 原生特性，还提供了更加稳定和成熟的实现。接下来，我们就通过一个案例来了解 Dubbo Spring Cloud。

4.6.1 实现 Dubbo 服务提供方

创建一个普通的 Maven 工程，并在该工程中创建两个模块：spring-cloud-dubbo-sample-api、spring-cloud-dubbo-sample-provider。其中 spring-cloud-dubbo-sample-api 是一个普通的 Maven 工程，spring-cloud-dubbo-sample-provider 是一个 Spring Boot 工程。细心的读者应该会发现，对于服务提供者而言，都会存在一个 API 声明，因为服务的调用者需要访问服务提供者声明的接口，为了确保契约的一致性，Dubbo 官方推荐的做法是把服务接口打成 Jar 包发布到仓库上。服务调用者可以依赖该 Jar 包，通过接口调用方式完成远程通信。对于服务提供者来说，也需要依赖该 Jar 包完成接口的实现。

注意：当前案例中使用的 Spring Cloud 版本为 Greenwich.SR2，Spring Cloud Alibaba 的版本为 2.2.2.RELEASE，Spring Boot 的版本为 2.1.11.RELEASE。

- 在 spring-cloud-dubbo-sample-api 中声明接口，并执行 mvn install 将 Jar 包安装到本地仓库。

```
public interface IHelloService {
    String sayHello(String name);
}
```

- 在 spring-cloud-dubbo-sample-provider 中添加依赖。

```
<dependencies>
    <dependency>
        <groupId>org.springframework.cloud</groupId>
        <artifactId>spring-cloud-starter</artifactId>
    </dependency>
    <dependency>
        <groupId>com.alibaba.cloud</groupId>
        <artifactId>spring-cloud-starter-dubbo</artifactId>
    </dependency>
    <dependency>
        <groupId>com.gupaoedu.book.springcloud</groupId>
        <artifactId>spring-cloud-dubbo-sample-api</artifactId>
        <version>1.0-SNAPSHOT</version>
    </dependency>
    <dependency>
        <groupId>org.springframework.cloud</groupId>
        <artifactId>spring-cloud-starter-zookeeper-discovery</artifactId>
    </dependency>
</dependencies>
```

依赖说明如下。

- spring-cloud-starter：Spring Cloud 核心包。
- spring-cloud-dubbo-sample-api：API 接口声明。
- spring-cloud-starter-dubbo：引入 Spring Cloud Alibaba Dubbo。

○ spring-cloud-starter-zookeeper-discovery：基于 ZooKeeper 实现服务注册发现的 artifactId。

需要注意的是，上述依赖的 artifact 没有指定版本，所以需要在父 pom 中显式声明 dependencyManagement。

```xml
<dependency>
    <groupId>org.springframework.cloud</groupId>
    <artifactId>spring-cloud-dependencies</artifactId>
    <version>Greenwich.SR2</version>
    <type>pom</type>
    <scope>import</scope>
</dependency>
<dependency>
    <groupId>org.springframework.boot</groupId>
    <artifactId>spring-boot-dependencies</artifactId>
    <version>2.1.11.RELEASE</version>
    <type>pom</type>
    <scope>import</scope>
</dependency>
<dependency>
    <groupId>com.alibaba.cloud</groupId>
    <artifactId>spring-cloud-alibaba-dependencies</artifactId>
    <version>2.1.1.RELEASE</version>
    <type>pom</type>
    <scope>import</scope>
</dependency>
```

- 在 spring-cloud-dubbo-sample-provider 中创建接口的实现类 HelloServiceImpl，其中@Service 是 Dubbo 服务的注解，表示当前服务会发布为一个远程服务。

```java
@Service
public class HelloServiceImpl implements IHelloService {
    @Value("${dubbo.application.name}")
    private String serviceName;

    @Override
    public String sayHello(String name) {
        return String.format("[%s]: Hello,s%",serviceName,name);
    }
}
```

- 在 application.properties 中配置 Dubbo 相关的信息。

```
dubbo.protocol.port=20880
```

```
dubbo.protocol.name=dubbo

spring.application.name=spring-cloud-dubbo-sample
spring.cloud.zookeeper.discovery.register=true
spring.cloud.zookeeper.connect-string=192.168.13.106:2181
```

其中 spring.cloud.zookeeper.discovery.register=true 表示服务是否需要注册到注册中心。
spring.cloud.zookeeper.connect-string 表示 ZooKeeper 的连接字符串。

- 在启动类中声明@DubboComponentScan 注解，并启动服务。

```java
@DubboComponentScan
@SpringBootApplication
public class SpringCloudDubboSampleProviderApplication {

    public static void main(String[] args) {
        SpringApplication.run(SpringCloudDubboSampleProviderApplication.class, args);
    }
}
```

@DubboComponentScan 扫描当前注解所在的包路径下的@org.apache.dubbo.config.annotation.
Service 注解，实现服务的发布。发布完成之后，就可以在 ZooKeeper 服务器上看一个
/services/${project-name}`节点，这个节点中保存了服务提供方相关的地址信息。

4.6.2　实现 Dubbo 服务调用方

Dubbo 服务提供方 spring-cloud-dubbo-sample 已经准备完毕，只需要创建一个名为
spring-cloud-dubbo-consumer 的 Spring Boot 项目，就可以实现 Dubbo 服务调用了。

- 创建一个名为 spring-cloud-dubbo-consumer 的 Spring Boot 工程，添加如下依赖，与服务提
  供方所依赖的配置没什么区别。为了演示需要，增加了 spring-boot-starter-web 组件，表示
  这是一个 Web 项目。

```xml
<dependencies>
    <dependency>
        <groupId>org.springframework.cloud</groupId>
        <artifactId>spring-cloud-starter</artifactId>
    </dependency>
    <dependency>
        <groupId>com.alibaba.cloud</groupId>
```

```
        <artifactId>spring-cloud-starter-dubbo</artifactId>
    </dependency>
    <dependency>
        <groupId>com.gupaoedu.book.springcloud</groupId>
        <artifactId>spring-cloud-dubbo-sample-api</artifactId>
        <version>1.0-SNAPSHOT</version>
    </dependency>
    <dependency>
        <groupId>org.springframework.cloud</groupId>
        <artifactId>spring-cloud-starter-zookeeper-discovery</artifactId>
    </dependency>
    <dependency>
        <groupId>org.springframework.boot</groupId>
        <artifactId>spring-boot-starter-web</artifactId>
    </dependency>
</dependencies>
```

- 在 application.properties 文件中添加 Dubbo 相关配置信息。

```
dubbo.cloud.subscribed-services=spring-cloud-dubbo-provider

spring.application.name=spring-cloud-dubbo-consumer
spring.cloud.zookeeper.discovery.register=false
spring.cloud.zookeeper.connect-string=192.168.13.106:2181
```

配置信息和 spring-cloud-dubbo-sample 项目的配置信息差不多，有两个配置需要单独说明一下：

- spring.cloud.zookeeper.discovery.register=false 表示当前服务不需要注册到 ZooKeeper 上，默认为 true。
- dubbo.cloud-subscribed-services 表示服务调用者订阅的服务提供方的应用名称列表，如果有多个应用名称，可以通过 "," 分割开，默认值为 "*"，不推荐使用默认值。当 dubbo.cloud.subscribed-services 为默认值时，控制台的日志中会输入一段警告信息。

```
Current application will subscribe all services(size:1) in registry, a lot of
memory and CPU cycles may be used, thus it's strongly recommend you using the
externalized property 'dubbo.cloud.subscribed-services' to specify the services
```

- 创建 HelloController 类，暴露一个/say 服务，来消费 Dubbo 服务提供者的 IHelloService 服务。

```
@RestController
public class HelloController {

    @Reference
    private IHelloService iHelloService;

    @GetMapping("/say")
    public String sayHello(){
        return iHelloService.sayHello("Mic");
    }
}
```

- 启动 Spring Boot 服务。

```
@SpringBootApplication
public class SpringCloudDubboConsumerApplication {

    public static void main(String[] args) {
        SpringApplication.run(SpringCloudDubboConsumerApplication.class, args);
    }
}
```

通过 curl 命令执行 HTTP GET 方法：

```
curl http://127.0.0.1:8080/say
```

响应结果为：

```
[spring-cloud-dubbo-sample]: Hello,Mic
```

至此，基于 Spring Cloud 生态下的 Dubbo 服务的发布和调用的完整案例就编写完了，如果需要完整源码，请去笔者提供的 GitHub 仓库中下载。

4.7　Apache Dubbo 的高级应用

在前面的章节中，我们只是了解了 Apache Dubbo 作为 RPC 通信框架的使用方法，以及服务注册中心的应用及原理，这仅仅是它的冰山一角。其实，Apache Dubbo 更像一个生态，它提供了很多比较主流框架的集成，比如：

- 支持多种协议的服务发布，默认是 dubbo://，还可以支持 rest://、webservice://、thrift:// 等。
- 支持多种不同的注册中心，如 Nacos、ZooKeeper、Redis，未来还将会支持 Consul、Eureka、Etcd 等。
- 支持多种序列化技术，如 avro、fst、fastjson、hessian2、kryo 等。

除此之外，Apache Dubbo 在服务治理方面的功能非常完善，比如集群容错、服务路由、负载均衡、服务降级、服务限流、服务监控、安全验证等。接下来带着大家分析一些常用的功能配置，更多的功能可以关注 Apache Dubbo 官网，相比国外的官方资料来说，它最大的优势是支持中文，所以对读者来说也能够很好地理解。

4.7.1　集群容错

在分布式架构的网络通信中，容错能力是必须要具备的。什么叫容错呢？从字面来看，就是服务容忍错误的能力。我们都知道网络通信中会存在很多不确定的因素导致请求失败，比如网络延迟、网络中断、服务异常等。当服务调用者（消费者）调用服务提供者的接口时，如果因为上述原因出现请求失败，那对于服务调用者来说，需要一种机制来应对。Dubbo 中提供了集群容错的机制来优雅地处理这种错误。

容错模式

Dubbo 默认提供了 6 种容错模式，默认为 Failover Cluster。如果这 6 种容错模式不能满足你的实际需求，还可以自行扩展。这也是 Dubbo 的强大之处，几乎所有的功能都提供了插拔式的扩展。

- **Failover Cluster**，失败自动切换。当服务调用失败后，会切换到集群中的其他机器进行重试，默认重试次数为 2，通过属性 retries=2 可以修改次数，但是重试次数增加会带来更长的响应延迟。这种容错模式通常用于读操作，因为事务型操作会带来数据重复问题。
- **Failfast Cluster**，快速失败。当服务调用失败后，立即报错，也就是只发起一次调用。通常用于一些幂等的写操作，比如新增数据，因为当服务调用失败时，很可能这个请求已经在服务器端处理成功，只是因为网络延迟导致响应失败，为了避免在结果不确定的情况下导致数据重复插入的问题，可以使用这种容错机制。
- **Failsafe Cluster**，失败安全。也就是出现异常时，直接忽略异常。
- **Failback Cluster**，失败后自动回复。服务调用出现异常时，在后台记录这条失败的请求定时重发。这种模式适合用于消息通知操作，保证这个请求一定发送成功。

- **Forking Cluster**，并行调用集群中的多个服务，只要其中一个成功就返回。可以通过 forks=2 来设置最大并行数。
- **Broadcast Cluster**，广播调用所有的服务提供者，任意一个服务报错则表示服务调用失败。这种机制通常用于通知所有的服务提供者更新缓存或者本地资源信息。

配置方式

配置方式非常简单，只需要在指定服务的@Service 注解上增加一个参数即可。注意，在没有特殊说明的情况下，后续代码都是基于前面的 Dubbo Spring Cloud 的代码进行改造的。在@Service 注解中增加 cluster="failfast"参数，表示当前服务的容错方式为快速失败。

```
@Service(cluster = "failfast")
public class HelloServiceImpl implements IHelloService {
    @Value("${dubbo.application.name}")
    private String serviceName;

    @Override
    public String sayHello(String name) {
        return String.format("[%s]：Hello,%s",serviceName,name);
    }
}
```

在实际应用中，查询语句容错策略建议使用默认的 Failover Cluster，而增删改操作建议使用 Failfast Cluster 或者使用 Failover Cluster（retries="0"）策略，防止出现数据重复添加等其他问题！建议在设计接口的时候把查询接口方法单独做成一个接口提供查询。

4.7.2　负载均衡

负载均衡应该不是一个陌生的概念，在访问量较大的情况下，我们会通过水平扩容的方式增加多个节点来平衡请求的流量，从而提升服务的整体性能。简单来说，如果一个服务节点的 TPS 是 100，那么如果增加到 5 个节点的集群，意味着整个集群的 TPS 可以达到 500。

当服务调用者面对 5 个节点组成的服务提供方集群时，请求应该分发到集群中的哪个节点，取决于负载均衡算法，通过该算法可以让每个服务器节点获得适合自己处理能力的负载。负载均衡可以分为硬件负载均衡和软件负载均衡，硬件负载均衡比较常见的就是 F5，软件负载均衡目前比较主流的是 Nginx。

在 Dubbo 中提供了 4 种负载均衡策略，默认负载均衡策略是 random。同样，如果这 4 种策略不能满足实际需求，我们可以基于 Dubbo 中的 SPI 机制来扩展。

- Random LoadBalance，随机算法。可以针对性能较好的服务器设置较大的权重值，权重值越大，随机的概率也会越大。
- RoundRobin LoadBalance，轮询。按照公约后的权重设置轮询比例。
- LeastActive LoadBalance，最少活跃调用书。处理较慢的节点将会收到更少的请求。
- ConsistentHash LoadBalance，一致性 Hash。相同参数的请求总是发送到同一个服务提供者。

配置方式

在@Service 注解上增加 loadbalance 参数：

```
@Service(cluster = "failfast",loadbalance = "roundrobin")
```

4.7.3　服务降级

服务降级是一种系统保护策略，当服务器访问压力较大时，可以根据当前业务情况对不重要的服务进行降级，以保证核心服务的正常运行。所谓的降级，就是把一些非必要的功能在流量较大的时间段暂时关闭，比如在双 11 大促时，淘宝会把查看历史订单、商品评论等功能关闭，从而释放更多的资源来保障大部分用户能够正常完成交易。

降级有多个层面的分类：

- 按照是否自动化可分为自动降级和人工降级。
- 按照功能可分为读服务降级和写服务降级。

人工降级一般具有一定的前置性，比如在电商大促之前，暂时关闭某些非核心服务，如评价、推荐等。而自动降级更多的来自于系统出现某些异常的时候自动触发"兜底的流畅"，比如：

- 故障降级，调用的远程服务"挂了"，网络故障或者 RPC 服务返回异常。这类情况在业务允许的情况下可以通过设置兜底数据响应给客户端。
- 限流降级，不管是什么类型的系统，它所支撑的流量是有限的，为了保护系统不被压垮，在系统中会针对核心业务进行限流。当请求流量达到阈值时，后续的请求会被拦截，这类请求可以进入排队系统，比如 12306。也可以直接返回降级页面，比如返回"活动太火爆，请稍候再来"页面。

Dubbo 提供了一种 Mock 配置来实现服务降级，也就是说当服务提供方出现网络异常无法访问时，客户端不抛出异常，而是通过降级配置返回兜底数据，操作步骤如下：

- 在 spring-cloud-dubbo-consumer 项目中创建 MockHelloService 类，这个类只需要实现自动降级的接口即可，然后重写接口中的抽象方法实现本地数据的返回。

```
public class MockHelloService implements IHelloService {
    @Override
    public String sayHello(String s) {
        return "Sorry, 服务无法访问，返回降级数据";
    }
}
```

- 在 HelloController 类中修改 @Reference 注解增加 Mock 参数。其中设置了属性 cluster="failfast"，因为默认的容错策略会发起两次重试，等待的时间较长。

```
@RestController
public class HelloController {

    @Reference(mock =
"com.gupaoedu.book.springcloud.springclouddubboconsumer.MockHelloService",
            cluster = "failfast")
    private IHelloService iHelloService;

    @GetMapping("/say")
    public String sayHello(){
        return iHelloService.sayHello("Mic");
    }
}
```

- 在不启动 Dubbo 服务端或者服务端的返回值超过默认的超时时间时，访问/say 接口得到的结构就是 MockHelloService 中返回的数据。

4.7.4　主机绑定规则

主机绑定表示的是 Dubbo 服务对外发布的 IP 地址，默认情况下 Dubbo 会按照以下顺序来查找并绑定主机 IP 地址：

- 查找环境变量中 DUBBO_IP_TO_BIND 属性配置的 IP 地址。

- 查找 dubbo.protocol.host 属性配置的 IP 地址，默认是空，如果没有配置或者 IP 地址不合法，则继续往下查找。
- 通过 LocalHost.getHostAddress 获取本机 IP 地址，如果获取失败，则继续往下查找。
- 如果配置了注册中心的地址，则使用 Socket 通信连接到注册中心的地址后，使用 for 循环通过 socket.getLocalAddress().getHostAddress() 扫描各个网卡获取网卡 IP 地址。

上述过程中，任意一个步骤检测到合法的 IP 地址，便会将其返回作为对外暴露的服务 IP 地址。需要注意的是，获取的 IP 地址并不是写入注册中心的地址，默认情况下，写入注册中心的 IP 地址优先选择环境变量中 DUBBO_IP_TO_REGISTRY 属性配置的 IP 地址。在这个属性没有配置的情况下，才会选取前面获得的 IP 地址并写入注册中心。

使用默认的主机绑定规则，可能会存在获取的 IP 地址不正确的情况，导致服务消费者与注册中心上拿到的 URL 地址进行通信。因为 Dubbo 检测本地 IP 地址的策略是先调用 LocalHost.getHostAddress，这个方法的原理是通过获取本机的 hostname 映射 IP 地址，如果它指向的是一个错误的 IP 地址，那么这个错误的地址将会作为服务发布的地址注册到 ZooKeeper 节点上，虽然 Dubbo 服务能够正常启动，但是服务消费者却无法正常调用。按照 Dubbo 中 IP 地址的查找规则，如果遇到这种情况，可以使用很多种方式来解决：

- 在/etc/hosts 中配置机器名对应正确的 IP 地址映射。
- 在环境变量中添加 DUBBO_IP_TO_BIND 或者 DUBBO_IP_TO_REGISTRY 属性，Value 值为绑定的主机地址。
- 通过 dubbo.protocol.host 设置主机地址。

除获取绑定主机 IP 地址外，对外发布的端口也是需要注意的，Dubbo 框架中针对不同的协议都提供了默认的端口号：

- Dubbo 协议的默认端口号是 20880。
- Webservice 协议的默认端口号是 80。

在实际使用过程中，建议指定一个端口号，避免和其他 Dubbo 服务的端口产生冲突。

4.8 Apache Dubbo 核心源码分析

突然跳跃到 Dubbo 的源码分析，显得有点突兀。Apache Dubbo 是一个非常成熟的 RPC 框架，对于开发者来说，即便是第一次接触，也能够很快上手。之所以要单独写一节来分析源码，主要还是因为 Dubbo 中有很多有意思的设计值得学习和借鉴。

Apache Dubbo 的源码相对来说还是比较容易理解的，只需要理解几个点：

- SPI 机制。
- 自适应扩展点。
- IoC 和 AOP。
- Dubbo 如何与 Spring 集成。

当然 Dubbo 里面还有很多值得分析的设计，在本书中就不全部展开了，大家如果有兴趣可以自己花时间以 Debug 的形式看一遍源码。

4.8.1 源码构建

源码下载

在编写本书时，Dubbo 的最新版本是 2.7.5，所以我们分析的源码以这个版本作为基础。

下载地址：https://github.com/apache/dubbo/releases。

源码构建

Dubbo 源码构建依赖于 Maven 及 JDK，Maven 版本要求 2.2.1 以上、JDK 版本要求 1.5 以上。

进入 Dubbo 源码根目录下，执行 mvn install -Dmaven.test.skip 命令来做一次构建。

IDE 支持

针对不同的开发工具，可以通过以下命令来生成 IDE 工程。

- **IntelliJ IDEA:** mvn idea:idea。
- **Eclipse:** mvn eclipse:eclipse。

笔者采用的是 IntelliJ IDEA 开发工具，所以执行完上述代码之后，直接导入 IDEA 中即可。

4.8.2 Dubbo 的核心之 SPI

在 Dubbo 的源码中，很多地方会存下面这样三种代码，分别是自适应扩展点、指定名称的扩展点、激活扩展点：

```
ExtensionLoader.getExtensionLoader(XXX.class).getAdaptiveExtension();
ExtensionLoader.getExtensionLoader(XXX.class).getExtension(name);
```

```
ExtensionLoader.getExtensionLoader(XXX.class).getActiveExtension(url, key);
```

这种扩展点实际上就是 Dubbo 中的 SPI 机制。关于 SPI，不知道大家是否还有印象，我们在分析 Spring Boot 自动装配的时候提到过 SpringFactoriesLoader，它也是一种 SPI 机制。实际上，这两者的实现思想是类似的。

4.8.2.1 Java SPI 扩展点实现

SPI 全称是 Service Provider Interface，原本是 JDK 内置的一种服务提供发现机制，它主要用来做服务的扩展实现。SPI 机制在很多场景中都有运用，比如数据库连接，JDK 提供了 java.sql.Driver 接口，这个驱动类在 JDK 中并没有实现，而是由不同的数据库厂商来实现，比如 Oracle、MySQL 这些数据库驱动包都会实现这个接口，然后 JDK 利用 SPI 机制从 classpath 下找到相应的驱动来获得指定数据库的连接。这种插拔式的扩展加载方式，也同样遵循一定的协议约定。比如所有的扩展点必须要放在 resources/META-INF/services 目录下，SPI 机制会默认扫描这个路径下的属性文件以完成加载。

- 创建一个普通的 Maven 工程 Driver，定义一个接口。这个接口只是一个规范，并没有实现，由第三方厂商来提供实现。

```
public interface Driver {
    String connect();
}
```

- 创建另一个普通的 Maven 工程 Mysql-Driver，添加 Driver 的 Maven 依赖。

```
<dependency>
    <groupId>com.gupaoedu.book.spi</groupId>
    <artifactId>Driver</artifactId>
    <version>1.0-SNAPSHOT</version>
</dependency>
```

- 创建 MysqlDriver，实现 Driver 接口，这个接口表示一个第三方的扩展实现。

```
public class MysqlDriver implements Driver {
    @Override
    public String connect() {
        return "连接 Mysql 数据库";
    }
}
```

- 在 resources/META-INF/services 目录下创建一个以 Driver 接口全路径名命名的文件 com.gupaoedu.book.spi.Driver，在里面填写这个 Driver 的实现类扩展。

```
com.gupaoedu.book.spi.MysqlDriver
```

- 创建一个测试类，使用 ServiceLoader 加载对应的扩展点。从结果来看，MysqlDriver 这个扩展点被加载并且输出了相应的内容。

```java
public class SpiMain {
    public static void main(String[] args) {
        ServiceLoader<Driver> serviceLoader=ServiceLoader.load(Driver.class);
        serviceLoader.forEach(driver -> System.out.println(driver.connect()));
    }
}
```

4.8.2.2　Dubbo 自定义协议扩展点

Dubbo 或者 SpringFactoriesLoader 并没有使用 JDK 内置的 SPI 机制，只是利用了 SPI 的思想根据实际情况做了一些优化和调整。Dubbo SPI 的相关逻辑被封装在了 ExtensionLoader 类中，通过 ExtensionLoader 我们可以加载指定的实现类。

Dubbo 的 SPI 扩展有两个规则：

- 和 JDK 内置的 SPI 一样，需要在 resources 目录下创建任一目录结构：META-INF/dubbo、META-INF/dubbo/internal、META-INF/services，在对应的目录下创建以接口全路径名命名的文件，Dubbo 会去这三个目录下加载相应扩展点。
- 文件内容和 JDK 内置的 SPI 不一样，内容是一种 Key 和 Value 形式的数据。Key 是一个字符串，Value 是一个对应扩展点的实现，这样的方式可以按照需要加载指定的实现类。

实现步骤如下：

- 在一个依赖了 Dubbo 框架的工程中，创建一个扩展点及一个实现。其中，扩展点需要声明 @SPI 注解。

```java
@SPI
public interface Driver {
    String connect();
}
public class MysqlDriver implements Driver {
```

```
    @Override
    public String connect() {
        return "连接 Mysql 数据库";
    }
}
```

- 在 resources/META-INF/dubbo 目录下创建以 SPI 接口命名的文件 com.gupaoedu.book.dubbo.spi.Driver。

```
mysqlDriver=com.gupaoedu.book.dubbo.spi.MysqlDriver
```

- 创建测试类，使用 ExtensionLoader.getExtensionLoader.getExtension("mysqlDriver")获得指定名称的扩展点实现。

```
@Test
    public void connectTest(){
        ExtensionLoader<Driver>
extensionLoader=ExtensionLoader.getExtensionLoader(Driver.class);
        Driver driver=extensionLoader.getExtension("mysqlDriver");
        System.out.println(driver.connect());
    }
```

4.8.2.3 Dubbo SPI 扩展点源码分析

前面我们用 ExtensionLoader.getExtensionLoader.getExtension()来演示了 Dubbo 中 SPI 的用法，下面我们基于这个方法来分析 Dubbo 源码中是如何实现 SPI 的。

这段代码分为两部分：首先我们通过 ExtensionLoader.getExtensionLoader 来获得一个 ExtensionLoader 实例，然后通过 getExtension()方法获得指定名称的扩展点。先来分析第一部分。

ExtensionLoader.getExtensionLoader

这个方法用于返回一个 ExtensionLoader 实例，主要逻辑如下：

- 先从缓存中获取与扩展类对应的 ExtensionLoader。
- 如果缓存未命中，则创建一个新的实例，保存到 EXTENSION_LOADERS 集合中缓存起来。
- 在 ExtensionLoader 构造方法中，初始化一个 objectFactory，后续会用到，暂时先不管。

```
public static <T> ExtensionLoader<T> getExtensionLoader(Class<T> type) {
    //避免篇幅过长，省略部分代码
```

```
ExtensionLoader<T> loader = (ExtensionLoader<T>) EXTENSION_LOADERS.get(type);
if (loader == null) {
    EXTENSION_LOADERS.putIfAbsent(type, new ExtensionLoader<T>(type));
    loader = (ExtensionLoader<T>) EXTENSION_LOADERS.get(type);
}
return loader;
}
//构造方法
private ExtensionLoader(Class<?> type) {
    this.type = type;
    objectFactory = (type == ExtensionFactory.class ? null :
ExtensionLoader.getExtensionLoader(ExtensionFactory.class).getAdaptiveExtension());
}
```

getExtension()

这个方法用于根据指定名称获得对应的扩展点并返回。在前面的演示案例中，如果 name 是 mysqlDriver，那么返回的实现类应该是 MysqlDriver。

- name 用于参数的判断，其中，如果 name="true"，则返回一个默认的扩展实现。
- 创建一个 Holder 对象，用户缓存该扩展点的实例。
- 如果缓存中不存在，则通过 createExtension(name)创建一个扩展点。

```
public T getExtension(String name) {
    if (StringUtils.isEmpty(name)) {
        throw new IllegalArgumentException("Extension name == null");
    }
    if ("true".equals(name)) {//如果 name 的值为"true"，则返回一个默认的扩展点
        return getDefaultExtension();
    }
    //创建或者返回一个 Holder 对象，用于缓存实例
    final Holder<Object> holder = getOrCreateHolder(name);
    Object instance = holder.get();
    if (instance == null) {//如果缓存中不存在，则创建一个实例
        synchronized (holder) {
            instance = holder.get();
            if (instance == null) {
                instance = createExtension(name);
```

```
                    holder.set(instance);
            }
        }
    }
    return (T) instance;
}
```

上面这段代码非常简单，无非就是先查缓存，缓存未命中，则创建一个扩展对象。不难猜出，createExtension()应该就是去指定的路径下查找 name 对应的扩展点的实现，并且实例化之后返回。

- 通过 getExtensionClasses().get(name)获得一个扩展类。
- 通过反射实例化之后缓存到 EXTENSION_INSTANCES 集合中。
- injectExtension 实现依赖注入，后面会单独讲解。
- 把扩展类对象通过 Wrapper 进行包装。

```
private T createExtension(String name) {
    //根据 name 返回扩展类
    Class<?> clazz = getExtensionClasses().get(name);
    if (clazz == null) {
        throw findException(name);
    }
    try {
        //从缓存中查找该类是否已经被初始化
        T instance = (T) EXTENSION_INSTANCES.get(clazz);
        if (instance == null) {
            EXTENSION_INSTANCES.putIfAbsent(clazz, clazz.newInstance());
            instance = (T) EXTENSION_INSTANCES.get(clazz);
        }
        //依赖注入
        injectExtension(instance);
        //通过 Wrapper 进行包装
        Set<Class<?>> wrapperClasses = cachedWrapperClasses;
        if (CollectionUtils.isNotEmpty(wrapperClasses)) {
            for (Class<?> wrapperClass : wrapperClasses) {
                instance = injectExtension((T)
wrapperClass.getConstructor(type).newInstance(instance));
        }
```

```
    }
    initExtension(instance);
    return instance;
} catch (Throwable t) {
    throw new IllegalStateException("Extension instance (name: " + name + ", class: " +
                    type + ") couldn't be instantiated: " + t.getMessage(), t);
    }
}
```

在上述的代码中，第一部分是加载扩展类的关键实现，其他部分是辅助性的功能，其中依赖注入和 Wrapper 会单独来分析。我们继续来分析 getExtensionClasses().get(name)这部分代码，核心是 getExtensionClasses，返回一个 Map 集合，Key 和 Value 分别对应配置文件中的 Key 和 Value。

- 从缓存中获取已经被加载的扩展类。
- 如果未命中缓存，则调用 loadExtensionClasses 加载扩展类。

```
private Map<String, Class<?>> getExtensionClasses() {
    Map<String, Class<?>> classes = cachedClasses.get();
    if (classes == null) {
        synchronized (cachedClasses) {
            classes = cachedClasses.get();
            if (classes == null) {
                classes = loadExtensionClasses();
                cachedClasses.set(classes);
            }
        }
    }
    return classes;
}
```

Dubbo 中的代码实现套路基本都差不多，先访问缓存，缓存未命中再通过 loadExtensionClasses 加载扩展类，这个方法主要做两件事：

- 通过 cacheDefaultExtensionName 方法获得当前扩展接口的默认扩展对象，并且缓存。
- 调用 loadDirectory 方法加载指定文件目录下的配置文件。

```
private Map<String, Class<?>> loadExtensionClasses() {
    cacheDefaultExtensionName(); //获得当前 type 接口默认的扩展类

    Map<String, Class<?>> extensionClasses = new HashMap<>();
```

```
        //解析指定路径下的文件
        loadDirectory(extensionClasses, DUBBO_INTERNAL_DIRECTORY, type.getName(), true);
        loadDirectory(extensionClasses, DUBBO_INTERNAL_DIRECTORY, type.getName().replace
("org.apache", "com.alibaba"), true);

        loadDirectory(extensionClasses, DUBBO_DIRECTORY, type.getName());
        loadDirectory(extensionClasses, DUBBO_DIRECTORY, type.getName().replace
("org.apache", "com.alibaba"));
        loadDirectory(extensionClasses, SERVICES_DIRECTORY, type.getName());
        loadDirectory(extensionClasses, SERVICES_DIRECTORY, type.getName().replace
("org.apache", "com.alibaba"));
        return extensionClasses;
    }
```

loadDirectory 方法的逻辑比较简单，无非就是从指定的目录下，根据传入的 type 全路径名找到对应的文件，解析内容后加载并保存到 extensionClasses 集合中。cacheDefaultExtensionName 方法也比较简单，但是它和业务有一定的关系，所以单独再分析一下。

- 获得指定扩展接口的@SPI 注解。
- 得到@SPI 注解中的名字，保存到 cachedDefaultName 属性中。

```
private void cacheDefaultExtensionName() {
    //获得 type 类声明的注解@SPI
    final SPI defaultAnnotation = type.getAnnotation(SPI.class);
    if (defaultAnnotation == null) {
        return;
    }
    //得到注解中定义的 value 值
    String value = defaultAnnotation.value();
    if ((value = value.trim()).length() > 0) {
        String[] names = NAME_SEPARATOR.split(value);
        if (names.length > 1) {
            throw new IllegalStateException("More than 1 default extension name on
extension " + type.getName()
                                             + ": " + Arrays.toString(names));
        }
        if (names.length == 1) {
```

```
            cachedDefaultName = names[0];
        }
    }
}
```

以 Dubbo 中的 org.apache.dubbo.rpc.Protocol 接口为例,在@SPI 注解中有一个默认值 dubbo,这意味着如果没有显式地指定协议类型,默认采用 Dubbo 协议来发布服务。

```
@SPI("dubbo")
public interface Protocol {
    //...
}
```

这便是 Dubbo 中指定名称的扩展类加载的流程,其实并不是很复杂。

在分析 createExtension 方法时,如下代码片段没有分析,这段代码的主要作用是针对扩展类进行包装。

```
Set<Class<?>> wrapperClasses = cachedWrapperClasses;
if (CollectionUtils.isNotEmpty(wrapperClasses)) {
    for (Class<?> wrapperClass : wrapperClasses) {
        instance = injectExtension((T) wrapperClass.getConstructor(type).newInstance(instance));
    }
}
```

这里其实用到的是装饰器模式,通过装饰器来增强扩展类的功能。在分析它的源码实现之前,简单了解一下装饰器的作用。

在 Dubbo 源码包中的 META-INF/dubbo/internal 目录下,找到 org.apache.dubbo.rpc.Protocol 文件,内容如下:

```
filter=org.apache.dubbo.rpc.protocol.ProtocolFilterWrapper
listener=org.apache.dubbo.rpc.protocol.ProtocolListenerWrapper
mock=org.apache.dubbo.rpc.support.MockProtocol
dubbo=org.apache.dubbo.rpc.protocol.dubbo.DubboProtocol
injvm=org.apache.dubbo.rpc.protocol.injvm.InjvmProtocol
rmi=org.apache.dubbo.rpc.protocol.rmi.RmiProtocol
hessian=org.apache.dubbo.rpc.protocol.hessian.HessianProtocol
http=org.apache.dubbo.rpc.protocol.http.HttpProtocol
//省略部分代码
```

除了基本的以 Protocol 结尾的扩展类，有两个扩展类是比较特殊的，分别是 ProtocolFilterWrapper 和 ProtocolListenerWrapper，从名字来看像装饰类。可以猜测到，它们会对当前扩展点中原有的扩展类进行包装，假设当前的扩展点是 DubboProtocol，那么实际返回的扩展类对象可能为 ProtocolFilterWrapper(ProtocolListenerWrapper(DubboProtocol))。这个功能的实现代码如下：

```
Set<Class<?>> wrapperClasses = cachedWrapperClasses;
if (CollectionUtils.isNotEmpty(wrapperClasses)) {
    for (Class<?> wrapperClass : wrapperClasses) {
        instance = injectExtension((T) wrapperClass.getConstructor(type).newInstance(instance));
    }
}
```

cachedWrapperClasses 集合就是当前扩展点中配置的 Wrapper 类，它是在 loadDirectory 方法中初始化的，代码路径是 loadDirectory→loadResource→loadClass。

```
private void loadClass(Map<String, Class<?>> extensionClasses, java.net.URL resourceURL,
Class<?> clazz, String name) throws NoSuchMethodException {
    //省略部分代码
    if (clazz.isAnnotationPresent(Adaptive.class)) {
        cacheAdaptiveClass(clazz);
    } else if (isWrapperClass(clazz)) {
        cacheWrapperClass(clazz);
    } else {
        clazz.getConstructor();
    //省略部分代码
}
```

isWrapperClass 是判断方法，如果为 true，表示当前的 clazz 是一个装饰器类。这个判断逻辑很简单，就是判断 clazz 类中是否存在一个带有扩展类的构造函数，比如 ProtocolListenerWrapper 类，就有一个带有扩展类 Protocol 参数的构造函数。

```
public class ProtocolListenerWrapper implements Protocol {

    private final Protocol protocol;

    public ProtocolListenerWrapper(Protocol protocol) {
        if (protocol == null) {
```

```
        throw new IllegalArgumentException("protocol == null");
    }
    this.protocol = protocol;
    }
}
```

得到这些装饰器类后保存到 cachedWrapperClasses 集合，然后遍历集合，通过 wrapperClass.getConstructor(type).newInstance(instance)进行实例化。

至此，Dubbo SPI 中的大部分实现原理已经清晰了，希望读者后续看到 getExtension(name)这样的代码时，一眼就能知道它是什么，以及它的实现原理。

4.8.3　无处不在的自适应扩展点

自适应（Adaptive）扩展点也可以理解为适配器扩展点。简单来说就是能够根据上下文动态匹配一个扩展类。它的使用方式如下：

```
ExtensionLoader.getExtensionLoader(class).getAdaptiveExtension();
```

自适应扩展点通过@Adaptive 注解来声明，它有两种使用方式：

- @Adaptive 注解定义在类上面，表示当前类为自适应扩展类。

```
@Adaptive
public class AdaptiveCompiler implements Compiler {
    //省略
}
```

AdaptiveCompiler 类就是自适应扩展类，通过 ExtensionLoader.getExtensionLoader (Compiler.class).getAdaptiveExtension();可以返回 AdaptiveCompiler 类的实例。

- @Adaptive 注解定义在方法层面，会通过动态代理的方式生成一个动态字节码，进行自适应匹配。

```
@SPI("dubbo")
public interface Protocol {

    int getDefaultPort();

    @Adaptive
    <T> Exporter<T> export(Invoker<T> invoker) throws RpcException;
```

```
@Adaptive
<T> Invoker<T> refer(Class<T> type, URL url) throws RpcException;
//省略部分代码
}
```

Protocol 扩展类中的两个方法声明了@Adaptive 注解,意味着这是一个自适应方法。在 Dubbo 源码中很多地方通过下面这行代码来获得一个自适应扩展点:

```
Protocol protocol =
ExtensionLoader.getExtensionLoader(Protocol.class).getAdaptiveExtension();
```

但是,在 Protocol 接口的源码中,自适应扩展点的声明在方法层面上,所以它和类级别的声明不一样。这里的 protocol 实例,是一个动态代理类,基于 javassist 动态生成的字节码来实现方法级别的自适应调用。简单来说,调用 export 方法时,会根据上下文自动匹配到某个具体的实现类的 export 方法中。

接下来,基于 Protocol 的自适应扩展点方法 ExtensionLoader.getExtensionLoader(Protocol. class).getAdaptiveExtension()来分析它的源码实现。

从源码来看,getAdaptiveExtension 方法非常简单,只做了两件事:

- 从缓存中获取自适应扩展点实例。
- 如果缓存未命中,则通过 createAdaptiveExtension 创建自适应扩展点。

```
public T getAdaptiveExtension() {
    //从缓存中获取自适应扩展点实例
    Object instance = this.cachedAdaptiveInstance.get();
    if (instance == null) {
        if (this.createAdaptiveInstanceError != null) {
            throw new IllegalStateException("Failed to create adaptive instance: " +
this.createAdaptiveInstanceError.toString(), this.createAdaptiveInstanceError);
        }
        //创建自适应扩展点实例,并放置到缓存中
        synchronized(this.cachedAdaptiveInstance) {
            instance = this.cachedAdaptiveInstance.get();
            if (instance == null) {
                try {
                    instance = this.createAdaptiveExtension();
                    this.cachedAdaptiveInstance.set(instance);
```

```
        } catch (Throwable var5) {
            this.createAdaptiveInstanceError = var5;
            throw new IllegalStateException("Failed to create adaptive instance:
" + var5.toString(), var5);
        }
      }
    }
  }

  return instance;
}
```

按照之前对于自适应扩展点的分析，可以基本上猜测出 createAdaptiveExtension 方法的实现机制，我们来看它的源码。

- getAdaptiveExtensionClass 获得一个自适应扩展类的实例。
- injectExtension 完成依赖注入。

```
private T createAdaptiveExtension() {
  try {
    return this.injectExtension(this.getAdaptiveExtensionClass().newInstance());
  } catch (Exception var2) {
    throw new IllegalStateException("Can't create adaptive extension " + this.type +
", cause: " + var2.getMessage(), var2);
  }
}
```

在这个方法中，并没有很多具体的逻辑，injectExtension 会在后面的章节来分析，我们继续看 getAdaptiveExtensionClass。

- 通过 getExtensionClasses 方法加载当前传入类型的所有扩展点，缓存在一个集合中。
- 如果 cachedAdaptiveClass 为空，则调用 createAdaptiveExtensionClass 进行创建。

```
private Class<?> getAdaptiveExtensionClass() {
  this.getExtensionClasses();
  return this.cachedAdaptiveClass != null ? this.cachedAdaptiveClass :
(this.cachedAdaptiveClass = this.createAdaptiveExtensionClass());
}
```

getExtensionClasses 方法在上一节中讲过，不知道大家是否还有印象，这里就不再重复分析了。如果 cachedAdaptiveClass 不为空，直接返回，这个类是什么大家应该能够猜测出来。cachedAdaptiveClass 应该是 load 在 loadDirectory 方法解析指定目录下扩展点的时候加载进来的。在加载完之后如果某个类上定义了@Adaptive 注解，则会赋值给 cachedAdaptiveClass。

这里主要关注 createAdaptiveExtensionClass 方法，它涉及动态字节码的生成和加载。

- code 是一个动态拼接的类。
- 通过 Compiler 进行动态编译。

```java
private Class<?> createAdaptiveExtensionClass() {
    String code = (new AdaptiveClassCodeGenerator(this.type, this.cachedDefaultName)).generate();
    ClassLoader classLoader = findClassLoader();
    Compiler compiler = (Compiler)getExtensionLoader(Compiler.class).getAdaptiveExtension();
    return compiler.compile(code, classLoader);
}
```

在基于 Protocol 接口的自适应扩展点加载中，此时 code 拼接的字符串如下（为了排版美观，去掉了一些无用的代码）。

```java
public class Protocol$Adaptive implements Protocol {
    //省略部分代码
    public Exporter export(Invoker arg0) throws org.apache.dubbo.rpc.RpcException {
        if (arg0 == null) throw new IllegalArgumentException("Invoker argument == null");
        if (arg0.getUrl() == null)
            throw new IllegalArgumentException("Invoker argument getUrl() == null");
        URL url = arg0.getUrl();
        String extName = (url.getProtocol() == null ? "dubbo" : url.getProtocol());
        if (extName == null)
            throw new IllegalStateException("Failed to get extension (Protocol) name from url (" + url.toString() + ") use keys([protocol])");
        //根据名称获得指定扩展点
        Protocol extension = ExtensionLoader.getExtensionLoader(Protocol.class).getExtension(extName);
        return extension.export(arg0);
    }
}
```

```
public Invoker refer(Class arg0, URL arg1) throws RpcException {
    if (arg1 == null) throw new IllegalArgumentException("url == null");
    URL url = arg1;
    String extName = (url.getProtocol() == null ? "dubbo" : url.getProtocol());
    if (extName == null)
        throw new IllegalStateException("Failed to get extension (Protocol) name from
url (" + url.toString() + ") use keys([protocol])");
    Protocol extension = ExtensionLoader.getExtensionLoader(Protocol.class).getExtension(extName);
    return extension.refer(arg0, arg1);
    }
}
```

Protocol$Adaptive 是一个动态生成的自适应扩展类，可以按照下面这种方式使用：

```
Protocol protocol=ExtensionLoader.getExtensionLoader(Protocol.class).getAdaptiveExtension();
protocol.export(...);
```

当调用 protocol.export()时，实际上会调用 Protocol$Adaptive 类中的 export 方法。而这个方法，无非就是根据 Dubbo 服务配置的协议名称，通过 getExtension 获得相应的扩展类。

```
public Exporter export(Invoker arg0) throws org.apache.dubbo.rpc.RpcException {
    URL url = arg0.getUrl();
    String extName = (url.getProtocol() == null ? "dubbo" : url.getProtocol());
    Protocol extension = ExtensionLoader.getExtensionLoader(Protocol.class).getExtension(extName);
    return extension.export(arg0);
    }
```

所以，整体来看 Protocol$Adaptive 其实就是一种适配器模式，根据上下文信息自动适配到相应的协议扩展点来完成服务的发布。

4.8.4　Dubbo 中的 IoC 和 AOP

IoC（控制反转）和 AOP（面向切面）我们并不陌生，它是 Spring Framework 中的核心功能。实际上 Dubbo 中也用到了这两种机制。下面从源码层面逐个来分析这两种机制的体现。

4.8.4.1　IoC

IoC 中一个非常重要的思想是，在系统运行时，动态地向某个对象提供它所需要的其他对象，这种机制是通过 Dependency Injection（依赖注入）来实现的。

在分析 Dubbo SPI 机制时，createExtension 方法中有一段代码如下：

```
private T createExtension(String name) {
    //省略部分代码
    try {
        T instance = (T) EXTENSION_INSTANCES.get(clazz);
        if (instance == null) {
            EXTENSION_INSTANCES.putIfAbsent(clazz, clazz.newInstance());
            instance = (T) EXTENSION_INSTANCES.get(clazz);
        }
        injectExtension(instance);
        //省略部分代码
        return instance;
    } catch (Throwable t) {
        //省略部分代码
    }
}
```

injectExtension 就是依赖注入的实现，整体逻辑比较简单：

- 遍历被加载的扩展类中所有的 set 方法。
- 得到 set 方法中的参数类型,如果参数类型是对象类型,则获得这个 set 方法中的属性名称。
- 使用自适应扩展点加载该属性名称对应的扩展类。
- 调用 set 方法完成赋值。

```
private T injectExtension(T instance) {

    if (objectFactory == null) {
        return instance;
    }

    try {
        for (Method method : instance.getClass().getMethods()) {
            if (!isSetter(method)) {
                continue;
            }
            if (method.getAnnotation(DisableInject.class) != null) {
```

```
            continue;
        }
        //获得扩展类中方法的参数类型
        Class<?> pt = method.getParameterTypes()[0];
        //如果不是对象类型,则跳过
        if (ReflectUtils.isPrimitives(pt)) {
            continue;
        }
        try {
            //获得方法对应的属性名称
            String property = getSetterProperty(method);
            //根据 class 及 name,使用自适应扩展点加载并且通过 set 方法进行赋值
            Object object = objectFactory.getExtension(pt, property);
            if (object != null) {
                method.invoke(instance, object);
            }
        } catch (Exception e) {
            logger.error("Failed to inject via method " + method.getName()
                    + " of interface " + type.getName() + ": " + e.getMessage(), e);
        }

    }
} catch (Exception e) {
    logger.error(e.getMessage(), e);
}
return instance;
}
```

简单来说,injectExtension 方法的主要功能就是,如果当前加载的扩展类中存在一个成员对象,并且为它提供了 set 方法,那么就会通过自适应扩展点进行加载并赋值。以 org.apache.dubbo. registry.integration.RegistryProtocol 类为例,它里面有一个 Protocol 成员对象,并且为它提供了 setProtocol 方法,那么当 RegistryProtocol 扩展类被加载时,就会自动注入 protocol 成员属性的实例。

```
public class RegistryProtocol implements Protocol {
    //省略部分代码
    private Protocol protocol;
```

```
public void setProtocol(Protocol protocol) {
    this.protocol = protocol;
}
//省略部分代码
}
```

4.8.4.2 AOP

AOP 全称为 Aspect Oriented Programming，意思是面向切面编程，它是一种思想或者编程范式。它的主要意图是把业务逻辑和功能逻辑分离，然后在运行期间或者类加载期间进行织入。这样做的好处是，可以降低代码的复杂性，以及提高重用性。

在 Dubbo SPI 机制中，同样在 ExtensionLoader 类中的 createExtension 方法中体现了 AOP 的设计思想。

```
private T createExtension(String name) {
    //...
    try {
        //...
        Set<Class<?>> wrapperClasses = cachedWrapperClasses;
        if (CollectionUtils.isNotEmpty(wrapperClasses)) {
            for (Class<?> wrapperClass : wrapperClasses) {
                instance = injectExtension((T) wrapperClass.getConstructor(type).
newInstance(instance));
            }
        }
        initExtension(instance);
        return instance;
    } catch (Throwable t) {
        //...
    }
}
```

这段代码在前面的章节中讲过，仔细分析一下下面这行代码：

```
instance = injectExtension((T) wrapperClass.getConstructor(type).newInstance(instance));
```

其中分别用到了依赖注入和 AOP 思想，AOP 思想的体现是基于 Wrapper 装饰器类实现对原有的扩展类 instance 进行包装。

4.8.5　Dubbo 和 Spring 完美集成的原理

使用 Dubbo 最方便的地方在于，它和 Spring 能够非常方便地集成，在享受这种便利的同时，难免会思考并挖掘它的实现原理。实际上，Dubbo 对于配置的优化，也是随着 Spring 一同发展的，从最早的 XML 形式到后来的注解方式及自动装配，都是在不断地简化开发过程以提升开发效率。

在 Spring Boot 集成 Dubbo 这个案例中，服务发布主要有以下几个步骤：

- 添加 dubbo-spring-boot-starter 依赖。
- 定义@org.apache.dubbo.config.annotation.Service 注解。
- 声明@DubboComponentScan，用于扫描@Service 注解。

基于前面的分析，其实不难猜出它的实现原理。@Service 与 Spring 中的@org.springframework.stereotype.Service，用于实现 Dubbo 服务的暴露。与它相对应的是@Reference，它的作用类似于 Spring 中的@Autowired。

而@DubboComponentScan 和 Spring 中的@ComponentScan 作用类似，用于扫描@Service、@Reference 等注解。下面我们通过源码逐步分析它的实现机制。

4.8.5.1　@DubboComponentScan 注解解析

DubboComponentScan 注解的定义如下，这个注解主要通过 @Import 导入一个 DubboComponentScanRegistrar 类。

```
@Target(ElementType.TYPE)
@Retention(RetentionPolicy.RUNTIME)
@Documented
@Import(DubboComponentScanRegistrar.class)
public @interface DubboComponentScan {
    String[] value() default {};

    String[] basePackages() default {};

    Class<?>[] basePackageClasses() default {};
}
```

DubboComponentScanRegistrar 实现了 ImportBeanDefinitionRegistrar 接口，并且重写了 registerBeanDefinitions 方法。

- 获取扫描包的路径，在默认情况下扫描当前配置类所在的包。
- 注册@Service 注解的解析类。
- 注册@Reference 注解的解析类。

```
public class DubboComponentScanRegistrar implements ImportBeanDefinitionRegistrar {

    @Override
    public void registerBeanDefinitions(AnnotationMetadata importingClassMetadata,
BeanDefinitionRegistry registry) {
        //获取扫描包的路径
        Set<String> packagesToScan = getPackagesToScan(importingClassMetadata);
        //注册@Service 的解析类
        registerServiceAnnotationBeanPostProcessor(packagesToScan, registry);
        //注册@Reference 的解析类
        registerReferenceAnnotationBeanPostProcessor(registry);

    }
    //...
}
```

ImportBeanDefinitionRegistrar 是 Spring 提供的一种动态注入 Bean 的机制，和前面章节中讲过的 ImportSelector 接口的功能类似。在 registerBeanDefinitions 方法中，主要会实例化一些 BeanDefinition 注入 Spring IoC 容器。

继续看 registerServiceAnnotationBeanPostProcessor 方法，逻辑很简单，就是把 ServiceAnnotation-BeanPostProcessor 注册到容器。

```
private void registerServiceAnnotationBeanPostProcessor(Set<String> packagesToScan,
BeanDefinitionRegistry registry) {
    //构建 ServiceAnnotationBeanPostProcessor 的 BeanDefinitionBuilder
    BeanDefinitionBuilder builder =
rootBeanDefinition(ServiceAnnotationBeanPostProcessor.class);
    builder.addConstructorArgValue(packagesToScan);
    builder.setRole(BeanDefinition.ROLE_INFRASTRUCTURE);
    AbstractBeanDefinition beanDefinition = builder.getBeanDefinition();
    //将 beanDefinition 注册到 IoC 容器
    BeanDefinitionReaderUtils.registerWithGeneratedName(beanDefinition, registry);

}
```

总的来看，@DubboComponentScan 只是注入一个 ServiceAnnotationBeanPostProcessor 和一个 ReferenceAnnotationBeanPostProcessor 对象，那么 Dubbo 服务的主机@Service 是如何解析的呢？别慌，主要逻辑就在于两个类，其中 ServiceAnnotationBeanPostProcessor 用于解析@Service 注解，ReferenceAnnotationBeanPostProcessor 用于解析@Reference 注解。

4.8.5.2 ServiceAnnotationBeanPostProcessor

ServiceAnnotationBeanPostProcessor 类的定义如下，在 org.apache.dubbo.config.spring.beans. factory.annotation 包路径下，核心逻辑是解析@Service 注解。

```
public class ServiceAnnotationBeanPostProcessor implements
BeanDefinitionRegistryPostProcessor, EnvironmentAware,
        ResourceLoaderAware, BeanClassLoaderAware {

}
```

如图 4-6 所示，ServiceAnnotationBeanPostProcessor 实现了 BeanDefinitionRegistryPostProcessor、EnvironmentAware、ResourceLoaderAware 和 BeanClassLoaderAware 这 4 个接口，后面 3 个接口都比较好理解，我们主要看一下 BeanDefinitionRegistryPostProcessor 接口。

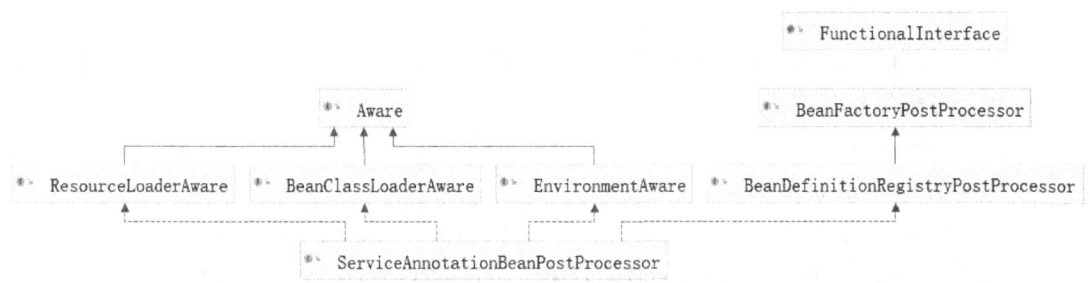

图 4-6 ServiceAnnotationBeanPostProcessor 类关系图

BeanDefinitionRegistryPostProcessor 接口继承自 BeanFactoryPostProcessor，是一种比较特殊的 BeanFactoryPostProcessor。BeanDefinitionRegistryPostProcessor 中定义的 postProcessBeanDefinitionRegistry 方法可以让我们实现自定义的注册 Bean 定义的逻辑。

下面具体分析 postProcessBeanDefinitionRegistry 方法，主要逻辑是：

- 调用 registerBeans 注册 DubboBootstrapApplicationListener 类。
- 通过 resolvePackagesToScan 对 packagesToScan 参数进行去空格处理，并把配置文件中配置的扫描参数也一起处理一下。

- 调用 registerServiceBeans 完成 Bean 的注册。

```
public void postProcessBeanDefinitionRegistry(BeanDefinitionRegistry registry) throws
BeansException {
    // @since 2.7.5
    registerBeans(registry, DubboBootstrapApplicationListener.class);
    Set<String> resolvedPackagesToScan = resolvePackagesToScan(packagesToScan);
    if (!CollectionUtils.isEmpty(resolvedPackagesToScan)) {
        registerServiceBeans(resolvedPackagesToScan, registry);
    } else {
        if (logger.isWarnEnabled()) {
            logger.warn("packagesToScan is empty , ServiceBean registry will be
ignored!");
        }
    }
}
```

核心逻辑在 registerServiceBeans 方法中，这个方法会查找需要扫描的指定包里面有@Service
注解的类并注册成 Bean。

- 定义 DubboClassPathBeanDefinitionScanner 扫描对象，扫描指定路径下的类，将符合条件
  的类装配到 IoC 容器。
- BeanNameGenerator 是 Beans 体系中比较重要的一个组件，会通过一定的算法计算出需要
  装配的 Bean 的 name。
- addIncludeFilter 设置 Scan 的过滤条件，只扫描@Service 注解修饰的类。
- 遍历指定的包。通过 findServiceBeanDefinitionHolders 查找@Service 注解修饰的类。
- 通过 registerServiceBean 完成 Bean 的注册。

```
private void registerServiceBeans(Set<String> packagesToScan, BeanDefinitionRegistry
registry) {
    //定义扫描对象
    DubboClassPathBeanDefinitionScanner scanner =
        new DubboClassPathBeanDefinitionScanner(registry, environment, resourceLoader);
    //beanName 解析器
    BeanNameGenerator beanNameGenerator = resolveBeanNameGenerator(registry);
    scanner.setBeanNameGenerator(beanNameGenerator);
    //添加过滤器，用于过滤@Service 注解修饰的对象
```

```
scanner.addIncludeFilter(new AnnotationTypeFilter(Service.class));
scanner.addIncludeFilter(new AnnotationTypeFilter(com.alibaba.dubbo.config.
annotation.Service.class));
for (String packageToScan : packagesToScan) {
    scanner.scan(packageToScan);
    //查找@Service 修饰的类
    Set<BeanDefinitionHolder> beanDefinitionHolders =
        findServiceBeanDefinitionHolders(scanner, packageToScan, registry,
beanNameGenerator);
    if (!CollectionUtils.isEmpty(beanDefinitionHolders)) {
        for (BeanDefinitionHolder beanDefinitionHolder : beanDefinitionHolders) {
            //注册 Bean
            registerServiceBean(beanDefinitionHolder, registry, scanner);
        }
        //省略部分代码

    }
}
```

这段代码其实也比较简单，主要作用就是通过扫描指定路径下添加了@Service 注解的类，通过 registerServiceBean 来注册 ServiceBean。整体来看，Dubbo 的注解扫描进行服务发布的过程，实际上就是基于 Spring 的扩展。

继续来分析 registerServiceBean 方法，这里的 ServiceBean 是指 org.apache.dubbo.config. spring.ServiceBean。

- resolveClass 获取 BeanDefinitionHolder 中的 Bean。
- findServiceAnnotation 方法会从 beanClass 类中找到@Service 注解。
- getAnnotationAttributes 获得注解中的属性，比如 loadbalance、cluster 等。
- resolveServiceInterfaceClass 用于获得 beanClass 对应的接口定义，这里要注意的是，在 @Service(interfaceClass=IHelloService.class)注解中也可以声明 interfaceClass，注解中声明的优先级最高，如果没有声明该属性，则会从父类中查找。
- annotatedServiceBeanName 代表 Bean 的名称。
- 从名字可以看出，buildServiceBeanDefinition 用来构造 org.apache.dubbo.config.spring. ServiceBean 对象。每个 Dubbo 服务的发布最终都会出现一个 ServiceBean。
- 调用 registerBeanDefinition 将 ServiceBean 注入 Spring IoC 容器。

```
private void registerServiceBean(BeanDefinitionHolder beanDefinitionHolder,
BeanDefinitionRegistry registry,
                                 DubboClassPathBeanDefinitionScanner scanner) {
    //获得需要发布的服务类
    Class<?> beanClass = resolveClass(beanDefinitionHolder);
    //得到该服务类上的注解
    Annotation service = findServiceAnnotation(beanClass);
    //获得注解中的属性
    AnnotationAttributes serviceAnnotationAttributes = getAnnotationAttributes(service,
false, false);
    //获得服务类的接口声明
    Class<?> interfaceClass = resolveServiceInterfaceClass(serviceAnnotationAttributes,
beanClass);

    String annotatedServiceBeanName = beanDefinitionHolder.getBeanName();
    //构造 ServiceBean
    AbstractBeanDefinition serviceBeanDefinition =
        buildServiceBeanDefinition(service, serviceAnnotationAttributes, interfaceClass,
annotatedServiceBeanName);
    //生成 ServiceBean 的 beanName
    String beanName = generateServiceBeanName(serviceAnnotationAttributes,
interfaceClass);
    if (scanner.checkCandidate(beanName, serviceBeanDefinition)) { // check duplicated
candidate bean
        //完成注册
        registry.registerBeanDefinition(beanName, serviceBeanDefinition);
        //省略部分代码
    }
}
```

从整个代码分析来看，在 registerServiceBean 方法中主要是把一个 ServiceBean 注入 Spring IoC 容器中。读者看到这里的时候可能会有点晕，以如下代码为例：

```
@Service
public class HelloServiceImpl implements IHelloService {
}
```

它并不是像普通的 Bean 注入一样直接将 HelloServiceImpl 对象的实例注入容器，而是注入一个 ServiceBean 对象。对于 HelloServiceImpl 来说，它并不需要把自己注入 Spring IoC 容器，而是需要把自己发布到网络上，提供给网络上的服务消费者来访问。那么它是怎么发布到网络上的呢？

不知道大家是否还记得前面分析 postProcessBeanDefinitionRegistry 方法的时候，有一个 registerBeans 方法，它注册了一个 DubboBootstrapApplicationListener 事件监听 Bean。

```java
public class DubboBootstrapApplicationListener extends
OneTimeExecutionApplicationContextEventListener
    implements Ordered {
  private final DubboBootstrap dubboBootstrap;
  public DubboBootstrapApplicationListener() {
    this.dubboBootstrap = DubboBootstrap.getInstance();
  }
  @Override
  public void onApplicationContextEvent(ApplicationContextEvent event) {
    if (event instanceof ContextRefreshedEvent) {
      onContextRefreshedEvent((ContextRefreshedEvent) event);
    } else if (event instanceof ContextClosedEvent) {
      onContextClosedEvent((ContextClosedEvent) event);
    }
  }
  private void onContextRefreshedEvent(ContextRefreshedEvent event) {
    dubboBootstrap.start();
  }
  //省略
}
```

当所有的 Bean 都处理完成之后，Spring IoC 会发布一个事件，事件类型为 ContextRefreshedEvent，当触发这个事件时，会调用 onContextRefreshedEvent 方法。在这个方法中，可以看到 Dubbo 服务启动的触发机制 dubboBootstrap.start()。"一路跟进下去"，便可以进入 org.apache.dubbo.config.ServiceConfig 类中的 export()方法，这个方法启动一个网络监听，从而实现服务发布。

4.9　本章小结

本章的内容还是挺多的，从 Dubbo 服务的基本使用到 Dubbo Spring Cloud 的应用，再到服务注册的基本原理，最后分析了 Dubbo 中的一些核心源码，几乎涵盖了 Dubbo 的各个方面。

　　前面部分的内容比较好理解，源码部分需要稍微花点时间。建议大家结合本书上的几个关键点，去官网下载源码逐步解读。在笔者看来，看源码不是目的，它是一种思想上的交流，好的设计和好的思想在合适的时机我们是可以直接借鉴过来的。

5

第 5 章
服务注册与发现

随着业务的发展，用户量和业务复杂度逐渐增加，系统为了支撑更大的流量需要做很多优化，比如升级服务器配置提升性能。在软件方面，我们会采用微服务架构、对业务服务进行微服务化拆分、水平扩容等来提升系统性能，以及解决业务的复杂性问题。

在微服务架构下，一个业务服务会被拆分成多个微服务，各个服务之间相互通信完成整体的功能。另外，为了避免单点故障，微服务都会采取集群方式的高可用部署，集群规模越大，性能也会越高，如图 5-1 所示。

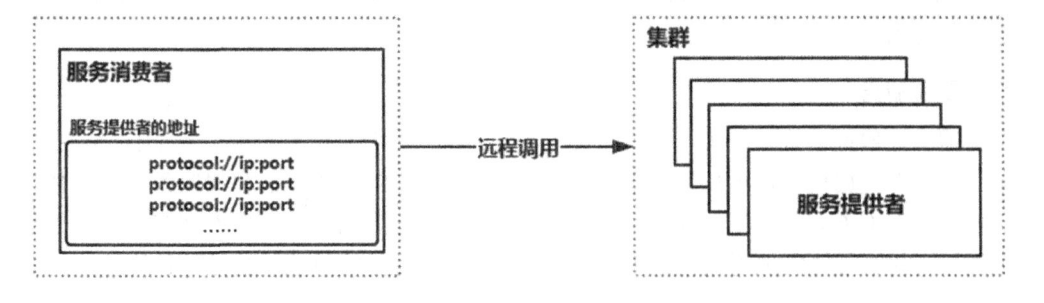

图 5-1　服务消费者调用服务提供者集群

服务消费者要去调用多个服务提供者组成的集群。首先，服务消费者需要在本地配置文件中维护服务提供者集群的每个节点的请求地址。其次，服务提供者集群中如果某个节点下线或者宕机，服务消费者的本地配置中需要同步删除这个节点的请求地址，防止请求发送到已宕机的节点上造成请求失败。为了解决这类的问题，就需要引入服务注册中心，它主要有以下功能：

- 服务地址的管理。
- 服务注册。
- 服务动态感知。

能够实现这类功能的组件很多，比如 ZooKeeper、Eureka、Consul、Etcd、Nacos 等。ZooKeeper 在第 4 章中介绍过，在这一章中主要介绍 Alibaba 的 Nacos。

5.1 什么是 Alibaba Nacos

Nacos 致力于解决微服务中的统一配置、服务注册与发现等问题。它提供了一组简单易用的特性集，帮助开发者快速实现动态服务发现、服务配置、服务元数据及流量管理。

Nacos 的关键特性如下。

服务发现和服务健康监测

Nacos 支持基于 DNS 和基于 RPC 的服务发现。服务提供者使用原生 SDK、OpenAPI 或一个独立的 Agent TODO 注册 Service 后，服务消费者可以使用 DNS 或 HTTP&API 查找和发现服务。

Nacos 提供对服务的实时的健康检查，阻止向不健康的主机或服务实例发送请求。Nacos 支持传输层（PING 或 TCP）和应用层（如 HTTP、MySQL、用户自定义）的健康检查。对于复杂的云环境和网络拓扑环境中（如 VPC、边缘网络等）服务的健康检查，Nacos 提供了 agent 上报和服务端主动检测两种健康检查模式。Nacos 还提供了统一的健康检查仪表盘，帮助用户根据健康状态管理服务的可用性及流量。

动态配置服务

业务服务一般都会维护一个本地配置文件，然后把一些常量配置到这个文件中。这种方式在某些场景中会存在问题，比如配置需要变更时要重新部署应用。而动态配置服务可以以中心化、外部化和动态化的方式管理所有环境的应用配置和服务配置，可以使配置管理变得更加高效和敏捷。配置中心化管理让实现无状态服务变得更简单，让服务按需弹性扩展变得更容易。

另外，Nacos 提供了一个简洁易用的 UI（控制台样例 Demo）帮助用户管理所有服务和应用的配置。Nacos 还提供了包括配置版本跟踪、金丝雀发布、一键回滚配置及客户端配置更新状态跟踪在内的一系列开箱即用的配置管理特性，帮助用户更安全地在生产环境中管理配置变更，降低配置变更带来的风险。

动态 DNS 服务

动态 DNS 服务支持权重路由，让开发者更容易地实现中间层负载均衡、更灵活的路由策略、流量控制，以及数据中心内网的简单 DNS 解析服务。

服务及其元数据管理

Nacos 可以使开发者从微服务平台建设的视角管理数据中心的所有服务及元数据，包括管理服务的描述、生命周期、服务的静态依赖分析、服务的健康状态、服务的流量管理、路由及安全策略、服务的 SLA 及最重要的 metrics 统计数据。

本书主要围绕 Nacos 中注册中心的特性及动态配置服务的特性进行展开讲解。

5.2　Nacos 的基本使用

下面我们来初步了解 Nacos 的基本使用。

5.2.1　Nacos 的安装

Nacos 支持三种部署模式，分别是单机、集群和多集群。需要注意的是，Nacos 依赖 Java 环境，并且要求使用 JDK 1.8 以上版本。

Nacos 的安装方式有两种，一种是源码安装，另一种直接是使用已经编译好的安装包。由于后续需要分析 Nacos 源码，所以选择第一种安装方式。

- 在 https://github.com/alibaba/nacos/releases 上下载当前 Nacos 的最新版本（1.1.4）。
- 解压进入根目录，执行 mvn -Prelease-nacos clean install -U 构建，构建之后会创建一个 distribution 目录。
- 执行 cd distribution/target/nacos-server-$version/nacos/bin。
- 执行 sh startup.sh -m standalone，启动服务。
- 服务启动之后，可以通过 http://127.0.0.1:8848/nacos 访问 Nacos 的控制台。控制台主要用于增强对服务列表、健康状态管理、服务治理、分布式配置管理等方面的管控能力，可以进一步帮助开发者降低管理微服务应用架构的成本。

5.2.2 Nacos 服务注册发现相关 API 说明

Nacos 提供了 SDK 及 Open API 的方式来完成服务注册与发现等操作，由于服务端只提供了 REST 接口，所以 SDK 本质上是对于 HTTP 请求的封装。下面简单列一下和服务注册相关的核心接口。

注册实例

将服务地址信息注册到 Nacos Server：

```
OPAPI:  /nacos/v1/ns/instance（POST）
SDK:
void registerInstance(String serviceName, String ip, int port) throws NacosException;
void registerInstance(String serviceName, String ip, int port, String clusterName) throws
NacosException;
void registerInstance(String serviceName, Instance instance) throws NacosException;
```

参数说明如下。

- serviceName：服务名称。
- ip：服务实例 IP。
- port：服务实例 Port。
- clusterName：集群名称，表示该服务实例属于哪个集群。
- instance：实例属性，实际上就是把上面这些参数封装成一个对象。

调用方式：

```
NamingService naming =
NamingFactory.createNamingService(System.getProperty("serveAddr"));
naming.registerInstance("nacos_test", "192.168.1.1", 8080, "DEFAULT");
```

获取全部实例

根据服务名称从 Nacos Server 上获取所有服务实例：

```
Open API: /nacos/v1/ns/instance/list（GET）
SDK:
List<Instance> getAllInstances(String serviceName) throws NacosException;
List<Instance> getAllInstances(String serviceName, List<String> clusters) throws
NacosException;
```

参数说明如下。

- serviceName：服务名称。
- cluster：集群列表，可以传递多个值。

调用方式：

```
NamingService naming =
NamingFactory.createNamingService(System.getProperty("serveAddr"));
System.out.println(naming.getAllInstances("nacos_test", true));
```

监听服务

监听服务是指监听指定服务下的实例变化。在前面的分析中我们知道，客户端从 Nacos Server 上获取的实例必须是健康的，否则会造成客户端请求失败。监听服务机制可以让客户端及时感知服务提供者实例的变化。

```
Open API：/nacos/v1/ns/instance/list（GET）
SDK：
void subscribe(String serviceName, EventListener listener) throws NacosException;
void subscribe(String serviceName, List<String> clusters, EventListener listener) throws
NacosException;
```

参数说明如下。

- EventListener：当服务提供者实例发生上、下线时，会触发一个事件回调。

需要注意的是，监听服务的 Open API 也访问/nacos/v1/ns/instance/list，具体的原理会在源码分析中讲解。

服务监听有两种方式：

- 第一种是客户端调用/nacos/v1/ns/instance/list 定时轮询。
- 第二种是基于 DatagramSocket 的 UDP 协议，实现服务端的主动推送。

5.2.3　Nacos 集成 Spring Boot 实现服务注册与发现

本节通过 Spring Boot 集成 Nacos 实现一个简单的服务注册与发现功能。

- 创建一个 Spring Boot 工程 spring-boot-nacos-discovery。
- 添加 Maven 依赖。

```xml
<dependency>
    <groupId>com.alibaba.boot</groupId>
    <artifactId>nacos-discovery-spring-boot-starter</artifactId>
    <version>0.2.4</version>
</dependency>
```

- 创建 DiscoveryController 类，通过@NacosInjected 注入 Nacos 的 NamingService，并提供 discovery 方法，可以根据服务名称获得注册到 Nacos 上的服务地址。

```java
@RestController
public class DiscoveryController {

    @NacosInjected
    private NamingService namingService;

    @GetMapping("/discovery")
    public List<Instance> discovery(@RequestParam String serviceName) throws
NacosException {
        return namingService.getAllInstances(serviceName);
    }
}
```

- 在 application.properties 中添加 Nacos 服务地址的配置。

```
nacos.discovery.server-addr=127.0.0.1:8848
```

- 启动 SpringBootNacosDiscoveryApplication，调用 curl http://127.0.0.1:8080/discovery?serviceName=example 去 Nacos 服务器上查询服务名称 example 所对应的地址信息，此时由于 Nacos Server 并没有 example 的服务实例，返回一个空的 JSON 数组[]。

- 接着，通过 Nacos 提供的 Open API，向 Nacos Server 注册一个名字为 example 的服务。

```
curl -X PUT 'http://127.0.0.1:8848/nacos/v1/ns/instance?serviceName=example&ip=
127.0.0.1&port=8080'
```

- 再次访问 curl http://127.0.0.1:8080/discovery?serviceName=example，将返回以下信息。

```
[
    {
        instanceId: "127.0.0.1#8080#DEFAULT#DEFAULT_GROUP@@example",
        ip: "127.0.0.1",
```

```
        port: 8080,
        weight: 1,
        healthy: true,
        enabled: true,
        ephemeral: true,
        clusterName: "DEFAULT",
        serviceName: "DEFAULT_GROUP@@example",
        metadata: { },
        instanceHeartBeatInterval: 5000,
        instanceIdGenerator: "simple",
        instanceHeartBeatTimeOut: 15000,
        ipDeleteTimeout: 30000
    }
]
```

通过 Spring Boot 集成 Nacos 实现服务注册与发现的案例，相信大家对 Nacos 已经有了一个初步的认识。

5.3 Nacos 的高可用部署

在分布式架构中，任何中间件或者应用都不允许单点存在，所以开源组件一般都会自己支持高可用集群解决方案。如图 5-2 所示，Nacos 提供了类似于 ZooKeeper 的集群架构，包含一个 Leader 节点和多个 Follower 节点。和 ZooKeeper 不同的是，它的数据一致性算法采用的是 Raft，同样采用了该算法的中间件有 Redis Sentinel 的 Leader 选举、Etcd 等。

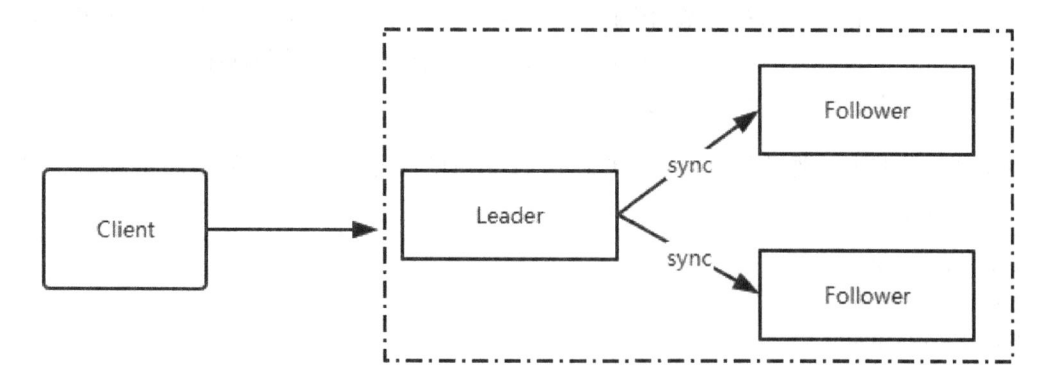

图 5-2　Nacos 集群部署

5.3.1 安装环境要求

请确保在环境中安装使用：

- 64 bit OS Linux/UNIX/Mac，推荐使用 Linux 系统。
- 64 bit JDK 1.8 及以上，下载并配置。
- Maven 3.2.x 及以上，下载并配置。
- 3 个或 3 个以上 Nacos 节点才能构成集群。
- MySQL 数据库。

5.3.2 安装包及环境准备

准备 3 台服务器，笔者采用的是 Centos7.x 系统。

- 下载安装包，分别进行解压：tar -zxvf nacos-server-1.1.4.tar.gz 或者 unzip nacos-server-1.1.4.zip。
- 解压后会得到 5 个文件夹：bin（服务启动/停止脚本）、conf（配置文件）、logs（日志）、data（derby 数据库存储）、target（编译打包后的文件）。

5.3.3 集群配置

在 conf 目录下包含以下文件。

- application.properties：Spring Boot 项目默认的配置文件。
- cluster.conf.example：集群配置样例文件。
- nacos-mysql.sql：MySQL 数据库脚本。Nacos 支持 Derby 和 MySQL 两种持久化机制，默认采用 Derby 数据库。如果采用 MySQL，需要运行该脚本创建数据库和表。
- nacos-logback.xml：Nacos 日志配置文件。

配置 Nacos 集群需要用到 cluster.conf 文件，我们可以直接重命名提供的 example 文件，修改该配置信息如下：

```
192.168.13.104:8848
192.168.13.106:8848
192.168.13.103:8848
```

这 3 台机器中的 cluster.conf 配置保持一致。由于这 3 台机器之间需要彼此通信，所以在部署的时候需要防火墙对外开放 8848 端口。

5.3.4　配置 MySQL 数据库

Derby 数据库是一种文件类型的数据库，在使用时会存在一定的局限性。比如它无法支持多用户同时操作，在数据量大、连接数多的情况下会产生大量连接的积压。所以在生产环境中，可以用 MySQL 替换。

- 执行 nacos-mysql.sql 初始化。
- 分别修改 3 台机器中${NACOS_HOM}\conf 下的 application.properties 文件，增加 MySQL 的配置。

```
spring.datasource.platform=mysql
db.num=1
db.url.0=jdbc:mysql://192.168.13.106:3306/nacos_config
db.user=root
db.password=root
```

5.3.5　启动 Nacos 服务

分别进入 3 台机器的 bin 目录，执行 sh startup.sh 或者 startup.cmd -m cluster 命令启动服务。服务启动成功之后，在${NACOS_HOME}\logs\start.out 下可以获得如下日志，表示服务启动成功。

```
2020-01-20 14:26:25,654 INFO Nacos Log files: /data/program/nacos/logs/
2020-01-20 14:26:25,654 INFO Nacos Conf files: /data/program/nacos/conf/
2020-01-20 14:26:25,654 INFO Nacos Data files: /data/program/nacos/data/
2020-01-20 14:26:25,654 INFO Nacos started successfully in cluster mode.
```

通过 http://$NACOS_CLUSTER_IP:8848/nacos 访问 Nacos 控制台，在"节点列表"下可以看到如图 5-3 所示的信息，表示当前集群由哪些节点组成及节点的状态。

图 5-3　Nacos 控制台的节点列表

5.4 Dubbo 使用 Nacos 实现注册中心

Dubbo 可以支持多种注册中心，比如在前面章节中讲的 ZooKeeper，以及 Consul、Nacos 等。本节主要讲解如何使用 Nacos 作为 Dubbo 服务的注册中心，为 Dubbo 提供服务注册与发现的功能，实现步骤如下。

- 创建一个普通 Maven 项目 spring-boot-dubbo-nacos-sample，添加两个模块：nacos-sample-api 和 nacos-sample-provider。其中，nacos-sample-provider 是一个 Spring Boot 工程。
- 在 nacos-sample-api 中声明接口。

```
public interface IHelloService {
    String sayHello(String name);
}
```

- 在 nacos-sample-provider 中添加依赖。

```
<dependency>
    <groupId>com.gupaoedu.book.nacos</groupId>
    <version>1.0-SNAPSHOT</version>
    <artifactId>nacos-sample-api</artifactId>
</dependency>
<dependency>
    <groupId>com.alibaba.boot</groupId>
    <artifactId>nacos-discovery-spring-boot-starter</artifactId>
    <version>0.2.4</version>
    <exclusions>
        <exclusion>
            <groupId>com.alibaba.spring</groupId>
            <artifactId>spring-context-support</artifactId>
        </exclusion>
    </exclusions>
</dependency>
<dependency>
    <groupId>org.apache.dubbo</groupId>
    <artifactId>dubbo-spring-boot-starter</artifactId>
    <version>2.7.5</version>
</dependency>
```

上述依赖包的简单说明如下：

- ○ dubbo-spring-boot-starter，Dubbo 的 Starter 组件，添加 Dubbo 依赖。
- ○ nacos-discovery-spring-boot-starter，Nacos 的 Starter 组件。
- ○ nacos-sample-api，接口定义类的依赖。

- 创建 HelloServiceImpl 类，实现 IHelloService 接口。

```
@Service
public class HelloServiceImpl implements IHelloService {
    @Override
    public String sayHello(String name) {
        return "Hello World:"+name;
    }
}
```

- 修改 application.properties 配置。仅将 dubbo.registry.address 中配置的协议改成了 nacos://127.0.0.1:8848，基于 Nacos 协议。

```
dubbo.application.name=spring-boot-dubbo-nacos-sample
dubbo.registry.address=nacos://127.0.0.1:8848

dubbo.protocol.name=dubbo
dubbo.protocol.port=20880
```

- 运行 Spring Boot 启动类，注意需要声明 DubboComponentScan。

```
@DubboComponentScan
@SpringBootApplication
public class NacosSampleProviderApplication {

    public static void main(String[] args) {
        SpringApplication.run(NacosSampleProviderApplication.class, args);
    }

}
```

服务启动成功之后，访问 Nacos 控制台，进入"服务管理"→"服务列表"，如图 5-4 所示，可以看到所有注册在 Nacos 上的服务。

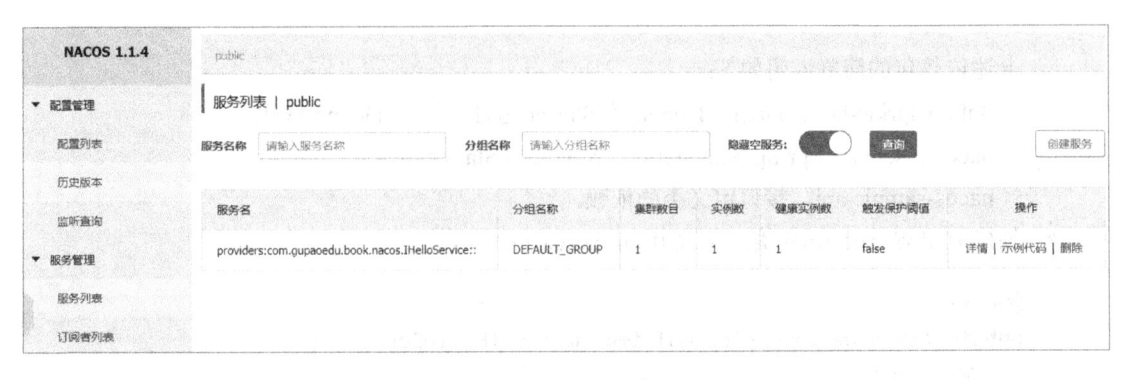

图 5-4　服务列表

在图 5-4 所示界面中，在"操作"列单击"详情"，可以看到 IHelloService 下所有服务提供者的实例元数据，如图 5-5 所示。

服务的消费过程和第 4 章中演示的例子没有太大的区别，不再重复讲解，大家可以基于前面的代码进行改造。

IP	端口	临时实例	权重	健康状态	元数据	操作
					side=provider	
					methods=sayHello	
					release=2.7.5	
					deprecated=false	
					dubbo=2.0.2	
					pid=468896	
					interface=com.gupaoedu.book.nacos.IHelloService	
					generic=false	
192.168.13.1	20880	true	1	true	path=com.gupaoedu.book.nacos.IHelloService	编辑　下线
					protocol=dubbo	
					application=spring-boot-dubbo-nacos-sample	
					dynamic=true	
					category=providers	
					anyhost=true	
					timestamp=1578676626982	

图 5-5　服务提供者的详细信息

5.5　Spring Cloud Alibaba Nacos Discovery

Nacos 作为 Spring Cloud Alibaba 中服务注册与发现的核心组件，可以很好地帮助开发者将服务自动注册到 Nacos 服务端，并且能够动态感知和刷新某个服务实例的服务列表。使用 Spring Cloud Alibaba Nacos Discovery 可以基于 Spring Cloud 规范快速接入 Nacos，实现服务注册与发现功能。

在本节中，我们通过将 Spring Cloud Alibaba Nacos Discovery 集成到 Spring Cloud Alibaba Dubbo，完成服务注册与发现的功能。

5.5.1　服务端开发

创建一个普通的 Maven 项目 spring-cloud-nacos-sample，在项目中添加两个模块：

- spring-cloud-nacos-sample-api，暴露服务接口，作为服务提供者及服务消费者的接口契约。
- spring-cloud-nacos-sample-provider，项目类型为 Spring Cloud，它是接口的实现。

项目的创建方式和类型与前面所演示的步骤一样。为了避免大家在实践的时候出现错误，笔者会将完整的过程再讲一遍，服务提供方的操作步骤如下。

- 在 spring-cloud-nacos-sample-api 项目中定义一个接口 IHelloService。

```
public interface IHelloService {
    String sayHello(String name);
}
```

- 在 spring-cloud-nacos-sample-provier 项目的 pom.xml 文件中添加相关依赖包。

```
<dependency>
    <groupId>org.springframework.cloud</groupId>
    <artifactId>spring-cloud-starter</artifactId>
    <exclusions>
        <exclusion>
            <groupId>org.springframework.cloud</groupId>
            <artifactId>spring-cloud-context</artifactId>
        </exclusion>
    </exclusions>
</dependency>
```

```
<dependency>
    <groupId>com.alibaba.cloud</groupId>
    <artifactId>spring-cloud-starter-dubbo</artifactId>
</dependency>
<dependency>
    <groupId>com.gupaoedu.book.springcloud</groupId>
    <artifactId>spring-cloud-dubbo-sample-api</artifactId>
    <version>1.0-SNAPSHOT</version>
</dependency>
<dependency>
    <groupId>com.alibaba.cloud</groupId>
    <artifactId>spring-cloud-alibaba-nacos-discovery</artifactId>
    <exclusions>
        <exclusion>
            <groupId>org.springframework.cloud</groupId>
            <artifactId>spring-cloud-context</artifactId>
        </exclusion>
    </exclusions>
</dependency>
<dependency>
    <groupId>org.springframework.cloud</groupId>
    <artifactId>spring-cloud-context</artifactId>
    <version>2.1.1.RELEASE</version>
</dependency>
```

下面对上述依赖包做一个简单的说明。

○ spring-cloud-starter：Spring Cloud 核心包。

○ spring-cloud-starter-dubbo：引入 Spring Cloud Alibaba Dubbo。

○ spring-cloud-dubbo-sample-api：API 的接口声明。

○ spring-cloud-alibaba-nacos-discovery：基于 Nacos 的服务注册与发现。

需要注意的是，在笔者所使用的版本中，spring-cloud-starter 传递依赖的 spring-cloud- context 版本为 2.2.1.RELEASE。这个版本的包存在兼容问题，会导致如下错误：

```
Caused by: java.lang.ClassNotFoundException:
org.springframework.boot.context.properties.ConfigurationPropertiesBean
```

所以我们通过 exclusion 排除了依赖，并且引入了 2.1.1.RELEASE 版本来解决。

需要注意的是，上述依赖的 artifact 没有指定版本，所以需要在父 pom 中显式地声明
<dependencyManagement：

```
<dependency>
    <groupId>org.springframework.cloud</groupId>
    <artifactId>spring-cloud-dependencies</artifactId>
    <version>Greenwich.SR2</version>
    <type>pom</type>
    <scope>import</scope>
</dependency>
<dependency>
    <groupId>org.springframework.boot</groupId>
    <artifactId>spring-boot-dependencies</artifactId>
    <version>2.1.11.RELEASE</version>
    <type>pom</type>
    <scope>import</scope>
</dependency>
<dependency>
    <groupId>com.alibaba.cloud</groupId>
    <artifactId>spring-cloud-alibaba-dependencies</artifactId>
    <version>2.1.1.RELEASE</version>
    <type>pom</type>
    <scope>import</scope>
</dependency>
```

- 在 spring-cloud-nacos-sample-provider 中创建接口的实现类 HelloServiceImpl，其中@Service
  是 Dubbo 服务的注解，表示当前服务会发布成一个远程服务。

```
@Service
public class HelloServiceImpl implements IHelloService {

    @Override
    public String sayHello(String s) {
        return "Hello World:"+s;
    }
}
```

- 在 application.properties 中提供 Dubbo 及 Nacos 的配置，用于声明 Dubbo 服务暴露的网络

端口和协议，以及服务注册的地址信息，完整的配置如下。

```
spring.application.name=spring-cloud-nacos-sample

dubbo.scan.base-packages=com.gupaoedu.book.nacos.bootstrap
dubbo.protocol.name=dubbo
dubbo.protocol.port=20880
dubbo.registry.address=spring-cloud://localhost

spring.cloud.nacos.discovery.server-addr=127.0.0.1:8848
```

以上配置的简单说明如下。

- dubbo.scan.base-packages：功能等同于@DubboComponentScan，指定 Dubbo 服务实现类的扫描包路径。
- dubbo.registry.address：Dubbo 服务注册中心的配置地址，它的值 spring-cloud://localhost 表示挂载到 Spring Cloud 注册中心，不配置的话会提示没有配置注册中心的错误。
- spring.cloud.nacos.discovery.server-addr：Nacos 服务注册中心的地址。

- 启动服务。

```
@SpringBootApplication
public class SpringCloudNacosSampleProviderApplication {

    public static void main(String[] args) {
        SpringApplication.run(SpringCloudNacosSampleProviderApplication.class, args);
    }
}
```

按照以上步骤开发完成之后，进入 Nacos 控制台的“服务管理”→“服务列表”，如果看到如图 5-6 所示的界面，说明服务已经发布成功了。

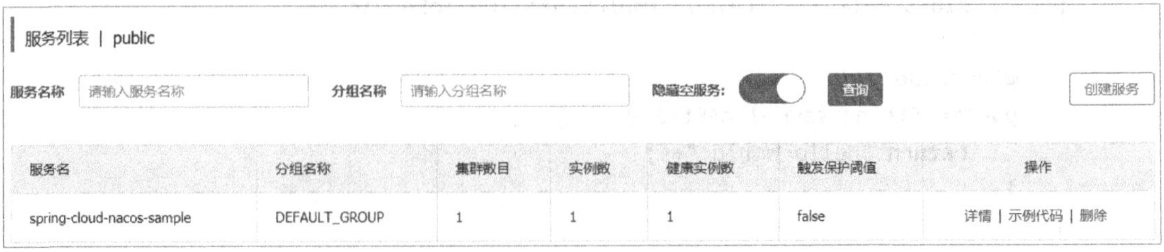
服务列表 | public
服务名称
请输入服务名称
分组名称
请输入分组名称
隐藏空服务:
查询
创建服务
服务名
分组名称
集群数目
实例数
健康实例数
触发保护阈值
操作
spring-cloud-nacos-sample
DEFAULT_GROUP
1
1
1
false
详情 | 示例代码 | 删除

图 5-6　Nacos 控制台的服务列表

单击"详情"，会看到如图 5-7 所示的信息。

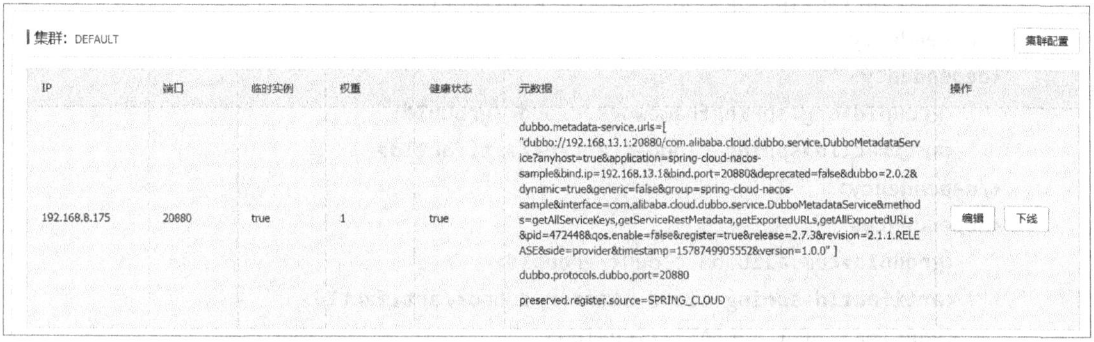

图 5-7　服务提供者的详细信息

细心的读者会发现，基于 Spring Cloud Alibaba Nacos Discovery 实现服务注册时，元数据中发布的服务接口是 con.alibaba.cloud.dubbo.service.DubboMetadataService。那么消费者要怎么去找到 IHelloService 呢？别急，进入 Nacos 控制台的"配置列表"，可以看到如图 5-8 所示的配置信息。实际上这里把发布的接口信息存储到了配置中心，并且建立了映射关系，从而使得消费者在访问服务的时候能够找到目标接口进行调用。至此，服务端便全部开发完了，接下来我们开始消费端的开发。

图 5-8　Nacos 控制台的配置列表

5.5.2　消费端开发

消费端开发很简单，操作步骤如下：

* 创建一个 Spring Boot 项目 spring-cloud-nacos-consumer。
* 添加相关 Maven 依赖。

```
<dependency>
```

```
    <groupId>org.springframework.boot</groupId>
    <artifactId>spring-boot-starter-web</artifactId>
</dependency>
<dependency>
    <groupId>org.springframework.cloud</groupId>
    <artifactId>spring-cloud-starter</artifactId>
</dependency>
<dependency>
    <groupId>com.alibaba.cloud</groupId>
    <artifactId>spring-cloud-starter-dubbo</artifactId>
    <version>2.1.1.RELEASE</version>
</dependency>
<dependency>
    <groupId>com.gupaoedu.book.nacos</groupId>
    <artifactId>spring-cloud-nacos-sample-api</artifactId>
    <version>1.0-SNAPSHOT</version>
</dependency>
<dependency>
    <groupId>com.alibaba.cloud</groupId>
    <artifactId>spring-cloud-alibaba-nacos-discovery</artifactId>
    <version>2.1.1.RELEASE</version>
</dependency>
```

上述依赖包和服务提供者的没什么区别,为了演示效果需要,增加了 spring-boot-starter-web
依赖。

- 在 application.properties 中添加配置信息。

```
dubbo.cloud.subscribed-services=spring-cloud-nacos-sample
dubbo.scan.base-packages=com.gupaoedu.book.nacos.bootstrap
spring.application.name=spring-cloud-nacos-consumer
spring.cloud.nacos.discovery.server-addr=127.0.0.1:8848
```

这些配置前面都讲过,就不重复解释了。

- 定义 HelloController,用于测试 Dubbo 服务的访问。

```
@RestController
public class HelloController {
```

```
@Reference
private IHelloService helloService;

@GetMapping("/say")
public String sayHello(){
    return helloService.sayHello("Mic");
}
}
```

- 启动服务。

```
@SpringBootApplication
public class SpringCloudNacosConsumerApplication {

    public static void main(String[] args) {
        SpringApplication.run(SpringCloudNacosConsumerApplication.class, args);
    }
}
```

通过 curl 命令执行 HTTP GET 方法：

```
curl http://127.0.0.1:8080/say
```

响应结果为：

```
Hello World:Mic
```

与第 4 章中 Dubbo Spring Cloud 的代码相比，除了注册中心从 ZooKeeper 变成 Nacos，其他基本没什么变化，因为这两者都是基于 Spring Cloud 标准实现的，而这些标准化的定义都抽象到了 Spring-Cloud-Common 包中。在后续的组件集成过程中，会以本节中创建的项目进行集成，希望各位读者读到这一节的时候把前面的代码都梳理一遍。

5.6　Nacos 实现原理分析

到目前为止，大家对于 Nacos 应该有了一定的认识。在本节中，我们主要通过 Nacos 的架构及实现注册中心的原理来进一步进行了解。

5.6.1　Nacos 架构图

图 5-9 是 Nacos 官方提供的架构图，我们简单来分析一下它的模块组成。

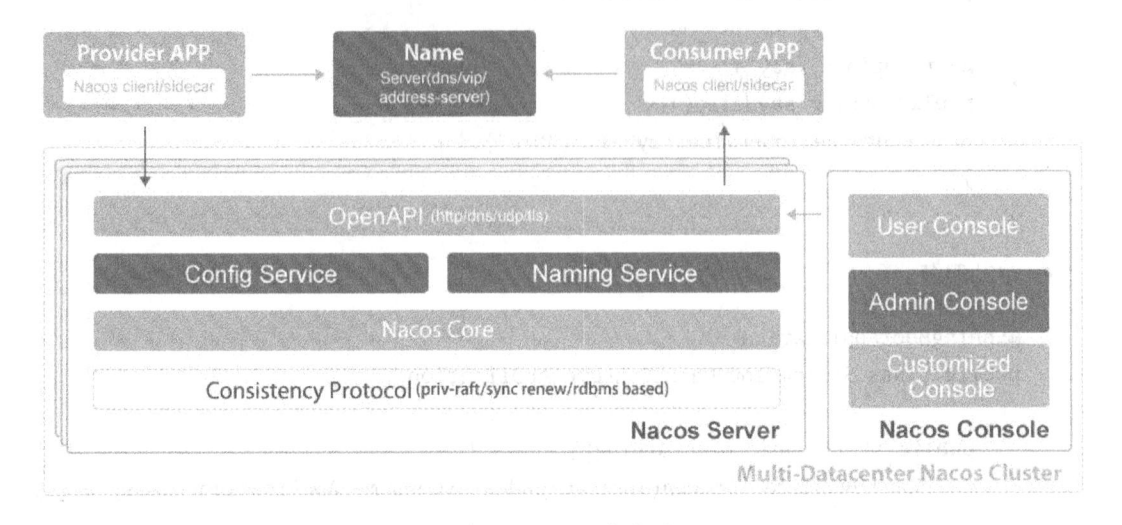

图 5-9　Nacos 架构图

- Provider APP：服务提供者。
- Consumer APP：服务消费者。
- Name Server：通过 VIP（Vritual IP）或者 DNS 的方式实现 Nacos 高可用集群的服务路由。
- Nacos Server：Nacos 服务提供者，里面包含的 Open API 是功能访问入口，Config Service、Naming Service 是 Nacos 提供的配置服务、名字服务模块。Consistency Protocol 是一致性协议，用来实现 Nacos 集群节点的数据同步，这里使用的是 Raft 算法（使用类似算法的中间件还有 Etcd、Redis 哨兵选举）。
- Nacos Console：Nacos 控制台。

整体来说，服务提供者通过 VIP（Virtual IP）访问 Nacos Server 高可用集群，基于 Open API 完成服务的注册和服务的查询。Nacos Server 本身可以支持主备模式，所以底层会采用数据一致性算法来完成从节点的数据同步。服务消费者也是如此，基于 Open API 从 Nacos Server 中查询服务列表。

5.6.2　注册中心的原理

服务注册的功能主要体现在：

- 服务实例在启动时注册到服务注册表，并在关闭时注销。
- 服务消费者查询服务注册表，获得可用实例。
- 服务注册中心需要调用服务实例的健康检查 API 来验证它是否能够处理请求。

Nacos 服务注册与发现的实现原理如图 5-10 所示。

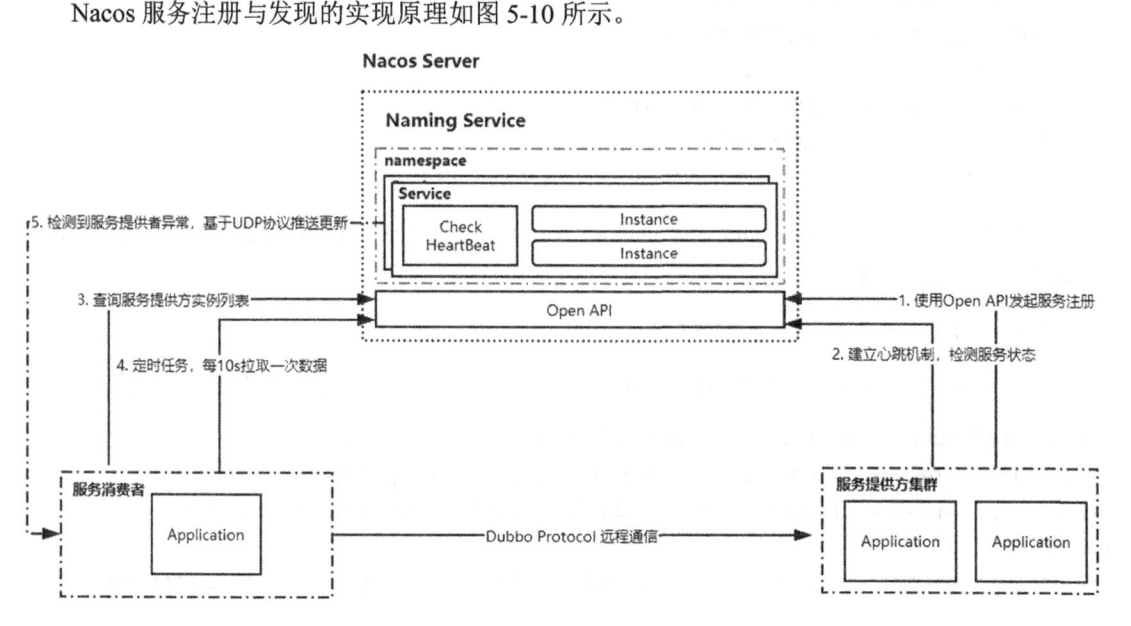

图 5-10　Nacos 服务注册与发现的实现原理

5.7　深入解读 Nacos 源码

Nacos 源码部分，我们主要阅读三部分：

- 服务注册。
- 服务地址的获取。
- 服务地址变化的感知。

下面我们基于这三个方面来分析 Nacos 是如何实现的。

5.7.1　Spring Cloud 什么时候完成服务注册

在 Spring-Cloud-Common 包中有一个类 org.springframework.cloud.client.serviceregistry.

ServiceRegistry，它是 Spring Cloud 提供的服务注册的标准。集成到 Spring Cloud 中实现服务注册的组件，都会实现该接口。

```
public interface ServiceRegistry<R extends Registration> {
    void register(R registration);
    void deregister(R registration);
    void close();
    void setStatus(R registration, String status);
    <T> T getStatus(R registration);
}
```

这个接口有一个实现类是 com.alibaba.cloud.nacos.registry.NacosServiceRegistry。它是什么时候触发服务注册动作的呢？

Spring Cloud 集成 Nacos 的实现过程

在 spring-cloud-commons 包的 META-INF/spring.factories 中包含自动装配的配置信息如下：

```
org.springframework.boot.autoconfigure.EnableAutoConfiguration=\
org.springframework.cloud.client.CommonsClientAutoConfiguration,\
org.springframework.cloud.client.ReactiveCommonsClientAutoConfiguration,\
## 省略部分代码
org.springframework.cloud.client.serviceregistry.AutoServiceRegistrationAutoConfiguration
```

其中 AutoServiceRegistrationAutoConfiguration 就是服务注册相关的配置类，代码如下：

```
@Configuration(
    proxyBeanMethods = false
)
@Import({AutoServiceRegistrationConfiguration.class})
@ConditionalOnProperty(
    value = {"spring.cloud.service-registry.auto-registration.enabled"},
    matchIfMissing = true
)
public class AutoServiceRegistrationAutoConfiguration {
    @Autowired(
        required = false
    )
    private AutoServiceRegistration autoServiceRegistration;
    @Autowired
```

```
    private AutoServiceRegistrationProperties properties;

    public AutoServiceRegistrationAutoConfiguration() {
    }

    @PostConstruct
    protected void init() {
        if (this.autoServiceRegistration == null && this.properties.isFailFast()) {
            throw new IllegalStateException("Auto Service Registration has been requested,
but there is no AutoServiceRegistration bean");
        }
    }
}
```

在 AutoServiceRegistrationAutoConfiguration 配置类中，可以看到注入了一个 AutoServiceRegistration 实例，该类的关系图如图 5-11 所示。可以看出，AbstractAutoServiceRegistration 抽象类实现了该接口，并且最重要的是 NacosAutoServiceRegistration 继承了 AbstractAutoServiceRegistration。

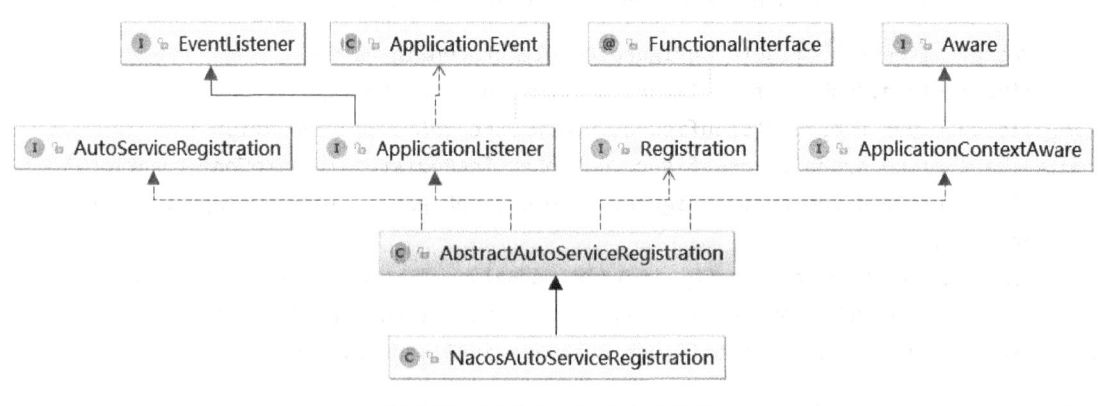

图 5-11　服务自动注册类关系图

我们重点关注 ApplicationListener，熟悉 Spring 的读者应该知道它是一种事件监听机制，该类的声明如下：

```
public interface ApplicationListener<E extends ApplicationEvent> extends EventListener
{
    void onApplicationEvent(E var1);
}
```

其中方法的作用是监听某个指定的事件。而 AbstractAutoServiceRegistration 实现了该抽象方法，并且监听 WebServerInitializedEvent 事件（当 Webserver 初始化完成之后），调用 this.bind(event) 方法。

```
public abstract class AbstractAutoServiceRegistration<R extends Registration> implements
AutoServiceRegistration, ApplicationContextAware,
ApplicationListener<WebServerInitializedEvent> {
    public void onApplicationEvent(WebServerInitializedEvent event) {
        this.bind(event);
    }
}
```

继续跟进 this.bind 方法，可以发现最终会调用 NacosServiceRegistry.register 方法进行服务注册。

Spring Cloud Alibaba Dubbo 集成 Nacos 的实现

Spring Cloud Alibaba Dubbo 集成 Nacos 时，服务的注册是依托 Dubbo 中的自动装配机制完成的。spring-cloud-alibaba-dubbo 下的 META-INF/spring.factories 文件中自动装配了一个和服务注册相关的配置类 DubboLoadBalancedRestTemplateAutoConfiguration。

```
org.springframework.boot.autoconfigure.EnableAutoConfiguration=\
com.alibaba.cloud.dubbo.autoconfigure.DubboMetadataAutoConfiguration,\
com.alibaba.cloud.dubbo.autoconfigure.DubboOpenFeignAutoConfiguration,\
com.alibaba.cloud.dubbo.autoconfigure.DubboServiceRegistrationAutoConfiguration,\
com.alibaba.cloud.dubbo.autoconfigure.DubboServiceRegistrationNonWebApplicationAutoCo
nfiguration,\
com.alibaba.cloud.dubbo.autoconfigure.DubboLoadBalancedRestTemplateAutoConfiguration,\
com.alibaba.cloud.dubbo.autoconfigure.DubboServiceAutoConfiguration,\
com.alibaba.cloud.dubbo.autoconfigure.DubboServiceDiscoveryAutoConfiguration
```

DubboLoadBalancedRestTemplateAutoConfiguration 的定义如下。

```
@Configuration
@ConditionalOnNotWebApplication
@ConditionalOnProperty(
    value = {"spring.cloud.service-registry.auto-registration.enabled"},
    matchIfMissing = true
)
@AutoConfigureAfter({DubboServiceRegistrationAutoConfiguration.class})
```

```
@Aspect
public class DubboServiceRegistrationNonWebApplicationAutoConfiguration {
    private static final String REST_PROTOCOL = "rest";
    @Autowired
    private ServiceRegistry serviceRegistry; //实现类为 NacosServiceRegistry
    @Autowired
    private Registration registration;
    private volatile Integer serverPort = null;
    private volatile boolean registered = false;
    @Autowired
    private DubboServiceMetadataRepository repository;

    public DubboServiceRegistrationNonWebApplicationAutoConfiguration() {
    }


    @Around("execution(*
org.springframework.cloud.client.serviceregistry.Registration.getPort())")
    public Object getPort(ProceedingJoinPoint pjp) throws Throwable {
        return this.serverPort != null ? this.serverPort : pjp.proceed();
    }
    //监听 ApplicationStartedEvent 事件
    @EventListener({ApplicationStartedEvent.class})
    public void onApplicationStarted() {
        this.setServerPort();
        this.register();
    }

    private void register() {
        if (!this.registered) {
            this.serviceRegistry.register(this.registration);
            this.registered = true;
        }
    }
}
```

在该类中，有一个@EventListener 的声明，它会监听 ApplicationStartedEvent 事件（Spring Boot 2.0 新增的事件），该事件是在刷新上下文之后、调用 application 命令之前触发的。

收到事件通知后，调用 this.register，最终仍然调用 NacosServiceRegistry 中的 register 方法实现服务的注册。

5.7.2　NacosServiceRegistry 的实现

在 NacosServiceRegistry.registry 方法中，调用了 Nacos Client SDK 中的 namingService.registerInstance 完成服务的注册。

```
@Override
public void register(Registration registration) {
    String serviceId = registration.getServiceId();
    String group = nacosDiscoveryProperties.getGroup();
    Instance instance = getNacosInstanceFromRegistration(registration);
    try {
        namingService.registerInstance(serviceId, group, instance);
    }
    catch (Exception e) {
        //...
    }
}
```

再来看一下 namingService.registerInstance()方法的实现，主要逻辑如下。

- 通过 beatReactor.addBeatInfo 创建心跳信息实现健康检测，Nacos Server 必须要确保注册的服务实例是健康的，而心跳检测就是服务健康检测的手段。
- serverProxy.registerService 实现服务注册：

```
public void registerInstance(String serviceName, String groupName, Instance instance)
throws NacosException {
    if (instance.isEphemeral()) {
        BeatInfo beatInfo = new BeatInfo();
        beatInfo.setServiceName(NamingUtils.getGroupedName(serviceName, groupName));
        beatInfo.setIp(instance.getIp());
        beatInfo.setPort(instance.getPort());
        beatInfo.setCluster(instance.getClusterName());
        beatInfo.setWeight(instance.getWeight());
        beatInfo.setMetadata(instance.getMetadata());
        beatInfo.setScheduled(false);
```

```
        long instanceInterval = instance.getInstanceHeartBeatInterval();
        beatInfo.setPeriod(instanceInterval == 0L ? DEFAULT_HEART_BEAT_INTERVAL :
instanceInterval);
        this.beatReactor.addBeatInfo(NamingUtils.getGroupedName(serviceName, groupName),
beatInfo);
    }


    this.serverProxy.registerService(NamingUtils.getGroupedName(serviceName, groupName),
groupName, instance);
}
```

服务注册的逻辑在下一节中单独分析，这里重点关注 beatReactor.addBeatInfo 实现的心跳机制。很多读者都知道心跳机制，但是不太清楚该怎么实现，心跳机制的代码如下：

```
public void addBeatInfo(String serviceName, BeatInfo beatInfo) {
    LogUtils.NAMING_LOGGER.info("[BEAT] adding beat: {} to beat map.", beatInfo);
    String key = this.buildKey(serviceName, beatInfo.getIp(), beatInfo.getPort());
    BeatInfo existBeat = null;
    if ((existBeat = (BeatInfo)this.dom2Beat.remove(key)) != null) {
        existBeat.setStopped(true);
    }


    this.dom2Beat.put(key, beatInfo);
    //定时发送心跳包
    this.executorService.schedule(new BeatReactor.BeatTask(beatInfo),
beatInfo.getPeriod(), TimeUnit.MILLISECONDS);
    MetricsMonitor.getDom2BeatSizeMonitor().set((double)this.dom2Beat.size());
}
```

从上述代码看，所谓心跳机制就是客户端通过 schedule 定时向服务端发送一个数据包，然后启动一个线程不断检测服务端的回应，如果在设定时间内没有收到服务端的回应，则认为服务器出现了故障。Nacos 服务端会根据客户端的心跳包不断更新服务的状态。

5.7.3　从源码层面分析 Nacos 服务注册的原理

Nacos 提供了 SDK 及 Open API 的形式来实现服务注册。前面我们通过 Open API 实现了一个服务地址的注册，其中 serviceName 表示服务名、ip/port 表示该服务对应的地址。

```
curl -X POST 'http://127.0.0.1:8848/nacos/v1/ns/instance?serviceName=nacos.naming.
serviceName&ip=192.168.13.1&port=8080'
```

基于 SDK 形式实现服务注册的方法如下：

```
void registerInstance(String serviceName, String ip, int port) throws NacosException;
```

这两种形式的本质都一样，SDK 方式只是提供了一种访问的封装，在底层仍然是基于 HTTP 协议完成请求的，所以我们直接基于 Open API 请求方式来分析服务端的服务注册原理。

注：源码分析的版本为 1.1.4，大家可以在 GitHub 上搜索并下载。

对于服务注册，对外提供的服务接口请求地址为 nacos/v1/ns/instance，实现代码在 nacos-naming 模块下的 InstanceController 类中。

- 从请求参数中获得 serviceName（服务名）和 namespaceId（命名空间 Id）。
- 调用 registerInstance 注册实例。

```
@RestController
@RequestMapping(UtilsAndCommons.NACOS_NAMING_CONTEXT + "/instance")
public class InstanceController {
    //省略部分代码
    @CanDistro
    @PostMapping
    public String register(HttpServletRequest request) throws Exception {

        String serviceName = WebUtils.required(request, CommonParams.SERVICE_NAME);
        String namespaceId = WebUtils.optional(request, CommonParams.NAMESPACE_ID,
Constants.DEFAULT_NAMESPACE_ID);

        serviceManager.registerInstance(namespaceId, serviceName,
parseInstance(request));
        return "ok";
    }
    //省略部分代码
}
```

上面这段代码，以本章中演示的项目为例，serviceName 实际上就是 spring-cloud-nacos-sample，namespaceId 的值为 public。接下来我们重点关注 registerInstance 方法，它的主要逻辑是：

- 创建一个空服务（在 Nacos 控制台"服务列表"中展示的服务信息），实际上是初始化一个 serviceMap，它是一个 ConcurrentHashMap 集合。
- getService，从 serviceMap 中根据 namespaceId 和 serviceName 得到一个服务对象。
- 调用 addInstance 添加服务实例。

```
public void registerInstance(String namespaceId, String serviceName, Instance instance)
throws NacosException {
    createEmptyService(namespaceId, serviceName, instance.isEphemeral());
    Service service = getService(namespaceId, serviceName);
    if (service == null) {
        throw new NacosException(NacosException.INVALID_PARAM,
                            "service not found, namespace: " + namespaceId + ",
                            service: " + serviceName);
    }
    addInstance(namespaceId, serviceName, instance.isEphemeral(), instance);
}
```

下面简单分析一下 createEmptyService 创建空服务的代码，最终调用的方法是 createServiceIfAbsent。

- 根据 namspaceId、serviceName 从缓存中获取 Service 实例。
- 如果 Service 实例为空，则创建并保存到缓存中。

```
public void createServiceIfAbsent(String namespaceId, String serviceName, boolean local,
Cluster cluster) throws NacosException {
    Service service = getService(namespaceId, serviceName);
    if (service == null) {
        service = new Service();
        service.setName(serviceName);
        service.setNamespaceId(namespaceId);
        service.setGroupName(NamingUtils.getGroupName(serviceName));
        service.setLastModifiedMillis(System.currentTimeMillis());
        service.recalculateChecksum();
        if (cluster != null) {
            cluster.setService(service);
            service.getClusterMap().put(cluster.getName(), cluster);
        }
        service.validate();
```

```
    putServiceAndInit(service);
    if (!local) {
        addOrReplaceService(service);
    }
  }
}
```

也没有太多的复杂逻辑,主要关注 putServiceAndInit 方法,它实现了以下功能:

- 通过 putService 方法将服务缓存到内存。
- service.init()建立心跳检测机制。
- consistencyService.listen 实现数据一致性的监听。

```
private void putServiceAndInit(Service service) throws NacosException {
    putService(service);
    service.init();
    consistencyService.listen(KeyBuilder.buildInstanceListKey(service.getNamespaceId(),
service.getName(), true), service);
    consistencyService.listen(KeyBuilder.buildInstanceListKey(service.getNamespaceId(),
service.getName(), false), service);
    Loggers.SRV_LOG.info("[NEW-SERVICE] {}", service.toJSON());
}
```

service.init()方法的代码就不看了,如图 5-12 所示,它主要通过定时任务不断检测当前服务下所有实例最后发送心跳包的时间。如果超时,则设置 healthy 为 false 表示服务不健康,并且发送服务变更事件。在这里请大家思考一个问题,服务实例的最后心跳包更新时间是谁来触发的?实际上前面有讲到,Nacos 客户端注册服务的同时也建立了心跳机制。

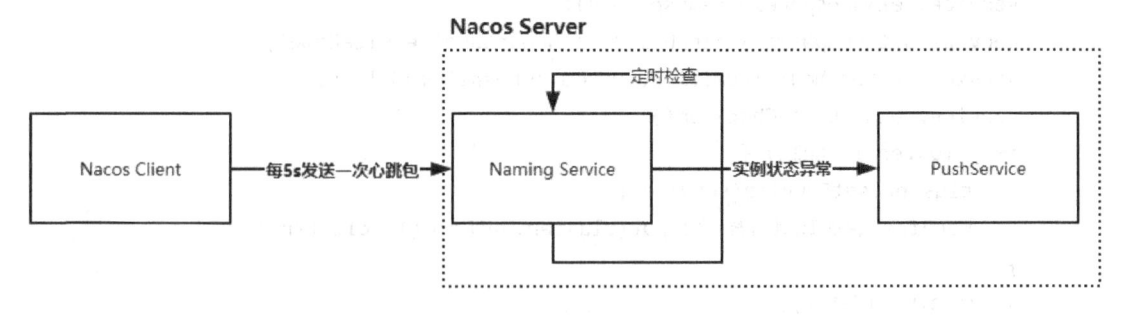

图 5-12　心跳检测机制

下面看 putService 方法，它的功能是将 Service 保存到 serviceMap 中。

```
public void putService(Service service) {
    if (!serviceMap.containsKey(service.getNamespaceId())) {
        synchronized (putServiceLock) {
            if (!serviceMap.containsKey(service.getNamespaceId())) {
                serviceMap.put(service.getNamespaceId(), new ConcurrentHashMap<>(16));
            }
        }
    }
    serviceMap.get(service.getNamespaceId()).put(service.getName(), service);
}
```

上述步骤完成之后，继续调用 addInstance 方法把当前注册的服务实例保存到 Service 中。

```
addInstance(namespaceId, serviceName, instance.isEphemeral(), instance);
```

至此，服务的注册基本上就完成了，可能各位读者会有点意犹未尽，实际上 Alibaba 下的各个组件都是可以独立写成一本书来介绍的。本书的主要目的还是讲解 Spring Cloud Alibaba 生态，因此在源码部分基本会以核心功能为主进行引导，有兴趣的读者在阅读源码过程中遇到问题可以直接在 GitHub 上提问。

最后，简单总结一下服务注册的完整过程：

- Nacos 客户端通过 Open API 的形式发送服务注册请求。
- Nacos 服务端收到请求后，做以下三件事：
  - 构建一个 Service 对象保存到 ConcurrentHashMap 集合中。
  - 使用定时任务对当前服务下的所有实例建立心跳检测机制。
  - 基于数据一致性协议将服务数据进行同步。

5.7.4　揭秘服务提供者地址查询

了解了服务注册的原理之后，再来看服务地址查询功能就很容易理解了。查询服务列表有两种形式。

基于 Open API 形式：

```
curl -X GET 127.0.0.1:8848/nacos/v1/ns/instance/list?serviceName=example
```

使用 SDK 的方式如下，healthy 表示服务的健康状态。

```
List<Instance> selectInstances(String serviceName, boolean healthy) throws NacosException;
```

找到 Nacos-Naming 模块的下 InstanceController 类。

- 解析请求参数。
- 通过 doSrvIPXT 返回服务列表数据。

```
@GetMapping("/list")
public JSONObject list(HttpServletRequest request) throws Exception {

    String namespaceId = WebUtils.optional(request, CommonParams.NAMESPACE_ID,
                                    Constants.DEFAULT_NAMESPACE_ID);
    String serviceName = WebUtils.required(request, CommonParams.SERVICE_NAME);
    String agent = WebUtils.getUserAgent(request);
    String clusters = WebUtils.optional(request, "clusters", StringUtils.EMPTY);
    String clientIP = WebUtils.optional(request, "clientIP", StringUtils.EMPTY);
    Integer udpPort = Integer.parseInt(WebUtils.optional(request, "udpPort", "0"));
    String env = WebUtils.optional(request, "env", StringUtils.EMPTY);
    boolean isCheck = Boolean.parseBoolean(WebUtils.optional(request, "isCheck", "false"));

    String app = WebUtils.optional(request, "app", StringUtils.EMPTY);

    String tenant = WebUtils.optional(request, "tid", StringUtils.EMPTY);

    boolean healthyOnly = Boolean.parseBoolean(WebUtils.optional(request, "healthyOnly",
"false"));

    return doSrvIPXT(namespaceId, serviceName, agent, clusters, clientIP, udpPort, env,
    isCheck, app, tenant, healthyOnly);
}
```

doSrvIPXT 方法比较长，我们主要看核心部分的逻辑。

- 根据 namespaceId、serviceName 获得 Service 实例。
- 从 Service 实例中基于 srvIPs 得到所有服务提供者的实例信息。
- 遍历组装 JSON 字符串并返回。

```java
public JSONObject doSrvIPXT(String namespaceId, String serviceName, String agent, String
                clusters, String clientIP, int udpPort,
                String env, boolean isCheck, String app, String tid,
                boolean healthyOnly)
    throws Exception {
    //以下代码中移除了很多非核心代码
    ClientInfo clientInfo = new ClientInfo(agent);
    JSONObject result = new JSONObject();
    Service service = serviceManager.getService(namespaceId, serviceName);
    List<Instance> srvedIPs;
    //获取指定服务下的所有实例 IP
    srvedIPs = service.srvIPs(Arrays.asList(StringUtils.split(clusters, ",")));
    Map<Boolean, List<Instance>> ipMap = new HashMap<>(2);
    ipMap.put(Boolean.TRUE, new ArrayList<>());
    ipMap.put(Boolean.FALSE, new ArrayList<>());
    for (Instance ip : srvedIPs) {
        ipMap.get(ip.isHealthy()).add(ip);
    }
    //遍历，完成 JSON 字符串的组装
    JSONArray hosts = new JSONArray();
    for (Map.Entry<Boolean, List<Instance>> entry : ipMap.entrySet()) {
        List<Instance> ips = entry.getValue();
        if (healthyOnly && !entry.getKey()) {
            continue;
        }
        for (Instance instance : ips) {
            if (!instance.isEnabled()) {
                continue;
            }
            JSONObject ipObj = new JSONObject();
            ipObj.put("ip", instance.getIp());
            ipObj.put("port", instance.getPort());
            ipObj.put("valid", entry.getKey());
            ipObj.put("healthy", entry.getKey());
            ipObj.put("marked", instance.isMarked());
```

```
        ipObj.put("instanceId", instance.getInstanceId());
        ipObj.put("metadata", instance.getMetadata());
        ipObj.put("enabled", instance.isEnabled());
        ipObj.put("weight", instance.getWeight());
        ipObj.put("clusterName", instance.getClusterName());
        if (clientInfo.type == ClientInfo.ClientType.JAVA &&
            clientInfo.version.compareTo(VersionUtil.parseVersion("1.0.0")) >= 0) {
            ipObj.put("serviceName", instance.getServiceName());
        } else {
            ipObj.put("serviceName", NamingUtils.getServiceName(instance.getServiceName()));
        }
        ipObj.put("ephemeral", instance.isEphemeral());
        hosts.add(ipObj);
    }
}
result.put("hosts", hosts);
result.put("name", serviceName);
result.put("cacheMillis", cacheMillis);
result.put("lastRefTime", System.currentTimeMillis());
result.put("checksum", service.getChecksum());
result.put("useSpecifiedURL", false);
result.put("clusters", clusters);
result.put("env", env);
result.put("metadata", service.getMetadata());
return result;
}
```

5.7.5　分析 Nacos 服务地址动态感知原理

服务消费者不仅需要获得服务提供者的地址列表，还需要在服务实例出现异常时监听服务地址的变化。

可以通过调用 subscribe 方法来实现监听，其中 serviceName 表示服务名、EventListener 表示监听到的事件。

```
void subscribe(String serviceName, EventListener listener) throws NacosException;
```

具体的调用方式如下：

```
NamingService naming = NamingFactory.createNamingService(System.getProperty("serveAddr"));
naming.subscribe("example", event -> {
    if (event instanceof NamingEvent) {
        System.out.println(((NamingEvent) event).getServceName());
        System.out.println(((NamingEvent) event).getInstances());
    }
});
```

或者调用 selectInstance 方法，如果将 subscribe 属性设置为 true，会自动注册监听。

```
public List<Instance> selectInstances(String serviceName, List<String> clusters, boolean
healthy, boolean subscribe)
```

服务动态感知的基本原理如图 5-13 所示，Nacos 客户端有一个 HostReactor 类，它的功能是实现服务的动态更新，基本原理是：

- 客户端发起事件订阅后，在 HostReactor 中有一个 UpdateTask 线程，每 10s 发送一次 Pull请求，获得服务端最新的地址列表。
- 对于服务端，它和服务提供者的实例之间维持了心跳检测，一旦服务提供者出现异常，则会发送一个 Push 消息给 Nacos 客户端，也就是服务消费者。
- 服务消费者收到请求之后，使用 HostReactor 中提供的 processServiceJSON 解析消息，并更新本地服务地址列表。

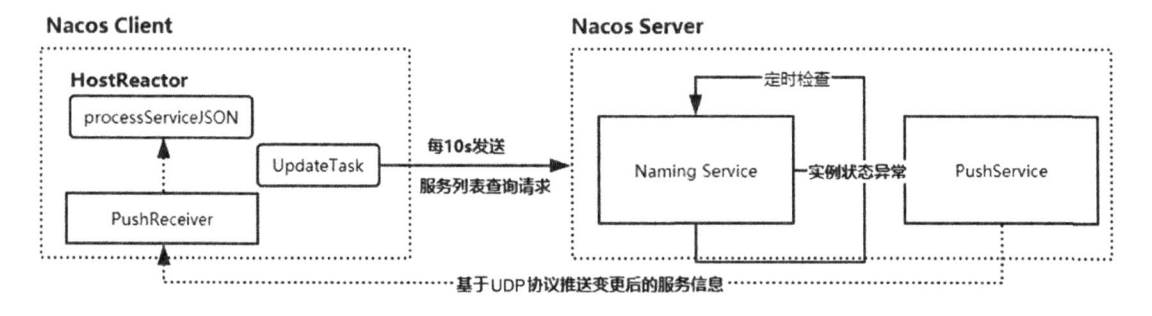

图 5-13　服务动态感知的实现原理

5.8 本章小结

通过详细分析 Nacos 的基本使用及源码，希望大家对 Nacos 有更深刻的理解。其中，很多有意思的设计思想笔者都通过图形的方式进行了表述，建议大家自己去 GitHub 上下载 Nacos 的源码，按照笔者分析源码的思路进一步解读。

服务注册与发现作为微服务架构中不可或缺的组件，市面上提供了非常多的解决方案，比如本章讲的 Nacos，还有 ZooKeeper、Etcd、Consul、Eureka 等。我们至少要针对其中一种解决方案进行深入研究，因为不管是什么类型的组件，实现服务注册与发现功能的本质是一样的。

6

第 6 章
Nacos 实现统一配置管理

配置文件想必大家都不陌生。在 Spring Boot 项目中，默认会提供一个 application.properties 或者 application.yml 文件，我们可以把一些全局性的配置或者需要动态维护的配置写入该文件，比如数据库连接、功能开关、限流阈值、服务器地址等。为了解决不同环境下服务连接配置等信息的差异，Spring Boot 还提供了基于 spring.profiles.active={profile} 的机制来实现不同环境的切换。

随着单体架构向服务化架构及微服务架构的演进，各个应用自己独立维护本地配置的方式开始显露出它的不足之处：

- 配置的动态更新：在实际应用中会有动态更新配置的需求，比如修改服务连接地址、限流的配置等。在传统模式下，需要手动修改配置文件并且重启应用才能生效，这种方式效率太低，重启也会导致服务暂时不可用。
- 配置集中式管理：在微服务架构中，某些核心服务为了保证高性能会部署上百个节点，如果在每个节点中都维护一个配置文件，一旦配置文件中的某个属性需要修改，可想而知，工作量是巨大的。
- 配置内容的安全性和权限：配置文件随着源代码统一提交到代码库中，容易造成生产环境配置信息的数据泄露。
- 不同部署环境下配置的管理：前面提到过通过 profile 机制来管理不同环境下的配置，这种方式对于日常维护来说比较烦琐。

统一配置管理就是弥补上述不足的方法，简单来说，最基本的方法是把各个应用系统中的某些配置放在一个第三方中间件上进行统一维护。然后，对于统一配置中心上的数据的变更需要推送到相应的服务节点实现动态更新。所以在微服务架构中，配置中心也是一个核心组件。

6.1 Nacos 配置中心简介

配置中心的开源解决方案很多，比如 ZooKeeper、Disconf、Apollo、Spring Cloud Config、QConf、Nacos 等。同样，不管是哪一种解决方案，它的核心功能是不会变的。

Nacos 是 Alibaba 开源的中间件，在第 5 章中笔者针对 Nacos 实现服务注册与发现功能进行了详细的分析。我们知道在 Nacos 的架构图中有两个模块，分别是 Config Service 和 Naming Service。其中 Config Service 就是 Nacos 用于实现配置中心的核心模块，它实现了对配置的 CRUD、版本管理、灰度管理、监听管理、推送轨迹、聚合数据等功能。我们主要围绕 Nacos 中的 Config Service 模块实现配置中心的功能进行深度的分析。

下一节我们通过一个案例来快速认识 Nacos。

6.2 Nacos 集成 Spring Boot 实现统一配置管理

Nacos 是一个独立组件，它可以独立部署和应用，在集成到 Spring Cloud 之前，我们可以结合 Spring Boot 来实现统一配置管理。

6.2.1 项目准备

首先，创建一个基于 Spring Boot 的项目，并集成 Nacos 配置中心，操作步骤如下。

- 创建一个 Spring Boot 工程 spring-boot-nacos-config。
- 添加 Nacos Config 的 Jar 包依赖。

```
<dependency>
    <groupId>com.alibaba.boot</groupId>
    <artifactId>nacos-config-spring-boot-starter</artifactId>
    <version>0.2.4</version>
</dependency>
```

- 在 application.properties 中添加 Nacos Server 的地址。

```
nacos.config.server-addr=127.0.0.1:8848
```

- 创建 NacosConfigController 类，用于从 Nacos Server 动态读取配置。

```java
@NacosPropertySource(dataId = "example",autoRefreshed = true)
@RestController
public class NacosConfigController {

    @NacosValue(value = "${info:Local Hello World}",autoRefreshed = true)
    private String info;

    @GetMapping("/config")
    public String get(){
        return info;
    }
}
```

关于 Nacos 的两个注解说明如下。

○ @NacosPropertySource：用于加载 dataId 为 example 的配置源，autoRefreshed 表示开启自动更新。
○ @NacosValue：设置属性的值，其中 info 表示 key，而 Local Hello World 代表默认值。也就是说，如果 key 不存在，则使用默认值。这是一种高可用的策略，在实际应用中，我们需要尽可能考虑到在配置中心不可用的情况下如何保证服务的可用性。

6.2.2　启动 Nacos Server

直接进入${NACOS_HOME}\bin 目录，执行 sh startup.sh 启动 Nacos Server 即可。服务的安装和启动过程在第 5 章中有详细说明，此处不再重复讲解。

6.2.3　创建配置

创建配置有两种方式：

- 在 Nacos 控制台上创建。
- 使用 Open API 方式创建。

控制台创建方式

通过 http://ip:8848/nacos 控制台进入"配置管理"→"配置列表",单击"创建"按钮进入如图 6-1 所示界面。

图 6-1　在 Nacos 控制台上创建配置

配置字段说明如下,其中 Data ID 和 Group 会在后续的章节中详细说明。

- Data ID:表示 Nacos 中某个配置集的 ID,通常用于组织划分系统的配置集。
- Group:表示配置所属的分组。
- 配置格式:当前配置内容所遵循的格式。

Open API 创建方式

通过如下指令进行配置的创建即可:

```
curl -X POST "http://127.0.0.1:8848/nacos/v1/cs/configs?dataId=example&group=
DEFAULT_GROUP&content=info=Nacos Server Data : Hello World"
```

dataId 和 group 必须与 NacosPropertySource 中配置的值保持一致，否则无法匹配到配置内容。

6.2.4　启动服务并测试

执行 Spring Boot 项目的启动类：

```
@SpringBootApplication
public class SpringCloudNacosConfigApplication {
    public static void main(String[] args) {
        SpringApplication.run(SpringCloudNacosConfigApplication.class, args);
    }
}
```

执行如下命令：

```
curl http://localhost:8080/config
```

可以获得如下返回结果：

```
Nacos Server Data: Hello World
```

如果通过控制台或者 Open API 方式修改该配置的值，重新执行 curl 命令将会获得最新的结果。

6.3　Spring Cloud Alibaba Nacos Config

用过 Spring Cloud 的同学应该都知道，Spring Cloud Config 是 Spring Cloud 生态中的统一配置管理的组件，它为外部化配置提供了服务端和客户端支持，包含 Config Server 和 Config Client 两部分。而 Spring Cloud Alibaba Nacos Config 是 Config Server 和 Client 的替代方法。下面我们演示一下如何基于 Spring Cloud 生态来集成 Nacos 实现配置中心。

6.3.1　Nacos Config 的基本应用

在 Spring Cloud 生态下 Nacos Config 的使用步骤如下：

- 创建 Spring Boot 项目，添加 spring-cloud-starter 依赖。

● 添加 Jar 包依赖。

```
<dependency>
    <groupId>com.alibaba.cloud</groupId>
    <artifactId>spring-cloud-starter-alibaba-nacos-config</artifactId>
    <version>2.1.1.RELEASE</version>
</dependency>
```

● 创建 bootstrap.properties 文件，并在 bootstrap.properties 中添加 Nacos Server 的连接地址。

```
spring.application.name=spring-cloud-nacos-config-sample
spring.cloud.nacos.config.server-addr=127.0.0.1:8848
spring.cloud.nacos.config.prefix=example
```

配置说明：

○ spring.cloud.nacos.config.prefix 表示 Nacos 配置中心上的 Data ID 的前缀。
○ spring.cloud.nacos.config.server-addr 设置 Nacos 配置中心的地址。如果地址是域名，配置的方式应该是域名:port，即便监听的端口是 80，也需要将 80 端口带上。

需要注意，这些配置项是需要放在 bootstrap.properties 文件中的。在 Spring Boot 中有两种上下文配置，一种是 bootstrap，另外一种是 application。bootstrap 是应用程序的父上下文，也就是说 bootstrap 加载优先于 application。由于在加载远程配置之前，需要读取 Nacos 配置中心的服务地址信息，所以 Nacos 服务地址等属性配置需要放在 bootstrap.properties 文件中。

● 在 Nacos Console 中创建如下配置。

```
DataId: example
Group: DEFAULT_GROUP
配置内容: info=Nacos Server Data : Hello World
```

● 在启动类中，读取配置中心的数据。

```
@SpringBootApplication
public class SpringCloudNacosConfigSampleApplication {

    public static void main(String[] args) {
        ConfigurableApplicationContext context=
            SpringApplication.run(SpringCloudNacosConfigSampleApplication.class,
args);
```

```
        //从 Environment 中读取配置
        String info=context.getEnvironment().getProperty("info");
        System.out.println(info);
    }
}
```

- 获得如下输出结果，表示配置加载成功。

```
2020-01-16 15:44:44.313  INFO 136768 ---
[          main] .SpringCloudNacosConfigSampleApplication : Started
SpringCloudNacosConfigSampleApplication in 3.417 seconds (JVM running for 5.201)
Nacos Server Data : Hello World
```

6.3.2　动态更新配置

配置中心必然需要支持配置的动态更新，也就是在配置中心上修改配置的值之后，应用程序需要感知值的变化。下面我们通过一段代码来演示动态更新的实现：

```
@SpringBootApplication
public class SpringCloudNacosConfigSampleApplication {

    public static void main(String[] args) throws InterruptedException {
    ConfigurableApplicationContext context=
            SpringApplication.run(
                    SpringCloudNacosConfigSampleApplication.class, args);
    while(true) {
        String info = context.getEnvironment().getProperty("info");
        System.out.println(info);
        Thread.sleep(2000);
    }
    }
}
```

通过一个 while 循环不断读取 info 属性，当 info 属性发生变化时，控制台会输出如下日志，表示监听到数据变更事件，并且会输出最新的配置信息。

```
2020-01-16 18:32:42.972  INFO 149924 --- [-127.0.0.1_8848]
c.a.c.n.c.NacosPropertySourceBuilder    : Loading nacos data, dataId: 'example', group:
'DEFAULT_GROUP', data: info=Nacos Server Data : Hello World
```

```
2020-01-16 18:32:42.976  WARN 149924 --- [-127.0.0.1_8848]
c.a.c.n.c.NacosPropertySourceBuilder     : Ignore the empty nacos configuration and get
it based on dataId[example.properties] & group[DEFAULT_GROUP]
2020-01-16 18:32:42.977  INFO 149924 --- [-127.0.0.1_8848]
b.c.PropertySourceBootstrapConfiguration : Located property source:
[BootstrapPropertySource {name='bootstrapProperties-example.properties'},
BootstrapPropertySource {name='bootstrapProperties-example'}]
2020-01-16 18:32:42.978  INFO 149924 --- [-127.0.0.1_8848]
o.s.boot.SpringApplication               : No active profile set, falling back to default
profiles: default
2020-01-16 18:32:42.996  INFO 149924 --- [-127.0.0.1_8848]
o.s.boot.SpringApplication               : Started application in 0.794 seconds (JVM
running for 18.915)
2020-01-16 18:32:43.008  INFO 149924 --- [-127.0.0.1_8848]
o.s.c.e.event.RefreshEventListener       : Refresh keys changed: [info]
```

6.3.3 基于 Data ID 配置 YAML 的文件扩展名

Spring Cloud Alibaba Nacos Config 从 Nacos Config Server 中加载配置时，会匹配 Data ID。在 Spring Cloud Nacos 的实现中，Data ID 默认规则是${prefix}-${spring.profile.active}. ${file-extension}。

- 在默认情况下，会去 Nacos 服务器上加载 Data ID 以${spring.application.name}.${file-extension:properties}为前缀的基础配置。比如在 6.3.1 节演示的代码中，我们在 bootstrap. properties 文件中配置了属性 spring.application.name=spring-cloud-nacos-config-sample，在不通过 spring.cloud.nacos.config.prefix 指定 Data ID 前缀时，默认会读取 Nacos Config Server 中 Data ID 为 spring-cloud-nacos-config-sample.properties 的配置信息。
- 如果明确指定了 spring.cloud.nacos.config.prefix=example 属性，则会加载 Data ID=example 的配置。
- spring.profile.active 表示多环境支持，在后续的章节中会详细说明。

在实际应用中，如果大家用的是 YAML 格式的配置，Nacos Config 也提供了 YAML 配置格式的支持，执行步骤如下。

- 在 bootstrap.properties 中声明 spring.cloud.nacos.config.file-extension=yaml。
- 在 Nacos 控制台上增加如下配置。

```
Data ID: spring-cloud-nacos-config-sample.yaml
```

```
Group: DEFAULT_GROUP
配置格式：YAML
配置内容：info: yaml config type
```

- 运行启动方法，获得如下结果。

```
2020-01-17 12:25:25.780  INFO 146636 ---
[           main] .SpringCloudNacosConfigSampleApplication : Started
SpringCloudNacosConfigSampleApplication in 3.551 seconds (JVM running for 5.288)
yaml config type
```

6.3.4　不同环境的配置切换

在 Spring Boot 中，可以基于 spring.profiles.active 实现不同环境下的配置切换，这在实际工作中用得比较多。很多公司都会有开发环境、测试环境、预生产环境、生产环境等，服务部署在不同的环境下，有一些配置是不同的，所以我们希望能够通过一个属性非常方便地指定当前应用部署的环境，并根据不同的环境加载对应的配置。基于 Spring Boot 项目的多环境支持配置步骤如下。

- 在 resources 目录下根据不同环境创建不同的配置。

  ○ application-dev.properties
  ○ application-test.properties
  ○ application-prod.properties

- 定义一个 application.properties 默认配置，在该配置中通过 spring.profiles.active=${env}来指定当前使用哪个环境的配置，如果${env}的值为 prod，表示使用 application-prod.properties。也可以通过设置 VM options=-Dspring.profiles.active=prod 来指定使用的环境配置。

在 Spring Cloud Alibaba Nacos Config 中加载 Nacos Config Server 中的配置时，不仅加载了 Data ID 以${spring.application.name}.${file-extension:properties}为前缀的基础配置，还会加载 Data ID 为${spring.application.name}-${profile}.${file-extension:properties}的基础配置，这样的方式为不同环境的切换提供了非常好的支持。配置方式和 Spring Boot 相同，具体的实现步骤如下。

- 在 bootstrap.properties 中声明 spring.profiles.active=prod。需要注意的是，必须要在 bootstrap.properties 中声明。
- 在 Nacos 控制台上新增两个 Data ID 的配置项。

- spring-cloud-nacos-config-sample-test.properties，配置内容为 info=test。
- spring-cloud-nacos-config-sample-prod.properties，配置内容为 info=prod env:Hello。

- 运行启动方法。如果 spring.profiles.active=prod，将会获得以下结果。

```
2020-01-17 12:37:27.110  INFO 16548 ---
[         main] .SpringCloudNacosConfigSampleApplication : Started
SpringCloudNacosConfigSampleApplication in 3.363 seconds (JVM running for 4.944)
prod env:Hello
prod env:Hello
```

我们可以发现，基于 Nacos Config 实现不同环境的切换和本地配置的不同环境切换没有任何区别。

如果我们需要切换到测试环境，只需要修改 spring.profiles.active=test 即可。不过这个属性的配置是写死在 bootstrap.properties 文件中的，修改起来显得很麻烦。通常的做法是通过 -Dspring.profiles.active=${profile}参数来指定环境，以达到灵活切换的目的。

6.3.5 Nacos Config 自定义 Namespace 和 Group

在前面的章节中使用 Nacos Config 时都采用默认的 Namespace:public 和 Group:DEFAULT_GROUP，从名字我们基本能够猜测到它们的作用。我们看一下如图 6-2 所示的 Nacos 提供的数据模型，它的数据模型 Key 是由三元组来进行唯一确定的。

其中 Namespace 用于解决多环境及多租户数据的隔离问题，比如在多套不同的环境下，可以根据指定的环境创建不同的 Namespace，实现多环境的隔离，或者在多用户的场景中，每个用户可以维护自己的 Namespace，实现每个用户的配置数据和注册数据的隔离。需要注意的是，在不同的 Namespace 下，可以存在相同的 Group 或 DataId。

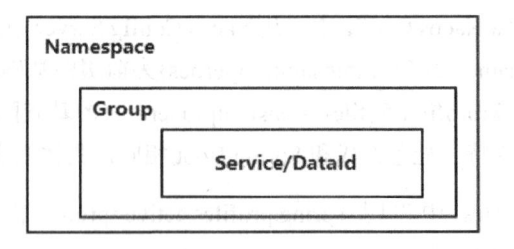

图 6-2　Nacos 数据模型

Group 是 Nacos 中用来实现 Data ID 分组管理的机制，从图 6-2 可以看出，它可以实现不同 Service/DataId 的隔离。对于 Group 的用法，其实没有固定的规定，比如它可以实现不同环境下的 DataId 的分组，也可以实现不同应用或者组件下使用相同配置类型的分组，比如 database_url。

官方的建议是，通过 Namespace 来区分不同的环境，而 Group 可以专注在业务层面的数据分组。最重要的还是提前做好规划，对 Namespace 和 Group 进行基本的定调，避免使用上的混乱。

了解了 Namespace 和 Group 的概念之后，下面讲一下 Spring Cloud Alibaba Nacos Config 如何实现自定义 Namespace 和 Group。

Namespace

- 在 Nacos 控制台的"命名空间"下，创建一个命名空间，如图 6-3 所示。
- 在 bootstrap.properties 中添加如下配置：

```
spring.cloud.nacos.config.namespace=ee6d2c78-003b-4151-9984-63b1b40111a0
```

ee6d2c78-003b-4151-9984-63b1b40111a0 对应的是 Namespace 中命名空间的 ID，这个值可以在如图 6-3 所示的界面获取。

命名空间名称	命名空间ID	配置数	操作
public(保留空间)		68 / 200	详情　删除　编辑
test	ee6d2c78-003b-4151-9984-63b1b40111a0	0 / 200	详情　删除　编辑

图 6-3　namespace 列表

Group

Group 不需要提前创建，只需要在创建的时候指定，配置方法如下。

- 在 Nacos 控制台的"新建配置"界面中指定配置所属的 Group，如图 6-4 所示。
- 在 bootstrap.properties 中添加如下配置即可：

```
spring.cloud.nacos.config.group=TEST_GROUP
```

Data ID

Data ID 是 Nacos 中某个配置集的 ID，它通常用于组织划分系统的配置集。在前面的示例中我们都是通过配置文件的名字来进行配置的划分的，也可以通过 Java 包的全路径来划分，主要取决于 Data ID 的使用维度。

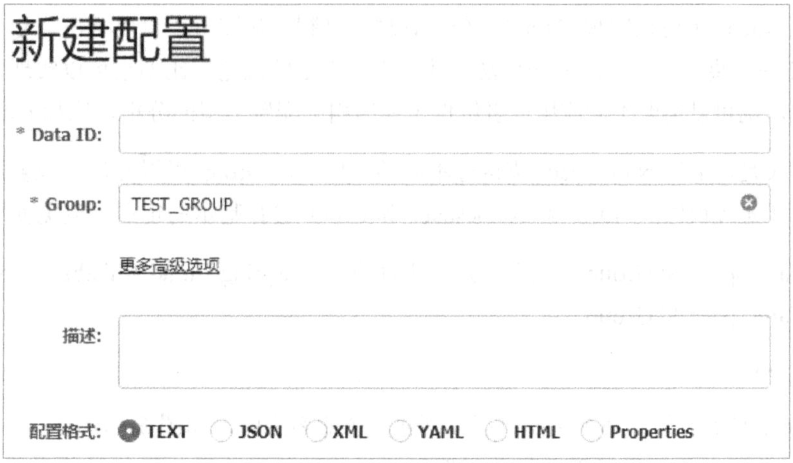

图 6-4 Nacos 控制台添加配置

Spring Cloud Alibaba Nacos Config 同样支持自动以 Data ID 配置。

```
spring.cloud.nacos.config.ext-config[0].data-id=example.properties
spring.cloud.nacos.config.ext-config[0].group=DEFAULT_GROUP
spring.cloud.nacos.config.ext-config[0].refresh=true
```

在上述配置中，可以看到：

- spring.cloud.nacos.config.ext-config[*n*]支持多个 Data ID 的扩展配置，包含三个属性：data-id、group、refresh。
- spring.cloud.nacos.config.ext-config[*n*].data-id 指定 Nacos Config 的 Data ID。
- spring.cloud.nacos.config.ext-config[*n*].group 指定 Data ID 所在的组。
- spring.cloud.nacos.config.ext-config[*n*].refresh 控制 Data ID 在配置发生变更时是否动态刷新，以感知最新的配置值。默认是 false，也就是不会实现动态刷新。

在使用过程中，有两个注意点：

- spring.cloud.nacos.config.ext-config[*n*].data-id 的值必须要带文件的扩展名，可以支持 properties、yaml、json 等。
- spring.cloud.nacos.config.ext-config[*n*].data-id 配置多个 Data ID 时，*n* 的值越大，优先级越高。

通过自定义扩展的 Data Id 配置，既可以解决多个应用的配置共享问题，在支持一个应用有多个配置文件的情况。需要注意的是，在 ext-config 和${spring.application.name}.${file-extension:properties}

都存在的情况下，优先级高的是后者。

6.4　Nacos Config 实现原理解析

Nacos Config 针对配置管理提供了 4 种操作。针对这 4 种操作，Nacos 提供了 SDK 及 Open API 的方式进行访问。

- 获取配置：从 Nacos Config Server 中读取配置。

```
SDK:      public String getConfig(String dataId, String group, long timeoutMs)
throws NacosException
API(GET): /nacos/v1/cs/configs
```

- 监听配置：订阅感兴趣的配置，当配置发生变化时可以收到一个事件。

```
SDK:      public void addListener(String dataId, String group, Listener listener)
API(POST): /nacos/v1/cs/configs/listener
```

- 发布配置：将配置保存到 Nacos Config Server 中。

```
SDK:      public boolean publishConfig(String dataId, String group, String
content) throws NacosException
API(POST): /nacos/v1/cs/configs
```

- 删除配置：删除配置中心的指定配置。

```
SDK:      public boolean removeConfig(String dataId, String group) throws
NacosException
API(DELETE): /nacos/v1/cs/configs
```

实际上，从原理层面来看，这 4 个操作可以归类为两种类型，分别是配置的 CRUD 和配置的动态监听。

6.4.1　配置的 CRUD

对于 Nacos Config 来说，其实就是提供了配置的集中式管理功能，然后对外提供 CRUD 的访问接口使得应用系统可以完成配置的基本操作。实际上这种场景并不复杂，对于服务端来说，无非就是配置如何存储，以及是否需要持久化，对于客户端来说，就是通过接口从服务器端查询到相应的数据，然后返回即可，如图 6-5 所示。

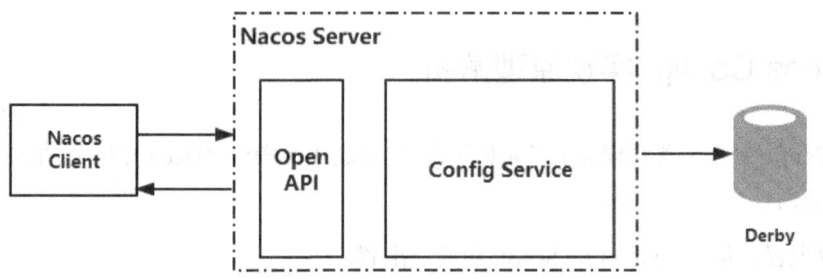

图 6-5　Nacos 配置中心

需要注意的是，Nacos 服务端的数据存储默认采用的是 Derby 数据库，除此之外，支持 MySQL 数据库。如果需要修改，可以参考第 5 章中关于 Nacos 集群部署部分，其中涉及 MySQL 数据库的配置。

6.4.2　动态监听之 Pull Or Push

当 Nacos Config Server 上的配置发生变化时，需要让相关的应用程序感知配置的变化进而感知应用的变化，这就需要客户端针对感兴趣的配置实现监听。那么 Nacos 客户端是如何实现配置变更的实时更新的呢？

一般来说，客户端和服务端之间的数据交互无非两种方式：Pull 和 Push。

- Pull 表示客户端从服务端主动拉取数据。
- Push 表示服务端主动把数据推送到客户端。

这两种方式没有什么优劣之分，只是看哪种方式更适合于当前的场景。比如 ActiveMQ 就支持 Push 和 Pull 两种模式，用户可以在特定场景选择不同的模式来实现消费端消息的获取。

对于 Push 模式来说，服务端需要维持与客户端的长连接，如果客户端的数量比较多，那么服务端需要耗费大量的内存资源来保存每个连接，并且为了检测连接的有效性，还需要心跳机制来维持每个连接的状态。

在 Pull 模式下，客户端需要定时从服务端拉取一次数据，由于定时任务会存在一定的时间间隔，所以不能保证数据的实时性。并且在服务端配置长时间不更新的情况下，客户端的定时任务会做一些无效的 Pull。

Nacos 采用的是 Pull 模式，但并不是简单的 Pull，而是一种长轮询机制，它结合 Push 和 Pull 两者的优势。客户端采用长轮询的方式定时发起 Pull 请求，去检查服务端配置信息是否发生了变更，如果发生了变更，则客户端会根据变更的数据获得最新的配置。所谓长轮询，是客户端发起轮询请求之后，服务端如果有配置发生变更，就直接返回，如图 6-6 所示。

图 6-6　Nacos Client 发起 Pull 请求

如果客户端发起 Pull 请求后，发现服务端的配置和客户端的配置是保持一致的，那么服务端会先 "Hold" 住这个请求，也就是服务端拿到这个连接之后在指定的时间段内一直不返回结果，直到这段时间内配置发生变化，服务端会把原来 "Hold" 住的请求进行返回，如图 6-7 所示，Nacos 服务端收到请求之后，先检查配置是否发生了变更，如果没有，则设置一个定时任务，延期 29.5s 执行，并且把当前的客户端长轮询连接加入 allSubs 队列。这时候有两种方式触发该连接结果的返回：

- 第一种是在等待 29.5s 后触发自动检查机制，这时候不管配置有没有发生变化，都会把结果返回客户端。而 29.5s 就是这个长连接保持的时间。
- 第二种是在 29.5s 内任意一个时刻，通过 Nacos Dashboard 或者 API 的方式对配置进行了修改，这会触发一个事件机制，监听到该事件的任务会遍历 allSubs 队列，找到发生变更的配置项对应的 ClientLongPolling 任务，将变更的数据通过该任务中的连接进行返回，就完成了一次 "推送" 操作。

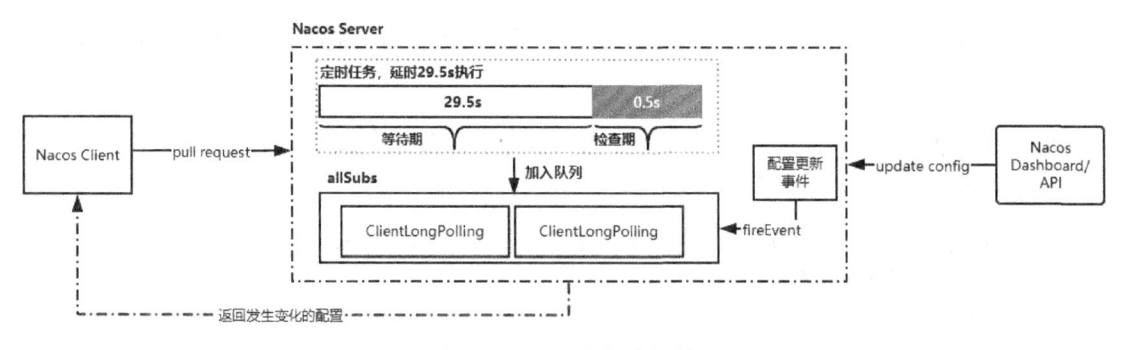

图 6-7　Nacos 长轮询机制

这样既能够保证客户端实时感知配置的变化，也降低了服务端的压力。其中，这个长连接的会话超时时间默认是 30s。

6.5　Spring Cloud 如何实现配置的加载

前面演示了通过 context.getEnvironment.getProperty("info") 来获取 Nacos Config Server 上的配置信息，它是怎么做到的呢？

首先，Spring Cloud 是基于 Spring 来扩展的，Spring 原本就提供了 Environment，它抽象了一个 Environment 来表示 Spring 应用程序环境配置，整合了各种各样的外部环境，并且提供统一访问的方法 **getProperty(String key)**。

在 Spring 启动时，会把配置加载到 Environment 中。当创建一个 Bean 时可以从 Environment 中把一些属性值通过 @Value 的形式注入业务代码。

而在 Spring Cloud 中，要实现统一配置管理并且动态刷新配置，需要解决的问题有：

- 如何将远程服务器上的配置加载到 Environment。
- 配置变更时，如何将新的配置更新到 Environment 中，保证配置变更时可以进行属性值的动态刷新。

6.5.1　PropertySourceBootstrapConfiguration

PropertySourceBootstrapConfiguration 是一个启动环境配置类，该类中有一个 initialize 方法，会调用 PropertySourceLocator.locate 来获取远程配置信息。

PropertySourceBootstrapConfiguration 的初始化过程是基于自动装配来完成的，具体的执行步骤如下。

- 在 Spring Boot 启动时，在 SpringApplication.run 方法中会进行环境准备工作，也就是 prepareEnvironment 方法。

```
public ConfigurableApplicationContext run(String... args) {
    //省略部分代码
    try {
        ConfigurableEnvironment environment = prepareEnvironment(listeners,
```

```
                applicationArguments);
    //省略部分代码
    }
catch (Throwable ex) {
    handleRunFailure(context, ex, exceptionReporters, listeners);
    throw new IllegalStateException(ex);
    }
}
```

- 在 prepareEnvironment 方法中，会发布一个 ApplicationEnvironmentPreparedEvent 事件，所有对这个事件感兴趣的 Listener 都会监听到该事件。

```
private ConfigurableEnvironment prepareEnvironment(
        SpringApplicationRunListeners listeners,
        ApplicationArguments applicationArguments) {
    //省略部分代码
    listeners.environmentPrepared(environment);
    //省略部分代码
    return environment;
}
```

- 其中 BootstrapApplicationListener 会收到该事件并进行处理，下面是比较关键的代码。

```
public class BootstrapApplicationListener implements
ApplicationListener<ApplicationEnvironmentPreparedEvent>, Ordered {
    public void onApplicationEvent(ApplicationEnvironmentPreparedEvent event) {
        //省略部分代码
        context = this.bootstrapServiceContext(environment,
event.getSpringApplication(), configName);
        //省略部分代码
    }
    private ConfigurableApplicationContext
bootstrapServiceContext(ConfigurableEnvironment environment, SpringApplication
application, String configName) {
        //自动装配的实现
        builder.sources(new
Class[]{BootstrapImportSelectorConfiguration.class});
    }
}
```

BootstrapImportSelectorConfiguration 是一个配置类，该配置类用@Import 导入了一个 BootstrapImportSelector 来实现自动装配的过程，实现原理在 Spring Boot 章节中有详细说明，此处不再重复讲解。

```
@Configuration
@Import({BootstrapImportSelector.class})
public class BootstrapImportSelectorConfiguration {
    public BootstrapImportSelectorConfiguration() {
    }
}
```

在 BootstrapImportSelector 类的 selectImports 方法中，又可以看到 Spring 中的 SPI 机制，可到 classpath 路径下查找 META-INF/spring.factories 预定义的一些扩展点，其中 key 为 BootstrapConfiguration。

```
public String[] selectImports(AnnotationMetadata annotationMetadata) {
        List<String> names = new
ArrayList(SpringFactoriesLoader.loadFactoryNames(BootstrapConfiguration.class,
classLoader));
```

分别在 spring-cloud-alibaba-nacos-config.jar 及 spring-cloud-context.jar 的 spring.factories 文件中可以看到如下配置。

```
org.springframework.cloud.bootstrap.BootstrapConfiguration=\
org.springframework.cloud.bootstrap.config.PropertySourceBootstrapConfiguration,\
org.springframework.cloud.bootstrap.encrypt.EncryptionBootstrapConfiguration,\
org.springframework.cloud.autoconfigure.ConfigurationPropertiesRebinderAutoCon
figuration,\
org.springframework.boot.autoconfigure.context.PropertyPlaceholderAutoConfiguration
org.springframework.cloud.bootstrap.BootstrapConfiguration=\
com.alibaba.cloud.nacos.NacosConfigBootstrapConfiguration
```

其中有两个配置类：PropertySourceBootstrapConfiguration 和 NacosConfigBootstrapConfiguration。

6.5.2　PropertySourceLocator

准备工作完成之后，就开始进行配置的加载了。继续回到启动类的 run 方法，调用 prepareContext。

```
public ConfigurableApplicationContext run(String... args) {
    //省略部分代码
    prepareContext(context, environment, listeners, applicationArguments,
                printedBanner);
    //省略部分代码
}
```

prepareContext 开始进行刷新应用上下文的准备阶段，接着调用 applyInitializers。

```
private void prepareContext(ConfigurableApplicationContext context,
        ConfigurableEnvironment environment, SpringApplicationRunListeners listeners,
        ApplicationArguments applicationArguments, Banner printedBanner) {
    applyInitializers(context);
}
```

该方法主要会执行容器中的 ApplicationContextInitializer，它的作用是在应用程序上下文初始化的时候做一些额外的操作。

```
protected void applyInitializers(ConfigurableApplicationContext context) {
    for (ApplicationContextInitializer initializer : getInitializers()) {
        Class<?> requiredType = GenericTypeResolver.resolveTypeArgument(
            initializer.getClass(), ApplicationContextInitializer.class);
        Assert.isInstanceOf(requiredType, context, "Unable to call initializer.");
        initializer.initialize(context);
    }
}
```

PropertySourceBootstrapConfiguration 实现了 ApplicationContextInitializer 接口，所以在 applyInitializers 方法中调用 initialize 方法，最终会调用 PropertySourceBootstrapConfiguration 中的 initialize 方法。

```
public void initialize(ConfigurableApplicationContext applicationContext) {
    //省略部分代码
    Iterator var5 = this.propertySourceLocators.iterator();
    while(var5.hasNext()) {
        PropertySourceLocator locator = (PropertySourceLocator)var5.next();
        PropertySource<?> source = null;
        source = locator.locate(environment);
```

```
    //省略
  }
}
```

PropertySourceLocator 接口的主要作用是实现应用外部化配置可动态加载, 而 NacosPropertySourceLocator 实现了该接口, 所以此时 locator.locate 实际调用的是 NacosPropertySourceLocator 中的 locate 方法。

在 NacosPropertySourceLocator 的 locate 方法中把存放在 Nacos Server 中的配置信息读取出来, 然后把结果存到 PropertySource 的实例中并返回。

6.6 Nacos Config 核心源码解析

Spring Cloud Alibaba Nacos Config 中能够通过 context.getEnvironment().getProperty("info") 获得 Nacos Config 服务器上的数据, 最重要的实现类是 NacosPropertySourceLocator, 其中包含一个 locate 方法, 它的主要作用是:

- 初始化 ConfigService 对象, 这是 Nacos 客户端提供的用于访问实现配置中心基本操作的类。
- 按照顺序分别加载共享配置、扩展配置、应用名称对应的配置。

```
@Override
public PropertySource<?> locate(Environment env) {
    ConfigService configService = nacosConfigProperties.configServiceInstance();
    nacosPropertySourceBuilder = new NacosPropertySourceBuilder(configService,timeout);
    loadSharedConfiguration(composite);
    loadExtConfiguration(composite);
    loadApplicationConfiguration(composite, dataIdPrefix, nacosConfigProperties, env);
    //省略部分代码
}
```

上述的 locate 方法中省略了部分无关代码。按照 loadApplicationConfiguration 方法继续跟进, 会看到如下代码:

```
private Properties loadNacosData(String dataId, String group, String fileExtension) {
    String data = null;
    try {
        data = configService.getConfig(dataId, group, timeout);
        //省略部分代码
```

```
        Properties properties = NacosDataParserHandler.getInstance()
            .parseNacosData(data, fileExtension);
        return properties == null ? EMPTY_PROPERTIES : properties;
    }
    return EMPTY_PROPERTIES;
}
```

上述代码的路径为：loadApplicationConfiguration → loadNacosDataIfPresent → loadNacosPropertySource → build → loadNacosData。

不难发现，最终是基于 configService.getConfig 从 Nacos 配置中心上加载配置进行填充的。那么事件订阅机制在哪里实现的呢？看一下 NacosContextRefresher 类。它里面实现了一个 ApplicationReadyEvent 事件监听，也就是在上下文已经准备完毕的时候会触发这个事件。

```
public class NacosContextRefresher
    implements ApplicationListener<ApplicationReadyEvent>, ApplicationContextAware {

    @Override
    public void onApplicationEvent(ApplicationReadyEvent event) {
        if (this.ready.compareAndSet(false, true)) {
            this.registerNacosListenersForApplications();
        }
    }
}
```

当监听到时间之后，会调用 registerNacosListenersForApplications 方法来实现 Nacos 事件监听的注册，代码如下：

```
private void registerNacosListener(final String group, final String dataId) {
    Listener listener = listenerMap.computeIfAbsent(dataId, i -> new Listener() {
        @Override
        public void receiveConfigInfo(String configInfo) {
            refreshHistory.add(dataId, md5);
            applicationContext.publishEvent(
                new RefreshEvent(this, null, "Refresh Nacos config"));
            if (log.isDebugEnabled()) {
                log.debug("Refresh Nacos config group " + group + ",dataId" + dataId);
            }
```

```
    }
    @Override
    public Executor getExecutor() {
        return null;
    }
});
}
```

上面这段代码的主要功能是，当收到配置变更的回调时，会通过 applicationContext.publishEvent 发布一个 RefreshEvent 事件，而这个事件的监听实现在 RefreshEventListener 类中。

```
public class RefreshEventListener implements SmartApplicationListener {
    //省略部分代码
    public void handle(RefreshEvent event) {
        if (this.ready.get()) {
            log.debug("Event received " + event.getEventDesc());
            Set<String> keys = this.refresh.refresh();
            log.info("Refresh keys changed: " + keys);
        }
    }
}
```

最终，在 handler 方法中会调用 refresh.refresh()方法完成配置的更新和应用。下面我们重点关注客户端和服务端之间的长轮询机制，以及服务端是如何实时推送配置更新消息给客户端的。

6.6.1　NacosFactory.createConfigService

客户端的长轮询定时任务是在 NacosFactory.createConfigService 构建 ConfigService 对象实例的时候启动的，最终调用的代码如下。

- 通过 Class.forName 来加载 NacosConfigService 类。
- 使用反射来完成 NacosConfigService 类的实例化。

```
public static ConfigService createConfigService(Properties properties) throws
NacosException {
    try {
        Class<?> driverImplClass = Class.forName("com.alibaba.nacos.client.config.
```

```
NacosConfigService");
    Constructor constructor = driverImplClass.getConstructor(Properties.class);
    ConfigService vendorImpl = (ConfigService) constructor.newInstance(properties);
    return vendorImpl;
} catch (Throwable e) {
    throw new NacosException(NacosException.CLIENT_INVALID_PARAM, e);
}
}
```

6.6.2　NacosConfigService 构造

NacosConfigService 构造方法的代码如下。

- 初始化一个 HttpAgent，这里又用到了装饰器模式，实际工作的类是 ServerHttpAgent，MetricsHttpAgent 内部也调用了 ServerHttpAgent 的方法，增加了监控统计的信息。
- ClientWorker 是客户端的一个工作类，agent 作为参数传入 ClientWorker，可以基本猜测到，里面会用 agent 做一些与远程相关的事情。

```
public NacosConfigService(Properties properties) throws NacosException {
    String encodeTmp = properties.getProperty(PropertyKeyConst.ENCODE);
    if (StringUtils.isBlank(encodeTmp)) {
        encode = Constants.ENCODE;
    } else {
        encode = encodeTmp.trim();
    }
    initNamespace(properties);
    agent = new MetricsHttpAgent(new ServerHttpAgent(properties));
    agent.start();
    worker = new ClientWorker(agent, configFilterChainManager, properties);
}
```

6.6.3　ClientWorker

ClientWorker 构造方法如下，主要的功能是构建两个定时调度的线程池，并启动一个定时任务。

- 第一个线程池 executor 只拥有一个核心线程，每隔 10ms 就会执行一次 checkConfigInfo() 方法，从方法名上可以知道每 10ms 检查一次配置信息。

- 第二个线程池 executorService 只完成了初始化，后续会用到，主要用于实现客户端的定时长轮询功能。

```java
public ClientWorker(final HttpAgent agent, final ConfigFilterChainManager
configFilterChainManager, final Properties properties) {
    this.agent = agent;
    this.configFilterChainManager = configFilterChainManager;

    init(properties);

    executor = Executors.newScheduledThreadPool(1, new ThreadFactory() {
        @Override
        public Thread newThread(Runnable r) {
            Thread t = new Thread(r);
            t.setName("com.alibaba.nacos.client.Worker." + agent.getName());
            t.setDaemon(true);
            return t;
        }
    });

    executorService = Executors.newScheduledThreadPool(Runtime.getRuntime().
availableProcessors(), new ThreadFactory() {
        @Override
        public Thread newThread(Runnable r) {
            Thread t = new Thread(r);
            t.setName("com.alibaba.nacos.client.Worker.longPolling." + agent.getName());
            t.setDaemon(true);
            return t;
        }
    });

    executor.scheduleWithFixedDelay(new Runnable() {
        @Override
        public void run() {
            try {
                checkConfigInfo();
            } catch (Throwable e) {
                LOGGER.error("[" + agent.getName() + "] [sub-check] rotate check error", e);
            }
```

```
    }
}, 1L, 10L, TimeUnit.MILLISECONDS);
}
```

6.6.4　ClientWorker.checkConfigInfo

我们继续沿着代码往下看，在 ClientWorker 构造方法中，通过 executor.scheduleWithFixedDelay 启动了一个每隔 10s 执行一次的定时任务，其中调用的方法是 checkConfigInfo。这个方法主要用来检查配置是否发生了变化，用到了 executorService 这个定时调度的线程池。

```java
public void checkConfigInfo() {
    //分任务
    int listenerSize = cacheMap.get().size();
    //向上取整为批数
    int longingTaskCount = (int) Math.ceil(listenerSize / ParamUtil.getPerTaskConfigSize());
    if (longingTaskCount > currentLongingTaskCount) {
        for (int i = (int) currentLongingTaskCount; i < longingTaskCount; i++) {

            executorService.execute(new LongPollingRunnable(i));
        }
        currentLongingTaskCount = longingTaskCount;
    }
}
```

上述代码逻辑比较有意思，简单解释一下。

- **cacheMap**：AtomicReference<Map<String, CacheData>> cacheMap 用来存储监听变更的缓存集合。key 是根据 dataID/group/tenant（租户）拼接的值。Value 是对应的存储在 Nacos 服务器上的配置文件的内容。
- **长轮询任务拆分**：默认情况下，每个长轮询 LongPollingRunnable 任务处理 3000 个监听配置集。如果超过 3000 个，则需要启动多个 LongPollingRunnable 去执行。

6.6.5　LongPollingRunnable.run

LongPollingRunnable 实际上是一个线程，所以我们可以直接找到 LongPollingRunnable 里面的 run 方法。

- 通过 checkLocalConfig 方法检查本地配置。

- 执行 checkUpdateDataIds 方法和在服务端建立长轮询机制，从服务端获取发生变更的数据。
- 遍历变更数据集合 changedGroupKeys，调用 getServerConfig 方法，根据 Data ID、Group、Tenant 去服务端读取对应的配置信息并保存到本地文件中。

```java
public void run() {
    List<CacheData> cacheDatas = new ArrayList<CacheData>();
    List<String> inInitializingCacheList = new ArrayList<String>();
    try {
        //遍历 CacheData，检查本地配置
        for (CacheData cacheData : cacheMap.get().values()) {
            if (cacheData.getTaskId() == taskId) {
                cacheDatas.add(cacheData);
                try {
                    checkLocalConfig(cacheData);
                    if (cacheData.isUseLocalConfigInfo()) {
                        cacheData.checkListenerMd5();
                    }
                } catch (Exception e) {
                    LOGGER.error("get local config info error", e);
                }
            }
        }

        //通过长轮询请求检查服务端对应的配置是否发生了变更
        List<String> changedGroupKeys = checkUpdateDataIds(cacheDatas, inInitializingCacheList);
        //遍历存在变更的 groupKey，重新加载最新数据
        for (String groupKey : changedGroupKeys) {
            String[] key = GroupKey.parseKey(groupKey);
            String dataId = key[0];
            String group = key[1];
            String tenant = null;
            if (key.length == 3) {
                tenant = key[2];
            }
            try {
                String content = getServerConfig(dataId, group, tenant, 3000L);
```

```
                CacheData cache = cacheMap.get().get(GroupKey.getKeyTenant(dataId, group,
tenant));
                cache.setContent(content);
                LOGGER.info("[{}] [data-received] dataId={}, group={}, tenant={}, md5={},
content={}",
                        agent.getName(), dataId, group, tenant, cache.getMd5(),
                        ContentUtils.truncateContent(content));
            } catch (NacosException ioe) {
                String message = String.format(
                    "[%s] [get-update] get changed config exception. dataId=%s, group=%s,
tenant=%s",
                    agent.getName(), dataId, group, tenant);
                LOGGER.error(message, ioe);
            }
        }
        //触发事件通知
        for (CacheData cacheData : cacheDatas) {
            if (!cacheData.isInitializing() || inInitializingCacheList
                .contains(GroupKey.getKeyTenant(cacheData.dataId, cacheData.group,
cacheData.tenant))) {
                cacheData.checkListenerMd5();
                cacheData.setInitializing(false);
            }
        }
        inInitializingCacheList.clear();
        //继续定时执行当前线程
        executorService.execute(this);

    } catch (Throwable e) {

        LOGGER.error("longPolling error : ", e);
        executorService.schedule(this, taskPenaltyTime, TimeUnit.MILLISECONDS);
    }
}
```

　　上面这段代码不是特别复杂，无非就是根据 taskId 对 cacheMap 进行数据分割，再比较本地配置文件的数据是否存在变更，如果有变更则直接触发通知。这里要注意的是，在${user}\nacos\config\目录下会缓存一份服务端的配置信息，checkLocalConfig 会和本地磁盘中的文件内容进行比较，如果内存中的数据和磁盘中的数据不一致说明数据发生了变化，需要触发事件通知。

接着调用 checkUpdateDataIds 方法，基于长连接方式来监听服务端配置的变化，最后根据变化数据的key去服务端获取最新数据。checkUpdateDataIds 最终会调用 checkUpdateConfigStr 方法，所以我们重点关注该方法。

```java
List<String> checkUpdateConfigStr(String probeUpdateString, boolean isInitializingCacheList)
throws IOException {

    List<String> params = Arrays.asList(Constants.PROBE_MODIFY_REQUEST, probeUpdateString);

    List<String> headers = new ArrayList<String>(2);
    headers.add("Long-Pulling-Timeout");
    headers.add("" + timeout);

    if (isInitializingCacheList) {
        headers.add("Long-Pulling-Timeout-No-Hangup");
        headers.add("true");
    }

    if (StringUtils.isBlank(probeUpdateString)) {
        return Collections.emptyList();
    }

    try {
        HttpResult result = agent.httpPost(Constants.CONFIG_CONTROLLER_PATH +
                                    "/listener", headers, params,
                                    agent.getEncode(), timeout);

        if (HttpURLConnection.HTTP_OK == result.code) {
            setHealthServer(true);
            return parseUpdateDataIdResponse(result.content);
        } else {
            setHealthServer(false);
            LOGGER.error("[{}] [check-update] get changed dataId error, code: {}",
agent.getName(), result.code);
```

```
        }
    } catch (IOException e) {
        setHealthServer(false);
        LOGGER.error("[" + agent.getName() + "] [check-update] get changed dataId
exception", e);
        throw e;
    }
    return Collections.emptyList();
}
```

checkUpdateConfigStr 方法实际上通过 agent.httpPost 调用/listener 接口实现长轮询请求。长轮询请求在实现层面只是设置了一个比较长的超时时间，默认是 30s。如果服务端的数据发生了变更，客户端会收到一个 HttpResult，服务端返回的是存在数据变更的 Data ID、Group、Tenant。获得这些信息之后，在 LongPollingRunnable#run 方法中调用 getServerConfig 去 Nacos 服务器上读取具体的配置内容。

```
public String getServerConfig(String dataId, String group, String tenant, long readTimeout)
        throws NacosException {
    HttpResult result = null;
    try {
        List<String> params = null;
        if (StringUtils.isBlank(tenant)) {
            params = Arrays.asList("dataId", dataId, "group", group);
        } else {
            params = Arrays.asList("dataId", dataId, "group", group, "tenant", tenant);
        }
        result = agent.httpGet(Constants.CONFIG_CONTROLLER_PATH, null, params,
agent.getEncode(), readTimeout);
    }
    //省略部分代码
}
```

6.6.6　服务端长轮询处理机制

前面分析了客户端是如何监听服务端的数据的，那么服务端是如何实现的呢？找到 Nacos 源码中的 nacos-config 模块，在 controller 包中专门提供了一个 ConfigController 类来实现配置的基本操作，其中有一个/listener 接口，它是客户端发起数据监听的接口。

- 获取客户端需要监听的可能发生变化的配置，并计算 MD5 值。
- inner.doPollingConfig 开始执行长轮询请求。

```java
@PostMapping("/listener")
public void listener(HttpServletRequest request, HttpServletResponse response)
    throws ServletException, IOException {
    request.setAttribute("org.apache.catalina.ASYNC_SUPPORTED", true);
    String probeModify = request.getParameter("Listening-Configs");
    if (StringUtils.isBlank(probeModify)) {
        throw new IllegalArgumentException("invalid probeModify");
    }

    probeModify = URLDecoder.decode(probeModify, Constants.ENCODE);

    Map<String, String> clientMd5Map;
    try {
        clientMd5Map = MD5Util.getClientMd5Map(probeModify);
    } catch (Throwable e) {
        throw new IllegalArgumentException("invalid probeModify");
    }

    inner.doPollingConfig(request, response, clientMd5Map, probeModify.length());
}
```

doPollingConfig 是一个长轮询的处理接口，部分代码如下：

```java
public String doPollingConfig(HttpServletRequest request, HttpServletResponse response,
                        Map<String, String> clientMd5Map, int probeRequestSize)
        throws IOException {
    //长轮询
    if (LongPollingService.isSupportLongPolling(request)) {
        longPollingService.addLongPollingClient(request, response, clientMd5Map,
probeRequestSize);
        return HttpServletResponse.SC_OK + "";
    }
    //else 兼容短轮询逻辑
    List<String> changedGroups = MD5Util.compareMd5(request, response, clientMd5Map);
```

```
//兼容短轮询 result
String oldResult = MD5Util.compareMd5OldResult(changedGroups);
String newResult = MD5Util.compareMd5ResultString(changedGroups);
//省略部分代码
}
```

上述代码中，首先会判断当前请求是否为长轮询，如果是，则调用 addLongPollingClient。

- 获取客户端请求的超时时间，减去 500ms 后赋值给 timeout 变量。
- 判断 isFixedPolling，如果为 true，定时任务将会在 30s 后开始执行；否则，在 29.5s 后开始执行。
- 和服务端的数据进行 MD5 对比，如果发生过变化则直接返回。
- scheduler.execute 执行 ClientLongPolling 线程。

```
public void addLongPollingClient(HttpServletRequest req, HttpServletResponse rsp,
                        Map<String, String> clientMd5Map, int probeRequestSize) {
    //获取客户端设置的请求超时时间
    String str = req.getHeader(LongPollingService.LONG_POLLING_HEADER);
    String noHangUpFlag = req.getHeader(LongPollingService.LONG_POLLING_NO_HANG_UP_HEADER);
    String appName = req.getHeader(RequestUtil.CLIENT_APPNAME_HEADER);
    String tag = req.getHeader("Vipserver-Tag");
    int delayTime = SwitchService.getSwitchInteger(SwitchService.FIXED_DELAY_TIME, 500);
    /**
     * 提前 500ms 返回响应，为避免客户端超时，@qiaoyi.dingqy 2013.10.22 改动
     */
    long timeout = Math.max(10000, Long.parseLong(str) - delayTime);
    if (isFixedPolling()) {
        timeout = Math.max(10000, getFixedPollingInterval());
    } else {
        long start = System.currentTimeMillis();
        List<String> changedGroups = MD5Util.compareMd5(req, rsp, clientMd5Map);
        if (changedGroups.size() > 0) {
            generateResponse(req, rsp, changedGroups);
            return;
        } else if (noHangUpFlag != null && noHangUpFlag.equalsIgnoreCase(TRUE_STR)) {
            return;
```

```
            }
        }
        String ip = RequestUtil.getRemoteIp(req);
        //一定要由 HTTP 线程调用，否则离开后容器会立即发送响应
        final AsyncContext asyncContext = req.startAsync();
        // AsyncContext.setTimeout()的超时时间不准，所以只能自己控制
        asyncContext.setTimeout(0L);

        scheduler.execute(
            new ClientLongPolling(asyncContext, clientMd5Map, ip, probeRequestSize,
timeout, appName, tag));
    }
```

从 addLongPollingClient 方法中可以看到，它的主要作用是把客户端的长轮询请求封装成
ClientPolling 交给 scheduler 执行。

6.6.7 ClientLongPolling

ClientLongPolling 也是一个线程，其 run 方法的代码如下。

- 通过 scheduler.schedule 启动一个定时任务，并且延时时间为 29.5s。
- 将 ClientLongPolling 实例本身添加到 allSubs 队列中，它主要维护一个长轮询的订阅关系。
- 定时任务执行后，先把 ClientLongPolling 实例本身从 allSubs 队列中移除。
- 通过 MD5 比较客户端请求的 groupKeys 是否发生了变更，并将变更的结果通过 response
  返回给客户端。

```
class ClientLongPolling implements Runnable {

    @Override
    public void run() {
        //启动定时任务
        asyncTimeoutFuture = scheduler.schedule(new Runnable() {
            @Override
            public void run() {
                try {
                    getRetainIps().put(ClientLongPolling.this.ip, System.currentTimeMillis());
                    /**
```

```
         * 删除订阅关系
         */
        allSubs.remove(ClientLongPolling.this);
        if (isFixedPolling()) {//比较数据的 md5 值判断是否发生了变更
            List<String> changedGroups = MD5Util.compareMd5(
                (HttpServletRequest)asyncContext.getRequest(),
                (HttpServletResponse)asyncContext.getResponse(), clientMd5Map);
            if (changedGroups.size() > 0) {
                sendResponse(changedGroups); //返回结果
            } else {
                sendResponse(null);
            }
        } else {
            sendResponse(null);
        }
    } catch (Throwable t) {
        LogUtil.defaultLog.error("long polling error:" + t.getMessage(),
t.getCause());
    }

    }

}, timeoutTime, TimeUnit.MILLISECONDS);
allSubs.add(this);
    }
}
```

从上述这段代码的实现来看，所谓的长轮询就是服务端收到请求之后，不立即返回，而是在延后(30-0.5)s 才把请求结果返回给客户端，这就使得客户端和服务端之间在 30s 之内数据没有发生变化的情况下一直处于连接状态。

至此，服务端配置变更的核心原理及疑惑基本都讲明白了，大家阅读到这里的时候，建议回过头看一下前面的原理图剖析，可以加深对于整体的理解。另外，我们有一个疑惑没有解开，当我们通过控制台或者 API 的方式修改了配置之后，如何实时通知呢？目前看来，定时任务是延后 29.5s 执行的，并没有达到实时的目的。通过如图 6-8 所示的类图可以发现，LongPollingService 继承了 AbstractEventListener。

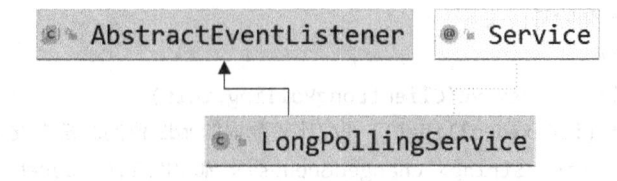

图 6-8　LongPollingService 类图

AbstractEventListener 是一个事件抽象类，它有一个 onEvent 抽象方法，而 LongPollingService 实现了这个方法。

```
@Override
public void onEvent(Event event) {
    if (isFixedPolling()) {
        //省略部分代码
    } else {
        if (event instanceof LocalDataChangeEvent) {
            LocalDataChangeEvent evt = (LocalDataChangeEvent)event;
            scheduler.execute(new DataChangeTask(evt.groupKey, evt.isBeta, evt.betaIps));
        }
    }
}
```

对于事件处理机制，想必大家都不陌生，在 Spring 中就有非常多的事件处理机制。从 LongPollingService#onEvent 方法中可以看到一个 LocalDataChangeEvent 事件。不难猜出，这个事件应该是在服务端的配置数据发生变化时发布的一个事件，我们暂且不关注它是在哪里发布的，先来看一下收到事件后的处理行为。

当 LongPollingService#onEvent 监听到事件后，通过线程池来执行一个 DataChangeTask 任务，具体的执行逻辑如下。

- 遍历 allSubs 中的客户端长轮询请求。
- 比较每一个客户端长轮询请求携带的 groupKey，如果服务端变更的配置和客户端请求关注的配置一致，则直接返回。

```
class DataChangeTask implements Runnable {
    @Override
    public void run() {
        try {
            ConfigService.getContentBetaMd5(groupKey);
```

```java
        for (Iterator<ClientLongPolling> iter = allSubs.iterator(); iter.hasNext(); ) {
            ClientLongPolling clientSub = iter.next();
            if (clientSub.clientMd5Map.containsKey(groupKey)) {
                //如果 beta 发布且不在 beta 列表，则直接跳过
                if (isBeta && !betaIps.contains(clientSub.ip)) {
                    continue;
                }

                //如果 tag 发布且不在 tag 列表，则直接跳过
                if (StringUtils.isNotBlank(tag) && !tag.equals(clientSub.tag)) {
                    continue;
                }

                getRetainIps().put(clientSub.ip, System.currentTimeMillis());
                iter.remove(); //删除订阅关系

                clientSub.sendResponse(Arrays.asList(groupKey));
            }
        }
    } catch (Throwable t) {
        LogUtil.defaultLog.error("data change error:" + t.getMessage(), t.getCause());
    }
}
}
```

6.7　本章小结

在本章中，笔者基于 Nacos 作为配置中心的场景，演示了基本的应用。同时基于 Sping Cloud Alibaba Nacos Config，针对 Nacos Config 中一些高级用法进行了演示和说明。最重要的是 Spring Cloud 是如何集成 Nacos 及如何将配置加载到 Environment 的。实际上随着 Spring Cloud 标准的深入，大家可以发现大部分机制都离不开 Spring Framework 的影子。

最后，本章从 Nacos Config 的实现原理及源码分析两个层面，详细地分析了配置动态更新的实现原理和设计思想。在源码分析中可以看到，Nacos 的源码并不难懂，甚至说 Alibaba 生态下的技术组件的源码都还算比较容易读。但是读源码不是目的，理解设计思想才是最重要的，感兴趣的读者在读完本章后，可以基于自己的理解把原理图画出来以加深记忆。

7

第 7 章
基于 Sentinel 的微服务
限流及熔断

在互联网应用中，会有很多突发性的高并发访问场景，比如双 11 大促、秒杀等。这些场景最大的特点就是访问量会远远超出系统所能够处理的并发数。

在没有任何保护机制的情况下，如果所有的流量都进入服务器，很可能造成服务器宕机导致整个系统不可用，从而造成巨大的损失。为了保证系统在这些场景中仍然能够稳定运行，就需要采取一定的系统保护策略，常见的策略有服务降级、限流和熔断等。

在本章中，我们重点介绍服务限流和服务熔断这两种策略。

7.1 服务限流的作用及实现

限流的主要目的是通过限制并发访问数或者限制一个时间窗口内允许处理的请求数量来保护系统，一旦达到限制数量则对当前请求进行处理采取对应的拒绝策略，比如跳转到错误页面拒绝请求、进入排队系统、降级等。从本质上来说，限流的主要作用是损失一部分用户的可用性，为大部分用户提供稳定可靠的服务。比如系统当前能够处理的并发数是 10 万，如果此时来了 12 万用户，那么限流机制会保证为 10 万用户提供正常服务。

如图 7-1 所示便是天猫在双 11 大促时由于访问量过大而使用的限流场景。

图 7-1　限流场景

在实际开发过程中，限流几乎无处不在：

- 在 Nginx 层添加限流模块限制平均访问速度。
- 通过设置数据库连接池、线程池的大小来限制总的并发数。
- 通过 Guava 提供的 Ratelimiter 限制接口的访问速度。
- TCP 通信协议中的流量整形。

要实现限流，最重要的就是限流的算法，下面简单来讲解一下常见的限流实现算法。

7.1.1　计数器算法

计数器算法是一种比较简单的限流实现算法，在指定周期内累加访问次数，当访问次数达到设定的阈值时，触发限流策略，当进入下一个时间周期时进行访问次数的清零。

如图 7-2 所示，限定了每一分钟能够处理的总的请求数为 100，在第一个一分钟内，一共请求了 60 次。接着到第二个一分钟，counter 又从 0 开始计数，在一分半钟时，已经达到了最大限流的阈值，这个时候后续的所有请求都会被拒绝。这种算法可以用在短信发送的频次限制上，比如限制同一个用户一分钟之内触发短信发送的次数。

这种算法存在一个临界问题，如图 7-3 所示，在第一分钟的 0:58 和第二分钟的 1:02 这个时间段内，分别出现了 100 个请求，整体来看就会出现 4 秒内总的请求量达到 200，超出了设置的阈值。

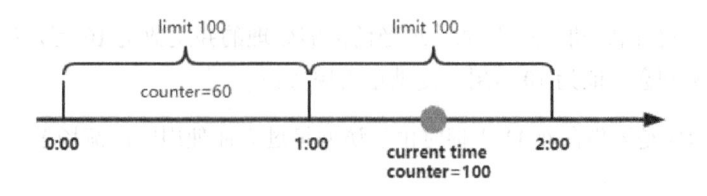

图 7-2　计数器算法

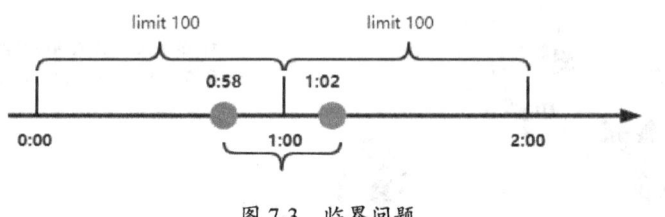

图 7-3　临界问题

7.1.2　滑动窗口算法

为了解决计数器算法带来的临界问题，所以引入了滑动窗口算法。滑动窗口是一种流量控制技术，在 TCP 网络通信协议中，就采用了滑动窗口算法来解决网络拥塞的情况。

简单来说，滑动窗口算法的原理是在固定窗口中分割出多个小时间窗口，分别在每个小时间窗口中记录访问次数，然后根据时间将窗口往前滑动并删除过期的小时间窗口。最终只需要统计滑动窗口范围内的所有小时间窗口总的计数即可。

如图 7-4 所示，我们将一分钟拆分为 4 个小时间窗口，每个小时间窗口最多能够处理 25 个请求。并且通过虚线框表示滑动窗口的大小（当前窗口的大小是 2，也就是在这个窗口内最多能

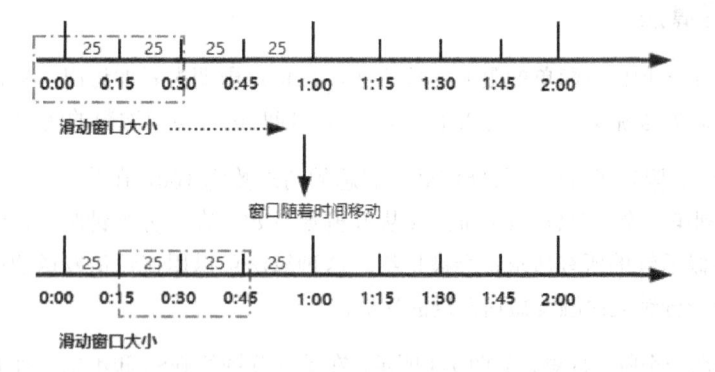

图 7-4　滑动窗口算法

够处理 50 个请求）。同时滑动窗口会随着时间往前移动，比如前面 15s 结束之后，窗口会滑动到 15s～45s 这个范围，然后在新的窗口中重新统计数据。这种方式很好地解决了固定窗口算法的临界值问题。

Sentinel 就是采用滑动窗口算法来实现限流的，后续在源码分析部分会再讲到。

7.1.3　令牌桶限流算法

令牌桶是网络流量整形（Traffic Shaping）和速率限制（Rate Limiting）中最常使用的一种算法。对于每一个请求，都需要从令牌桶中获得一个令牌，如果没有获得令牌，则需要触发限流策略。

如图 7-5 所示，系统会以一个恒定速度（r tokens/sec）往固定容量的令牌桶中放入令牌，如果此时有客户端请求过来，则需要先从令牌桶中拿到令牌以获得访问资格。

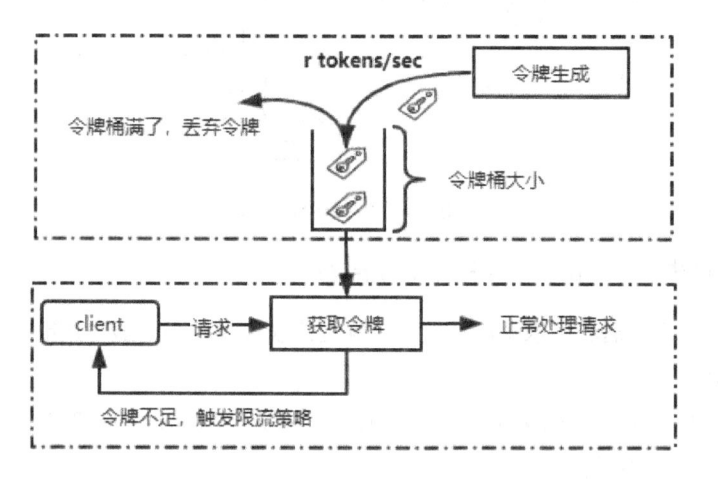

图 7-5　令牌桶算法

假设令牌生成速度是每秒 10 个，也就等同于 QPS=10，此时在请求获取令牌的时候，会存在三种情况：

- 请求速度大于令牌生成速度：那么令牌会很快被取完，后续再进来的请求会被限流。
- 请求速度等于令牌生成速度：此时流量处于平稳状态。
- 请求速度小于令牌生成速度：说明此时系统的并发数并不高，请求能被正常处理。

由于令牌桶有固定的大小，当请求速度小于令牌生成速度时，令牌桶会被填满。所以令牌桶能够处理突发流量，也就是在短时间内新增的流量系统能够正常处理，这是令牌桶的特性。

7.1.4　漏桶限流算法

漏桶限流算法的主要作用是控制数据注入网络的速度，平滑网络上的突发流量。

漏桶限流算法的原理如图 7-6 所示，在漏桶算法内部同样维护一个容器，这个容器会以恒定速度出水，不管上面的水流速度多快，漏桶水滴的流出速度始终保持不变。实际上消息中间件就使用了漏桶限流的思想，不管生产者的请求量有多大，消息的处理能力取决于消费者。

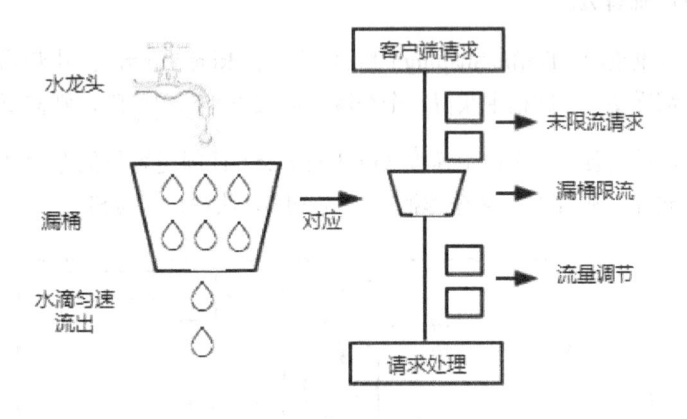

图 7-6　漏桶限流算法

在漏桶限流算法中，存在以下几种可能的情况：

- 请求速度大于漏桶流出水滴的速度：也就是请求数超出当前服务所能处理的极限，将会触发限流策略。
- 请求速度小于或者等于漏桶流出水滴的速度，也就是服务端的处理能力正好满足客户端的请求量，将正常执行。

漏桶限流算法和令牌桶限流算法的实现原理相差不大，最大的区别是漏桶无法处理短时间内的突发流量，漏桶限流算法是一种恒定速度的限流算法。

7.2　服务熔断与降级

在微服务架构中，由于服务拆分粒度较细，会出现请求链路较长的情况。如图 7-7 所示，用户发起一个请求操作，需要调用多个微服务才能完成。

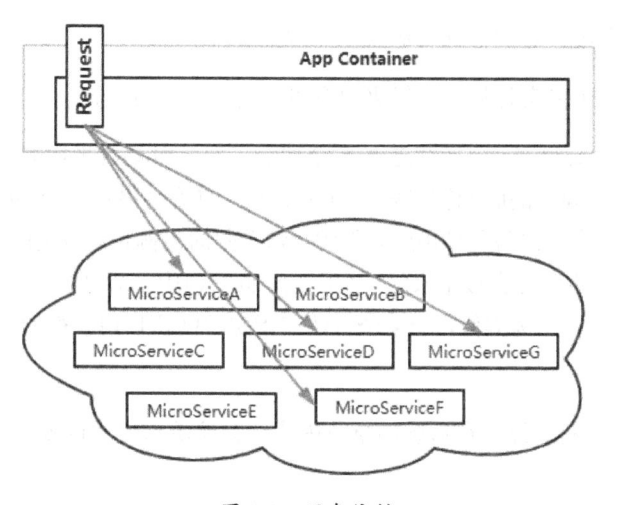

图 7-7　服务依赖

在高并发场景中，这些依赖服务的稳定性对系统的影响非常大，比如某个服务因为网络延迟或者请求超时等原因不可用时，就会导致当前请求阻塞，如图 7-8 所示，一旦某个链路上被依赖的服务不可用，很可能出现请求堆积从而导致出现雪崩效应。

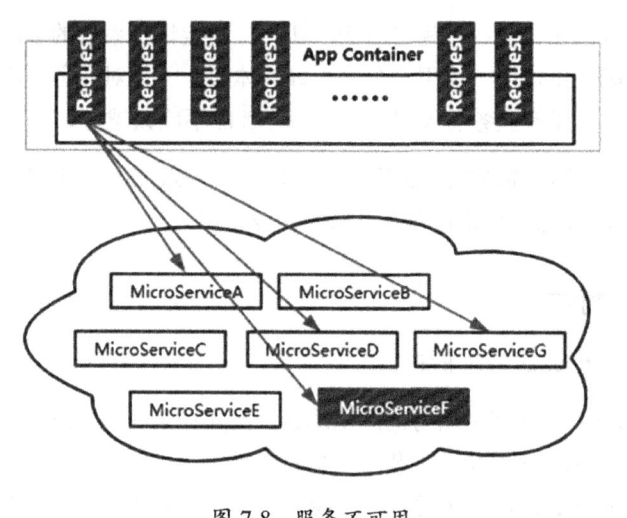

图 7-8　服务不可用

所以，服务熔断就是用来解决这个问题的方案。服务熔断是指当某个服务提供者无法正常为服务调用者提供服务时，比如请求超时、服务异常等，为了防止整个系统出现雪崩效应，暂时将出现故障的接口隔离出来，断绝与外部接口的联系，当触发熔断之后，后续一段时间内该服务调用者的请求都会直接失败，直到目标服务恢复正常。

服务降级需要有一个参考指标，一般来说有以下几种常见方案：

- 平均响应时间：比如 1s 内持续进入 5 个请求，对应时刻的平均响应时间均超过阈值，那么接下来在一个固定的时间窗口内，对这个方法的访问都会自动熔断。
- 异常比例：当某个方法每秒调用所获得的异常总数的比例超过设定的阈值时，该资源会自动进入降级状态，也就是在接下来的一个固定时间窗口中，对这个方法的调用都会自动返回。
- 异常数量：和异常比例类似，当某个方法在指定时间窗口内获得的异常数量超过阈值时会触发熔断。

Sentinel 也提供了熔断功能，在后续的章节中我们会演示如何通过 Sentinel 实现服务熔断。

7.3 分布式限流框架 Sentinel

Sentinel 是面向分布式服务架构的轻量级流量控制组件，主要以流量为切入点，从限流、流量整形、服务降级、系统负载保护等多个维度来帮助我们保障微服务的稳定性。

在阿里巴巴内部有一句口号："稳定压倒一切"，稳定性是系统的基础能力，稳定性差的系统会出现服务超时或服务不可用，给用户带来不好的体验，从而对业务造成恶劣影响。所以系统稳定性是一条"红线"，任何业务需求或技术架构升级都不应该越过它。

目前，Sentinel 在阿里内部被广泛使用，为多年双 11、双 12、年货节、6·18 等大促活动保驾护航，并且，Sentinel 开源以后也被很多互联网企业采用。

7.3.1 Sentinel 的特性

如图 7-9 所示，Sentinel 的特性非常多。

- 丰富的应用场景：几乎涵盖所有的应用场景，例如秒杀（即突发流量控制在系统容量可以承受的范围）、消息削峰填谷、集群流量控制等。
- 实时监控：Sentinel 提供了实时监控功能。开发者可以在控制台中看到接入应用的单台机器秒级数据，甚至 500 台以下规模的集群汇总运行情况。
- 开源生态支持：Sentinel 提供开箱即用的与其他开源框架/库的整合，例如与 Spring Cloud、Dubbo、gRPC 的整合。开发者只需要引入相应的依赖并进行简单的配置即可快速接入Sentinel。

- SPI 扩展点支持：Sentinel 提供了 SPI 扩展点支持，开发者可以通过扩展点来定制化限流规则，动态数据源适配等需求。

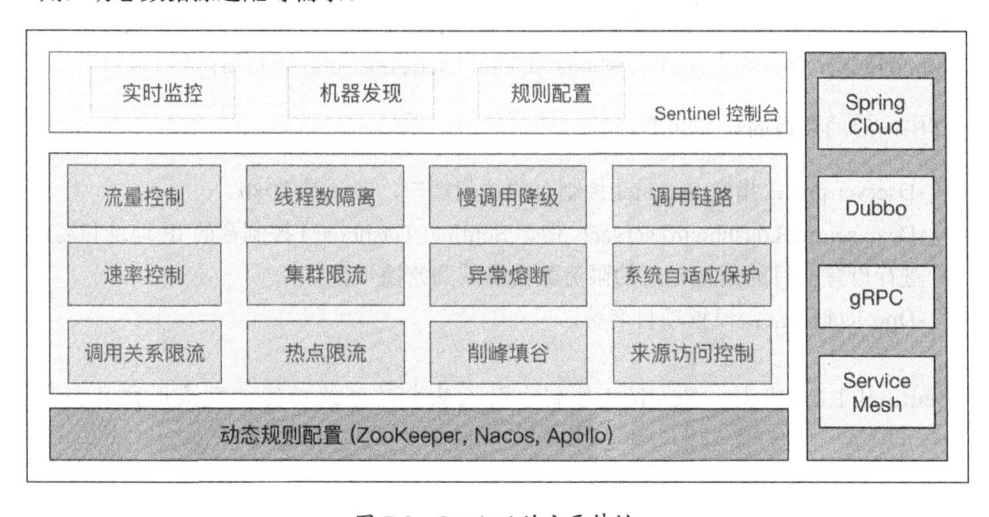

图 7-9　Sentinel 的主要特性

7.3.2　Sentinel 的组成

Sentinel 分为两个部分：

- 核心库（Java 客户端）：不依赖任何框架/库，能够运行于所有 Java 运行时环境，同时对 Dubbo、Spring Cloud 等框架也有较好的支持。
- 控制台（Dashboard）：基于 Spring Boot 开发，打包后可以直接运行，不需要额外的 Tomcat 等应用容器。

7.3.3　Sentinel Dashboard 的部署

Sentinel 提供一个轻量级的开源控制台，它支持机器发现，以及健康情况管理、监控（单机和集群）、规则管理和推送的功能。

Sentinel Dashboard 的安装步骤如下。

- 在 GitHub 中 Sentinel 的源码仓库中：
  ○ 直接下载源码通过 mvn clean package 自己构建。
  ○ 直接在 Release 页面下载已经构建好的 Jar。

- 通过以下命令启动控制台：

```
java -Dserver.port=7777 -Dcsp.sentinel.dashboard.server=localhost:7777
-Dproject.name=sentinel-dashboard -jar sentinel-dashboard.jar
```

其中，启动参数的含义如下。

- -Dserver.port：指定 Sentinel 控制台的访问端口，默认是 8080。
- -Dcsp.sentinel.dashboard.server：指定 Sentinel Dashboard 控制台的 IP 地址和端口，这里进行设置的目的是把自己的限流数据暴露到监控平台。
- -Dproject.name：设置项目名称。

从 Sentinel 1.6.0 开始，Sentinel 控制台引入基本的登录功能，默认用户名和密码都是 sentinel。

7.4 Sentinel 的基本应用

使用 Sentinel 的核心库来实现限流，主要分以下几个步骤。

- 定义资源。
- 定义限流规则。
- 检验规则是否生效。

所谓的资源，就是需要通过限流保护的最基本元素，比如一个方法。有了需要保护的资源之后，就可以针对该资源设置流量控制规则了。

下面先通过一个简单的案例来演示一下 Sentinel 的基本使用方法，让读者对 Sentinel 有一个基本的认识。

7.4.1 Sentinel 实现限流

首先，引入 Sentinel 的核心库：

```
<dependency>
    <groupId>com.alibaba.csp</groupId>
    <artifactId>sentinel-core</artifactId>
```

```
    <version>1.7.1</version>
</dependency>
```

然后，定义一个普通的业务方法：

```
private static void doSomething() {
    try (Entry entry = SphU.entry("doSomething")) {
        //业务逻辑处理
        System.out.println("hello world  " + System.currentTimeMillis());
    } catch (BlockException ex) {
        //处理被流控的逻辑
    }
}
```

在 doSomething 方法中，通过使用 Sentinel 中的 SphU.entry("doSomething")定义一个资源来实现流控的逻辑，它表示当请求进入 doSomething 方法时，需要进行限流判断。如果抛出 BlockException 异常，则表示触发了限流。

接着，针对该保护的资源定义限流规则：

```
private static void initFlowRules(){
    List<FlowRule> rules = new ArrayList<>();
    FlowRule rule = new FlowRule();
    rule.setResource("doSomething");
    rule.setGrade(RuleConstant.FLOW_GRADE_QPS);
    rule.setCount(20);
    rules.add(rule);
    FlowRuleManager.loadRules(rules);
}
```

针对资源 doSomething，通过 initFlowRules 设置限流规则，其中参数的含义如下。

- Grade：限流阈值类型，QPS 模式（1）或并发线程数模式（0）。
- count：限流阈值。
- resource：设置需要保护的资源。这个资源的名称必须和 SphU.entry 中使用的名称保持一致。

上述代码的意思是，针对 doSomething 方法，每秒最多允许通过 20 个请求，也就是 QPS 为 20。

最后，通过 main 方法进行测试：

```
public static void main(String[] args) {
    initFlowRules();
    while (true) {
        doSomething();
    }
}
```

运行 main 方法之后，可以在${USER_HOME}\logs\csp\${包名-类名}-metrics.log.date 文件中看到如下日志：

```
1581586031000|2020-02-13 17:27:11|doSomething|20|242851|20|0|0|0|0|0
1581586032000|2020-02-13 17:27:12|doSomething|20|455661|20|0|0|0|0|0
1581586033000|2020-02-13 17:27:13|doSomething|20|543605|20|0|0|0|0|0
```

上述日志中对应字段的具体含义是：

```
timestamp|yyyy-MM-dd HH:mm:ss|resource|passQps|blockQps|successQps|exceptionQps|rt|
occupiedPassQps|concurrency|classification
```

passQps:	代表通过的请求。
blockQps:	代表被阻止的请求。
successQps:	代表成功执行完成的请求个数。
exceptionQps:	代表用户自定义的异常
rt:	代表平均响应时长。
occupiedPassQps:	代表优先通过的请求。
concurrency:	代表并发量。
classification:	代表资源类型。

从日志中可以看出，这个程序每秒稳定输出（doSomething）20 次，和规则中预先设定的阈值是一样的，而被拒绝的请求每秒最高达 50 多万次。

7.4.2　资源的定义方式

在上一节中，我们通过抛出异常的方式来定义一个资源，也就是当资源被限流之后，会抛出一个 BlockException 异常。这时我们需要捕获该异常进行限流后的逻辑处理：

```
try(Entry entry=SphU.entry("resourceName")){
    //被保护的业务逻辑
}catch(BlockException e){
```

```
    //被限流
}
```

其中，resourceName 可以定义方法名称、接口名称或者其他的唯一标识。

除此之外，还可以通过返回布尔值的方式来定义资源，代码如下：

```
if(SphO.entry("resourceName")){
    try{
        //被保护的业务逻辑
    }finally{
        SphO.exit();
    }
}else{
    //资源访问被限制
}
```

在这种方式中，需要注意资源使用完之后要调用 SphO.exit()，否则会导致调用链记录异常，抛出 ErrorEntryFreeException 异常。

Sentinel 还可以使用@SentinelResource 支持注解的方式来定义资源，具体实现方式如下：

```
@SentinelResource(value = "resourceName",blockHandler = "blockHandlerForUser")
public User getUserById(String id){
    //业务逻辑
}
public User blockHandlerForUser(String id,BlockException e){
    //被限流后的处理方法
}
```

需要注意的是，blockHandler 所配置的值 blockHandlerForUser 会在触发限流之后调用，这个方法的定义必须和原始方法 getUserById 的返回值、参数保持一致，而且需要增加 BlockException 参数。

Sentinel 资源的定义还有更多的方式，这里就不再一一强调了，感兴趣的读者可以去官网看看。

7.4.3 Sentinel 资源保护规则

Sentinel 支持多种保护规则：流量控制规则、熔断降级规则、系统保护规则、来源访问控制规则、热点参数规则。

限流规则在前面的案例中简单使用过，先通过 FlowRule 来定义限流规则，然后通过 FlowRuleManager.loadRules 来加载规则列表。完整的限流规则设置代码如下：

```java
private void initFlowQpsRule(){
    List<FlowRule> rules=new ArrayList<>();
    rule.setCount(20);
    rule.setGrade(RuleConstant.FLOW_GRADE_QPS);
    rule.setLimitApp("default");
    rule.setStrategy(RuleConstant.STRATEGY_CHAIN);
    rule.setControlBehavior(RuleConstant.CONTROL_BEHAVIOR_DEFAULT);
    rule.setClusterMode(false);
    rules.add(rule);
    FlowRuleManager.loadRules(rules);
}
```

其中，FlowRule 部分属性的含义说明如下。

- limitApp：是否需要针对调用来源进行限流，默认是 default，即不区分调用来源。
- strategy：调用关系限流策略——直接、链路、关联。
- controlBehavior：流控行为，包括直接拒绝、排队等待、慢启动模式，默认是直接拒绝。
- clusterMode：是否是集群限流，默认为否。

下面基于这几个参数的含义做一个详细分析。

7.4.3.1 基于并发数和 QPS 的流量控制

Sentinel 流量控制统计有两种类型，通过 grade 属性来控制：

- 并发线程数（FLOW_GRADE_THREAD）。
- QPS（FLOW_GRADE_QPS）。

并发线程数

并发线程数限流用来保护业务线程不被耗尽。比如，A 服务调用 B 服务，而 B 服务因为某种原因导致服务不稳定或者响应延迟，那么对于 A 服务来说，它的吞吐量会下降，也意味着占用更多的线程（线程阻塞之后一直未释放），极端情况下会造成线程池耗尽。

针对这种问题，一个常见的解决方案是通过不同业务逻辑使用不同的线程池来隔离业务自身的资源争抢问题，但是这个方案同样会造成线程数量过多带来的上下文切换问题。

Sentinel 并发线程数限流就是统计当前请求的上下文线程数量，如果超出阈值，新的请求就会被拒绝。

QPS

QPS（Queries Per Second）表示每秒的查询数，也就是一台服务器每秒能够响应的查询次数。当 QPS 达到限流的阈值时，就会触发限流策略。

7.4.3.2　QPS 流量控制行为

当 QPS 超过阈值时，就会触发流量控制行为，这种行为是通过 controlBehavior 来设置的，它包含：

- 直接拒绝（RuleConstant.CONTROL_BEHAVIOR_DEFAULT）；
- Warm Up（RuleConstant.CONTROL_BEHAVIOR_WARM_UP），冷启动（预热）；
- 匀速排队（RuleConstant.CONTROL_BEHAVIOR_RATE_LIMITER）；
- 冷启动+匀速排队（RuleConstant.CONTROL_BEHAVIOR_WARM_UP_RATE_LIMITER）。

直接拒绝

直接拒绝是默认的流量控制方式，也就是请求流量超出阈值时，直接抛出一个 FlowException。

Warm Up

Warm Up 是一种冷启动（预热）方式。当流量突然增大时，也就意味着系统从空闲状态突然切换到繁忙状态，有可能会瞬间把系统压垮。当我们希望请求处理的数量逐步递增，并在一个预期时间之后达到允许处理请求的最大值时，Warm Up 就可以达到这个目的。

如图 7-10 所示，当前系统所能够处理的最大并发数是 480，首先，在最下面标记的位置，系统一直处于空闲状态，接着请求量突然直线升高。这个时候系统并不是直接将 QPS 拉到最大值，而是在一定时间内逐步增加阈值，而中间这段时间就是一个系统逐步预热的过程。

匀速排队

匀速排队的方式会严格控制请求通过的间隔时间，也就是让请求以均匀的速度通过，其实相当于前面讲的漏桶限流算法。

如图 7-11 所示，当 QPS=2 时，意味着每隔 500ms 才允许通过下一个请求。这种方式的好处是可以处理间隔性突发流量。

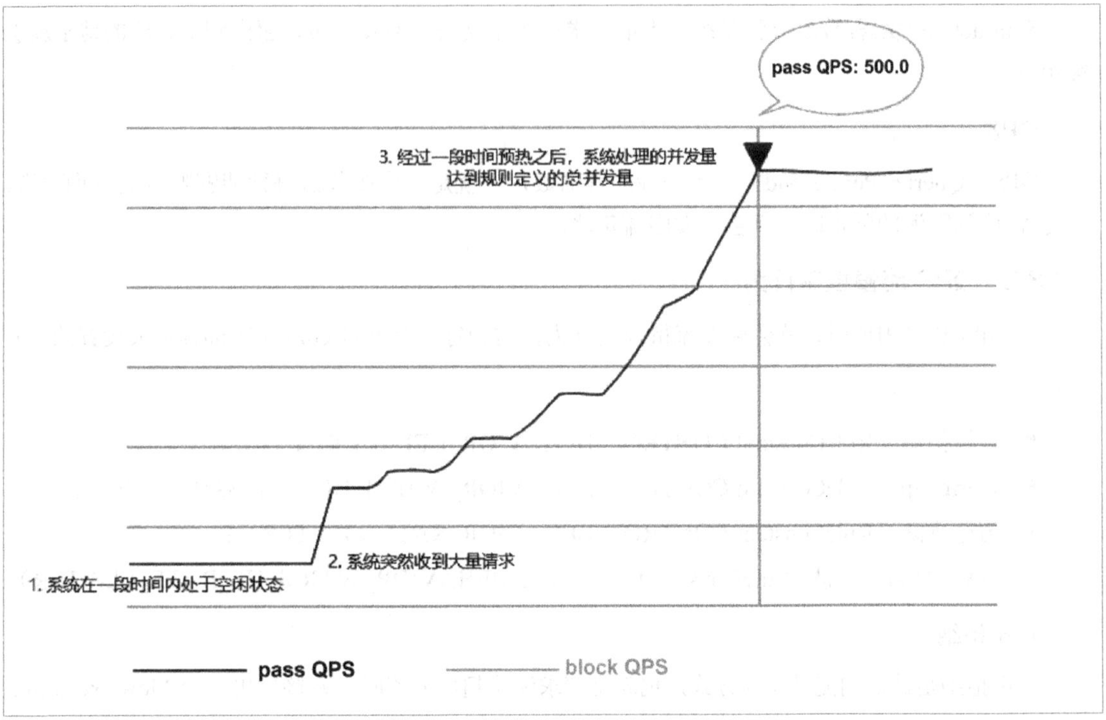

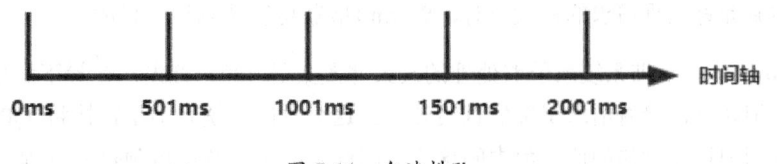

图 7-10   冷启动曲线图

图 7-11   匀速排队

7.4.3.3   调用关系流量策略

调用关系包括调用方和被调用方，一个方法又可能会调用其他方法，形成一个调用链。所谓的调用关系流量策略，就是根据不同的调用维度来触发流量控制。

- 根据调用方限流。
- 根据调用链路入口限流。
- 具有关系的资源流量控制（关联流量控制）。

调用方限流

所谓调用方限流，就是根据请求来源进行流量控制，我们需要设置 limitApp 属性来设置来源信息，它有三个选项。

- default：表示不区分调用者，也就是任何访问调用者的请求都会进行限流统计。
- {some_origin_name}：设置特定的调用者，只有来自这个调用者的请求才会进行流量统计和控制。
- other：表示针对除{some_origin_name}外的其他调用者进行流量控制。

由于同一个资源可以配置多条规则，如果多个规则设置的 limitApp 不一样，那么规则的生效顺序为：{some_origin_name}→other→default。

根据调用链路入口限流

一个被限流保护的方法，可能来自不同的调用链路。比如针对资源 nodeA，入口 Entrance1 和入口 Entrance2 都调用了资源 nodeA，那么 Sentinel 允许只根据某个入口来进行流量统计。比如我们针对 nodeA 资源，设置针对 Entrance1 入口的调用才会统计请求次数。它在一定程度上有点类似于**调用方限流**。

```
       machine-root
      /          \
  Entrance1    Entrance2
    /              \
DefaultNode(nodeA)  DefaultNode(nodeA)
```

关联流量控制

当两个资源之间存在依赖关系或者资源争抢时，我们就说这两个资源存在关联。这两个存在依赖关系的资源在执行时可能会因为某一个资源执行操作过于频繁而影响另外一个资源的执行效率，所以关联流量控制（流控）就是限制其中一个资源的执行流量。

7.4.4　Sentinel 实现服务熔断

Sentinel 实现服务熔断操作的配置和限流类似，不同之处在于限流采用的是 FlowRule，而熔断中采用的是 DegradeRule，配置代码如下：

```
private static void initDegradeRule(){
    List<DegradeRule> rules=new ArrayList<>();
```

```
DegradeRule degradeRule=new DegradeRule();
degradeRule.setResource("KEY");
degradeRule.setCount(10);
degradeRule.setGrade(RuleConstant.DEGRADE_GRADE_RT);
degradeRule.setTimeWindow(10);
degradeRule.setMinRequestAmount(5);
degradeRule.setRtSlowRequestAmount(5);
rules.add(degradeRule);
}
```

其中，有几个属性说明如下。

- grade：熔断策略，支持秒级 RT、秒级异常比例、分钟级异常数。默认是秒级 RT。
- timeWindow：熔断降级的时间窗口，单位为 s。也就是触发熔断降级之后多长时间内自动熔断。
- rtSlowRequestAmount：在 RT 模式下，1s 内持续多少个请求的平均 RT 超出阈值后触发熔断，默认值是 5。
- minRequestAmount：触发的异常熔断最小请求数，请求数小于该值时即使异常比例超出阈值也不会触发熔断，默认值是 5。

Sentinel 提供三种熔断策略，对于不同策略，参数的含义也不相同。

- 平均响应时间（RuleConstant.DEGRADE_GRADE_RT）：如果 1s 内持续进入 5 个请求，对应的平均响应时间都超过了阈值（count，单位为 ms），那么在接下来的时间窗口（timeWindow，单位为 s）内，对这个方法的调用都会自动熔断，抛出 DegradeException。

    Sentinel 默认统计的 RT 上限是 4900ms，如果超出此阈值都会算作 4900ms，如果需要修改，则通过启动参数-Dcsp.sentinel.statistic.max.rt=xxx 来配置。

- 异常比例（RuleConstant.DEGRADE_GRADE_EXCEPTION_RATIO）：如果每秒资源数≥minRequestAmount（默认值为 5），并且每秒的异常总数占总通过量的比例超过阈值 count（count 的取值范围是[0.0, 1.0]，代表 0%～100%），则资源将进入降级状态。同样，在接下来的 timeWindow 之内，对这个方法的调用都会自动触发熔断。
- 异常数（RuleConstant.DEGRADE_GRADE_EXCEPTION_COUNT）：当资源最近一分钟的异常数目超过阈值之后，会触发熔断。需要注意的是，如果 timeWindow 小于 60s，则结束熔断状态后仍然可能再进入熔断状态。

至此，大家对于 Sentinel 应该有一个基本的认识了，在接下来的内容中，笔者会围绕 Sentinel 在 Spring Cloud 生态下的使用进行展开，帮助读者加深对 Sentinel 的理解。

7.5　Spring Cloud 集成 Sentinel 实践

Spring Cloud Alibaba 默认为 Sentinel 整合了 Servlet、RestTemplate、FeignClient 和 Spring WebFlux。它不仅补全了 Hystrix 在 Servlet 和 RestTemplate 这一块的空白，而且还完全兼容了 Hystrix 在 FeignClient 中限流降级的用法，并支持灵活配置和调整流控规则。

下面主要演示 Sentinel 如何实现 Spring Cloud 应用的限流操作。

7.5.1　Sentinel 接入 Spring Cloud

- 创建一个基于 Spring Boot 的项目，并集成 Greenwich.SR2 版本的 Spring Cloud 依赖。
- 添加 Sentinel 依赖包。

```
<dependency>
    <groupId>com.alibaba.cloud</groupId>
    <artifactId>spring-cloud-starter-alibaba-sentinel</artifactId>
    <version>2.1.1.RELEASE</version>
</dependency>
```

- 创建一个 REST 接口，并通过@SentinelResource 配置限流保护资源。

```
@RestController
public class HelloController {

    @SentinelResource(value = "hello",blockHandler = "blockHandlerHello")
    @GetMapping("/say")
    public String hello(){
        return "hello ,Mic";
    }
    public String blockHandlerHello(BlockException e){
        return "被限流了";
    }
}
```

在上述代码中，配置限流资源有几种情况：

○ Sentinel starter 在默认情况下会为所有的 HTTP 服务提供限流埋点，所以如果只想对 HTTP 服务进行限流，那么只需要添加依赖即可，不需要修改任何代码。

○ 如果想要对特定的方法进行限流或者降级，则需要通过@SentinalResouce 注解来实现限流资源的定义。

○ 可以通过 SphU.entry()方法来配置资源。

- 手动配置流控规则，可以借助 Sentinel 的 InitFunc SPI 扩展接口来实现，只需要实现自己的 InitFunc 接口，并在 init 方法中编写规则加载的逻辑即可。

```java
public class FlowRuleInitFunc implements InitFunc{
    @Override
    public void init() throws Exception {
        List<FlowRule> rules=new ArrayList<>();
        FlowRule rule=new FlowRule();
        rule.setCount(1);
        rule.setResource("hello");
        rule.setGrade(RuleConstant.FLOW_GRADE_QPS);
        rule.setLimitApp("default");
        rules.add(rule);
        FlowRuleManager.loadRules(rules);
    }
}
```

SPI 是扩展点机制，如果需要被 Sentinel 加载，那么还要在 resource 目录下创建 META-INF/services/com.alibaba.csp.sentinel.init.InitFunc 文件，文件内容就是自定义扩展点的全路径。

com.gupaoedu.book.springcloud.sentinel.springcloudsentinelsample.FlowRuleInitFunc

按照上述配置好之后，在初次访问任意资源的时候，Sentinel 就会自动加载 hello 资源的流控规则。

- 启动服务后，访问 http://localhost:8080/say 方法，当访问频率超过设定阈值时，就会触发限流。

上述配置过程是基于手动配置来加载流控规则的，还有一种方式就是通过 Sentinel Dashboard 来进行配置。

7.5.2 基于 Sentinel Dashboard 来实现流控配置

基于 Sentinel Dashboard 来配置流控规则，可以实现流控规则的动态配置，执行步骤如下。

- 启动 Sentinel Dashboard。
- 在 application.yml 中增加如下配置。

```
spring:
  application:
    name: spring-cloud-sentinel-sample
  cloud:
    sentinel:
      transport:
        dashboard: 192.168.216.128:7777
```

spring.cloud.sentinel.transport.dashboard 指向的是 Sentinel Dashboard 的服务器地址，可以实现流控数据的监控和流控规则的分发。

- 提供一个 REST 接口，代码如下。

```
@RestController
public class DashboardController {


    @GetMapping("/dash")
    public String dash(){
        return "Hello Dash";
    }
}
```

此处不需要添加任何资源埋点，在默认情况下 Sentinel Starter 会对所有 HTTP 请求进行限流。

- 启动服务后，此时访问 http://localhost:8080/dash，由于没有配置流控规则，所以不存在限流行为。

至此，Spring Cloud 集成 Sentinel 就配置完成了，接下来，进入 Sentinel Dashboard 来实现流控规则的配置。

- 访问 http://192.168.216.128:7777/进入 Sentinel Dashboard。
- 进入 spring.application.name 对应的菜单，访问"簇点链路"，如图 7-12 所示，在该列表下可以看到/dash 这个 REST 接口的资源名称。

- 针对/dash 这个资源名称，可以在图 7-12 中最右边的操作栏单击"流控"按钮设置流控规则，如图 7-13 所示。

图 7-12　簇点链路

图 7-13　新增流控规则

新增规则中的所有配置信息，实际就是 FlowRule 中对应的属性配置，为了演示效果，把单机阈值设置为 1。

- 新增完成之后，再次访问 http://localhost:8080/dash 接口，当 QPS 超过 1 时，就可以看到限流的效果，并获得如下输出：

```
Blocked by Sentinel (flow limiting)
```

7.5.3 自定义 URL 限流异常

在默认情况下，URL 触发限流后会直接返回。

```
Blocked by Sentinel (flow limiting)
```

在实际应用中，大都采用 JSON 格式的数据，所以如果希望修改触发限流之后的返回结果形式，则可以通过自定义限流异常来处理，实现 UrlBlockHandler 并且重写 blocked 方法：

```java
@Service
public class CustomUrlBlockHandler implements UrlBlockHandler{
    @Override
    public void blocked(HttpServletRequest httpServletRequest, HttpServletResponse
httpServletResponse, BlockException e) throws IOException {
        httpServletResponse.setHeader("Content-Type",
"application/json;charset=UTF-8");
        String message = "{\"code\":999,\"msg\":\"访问人数过多\"}";
        httpServletResponse.getWriter().write(message);
    }
}
```

还有一种场景是，当触发限流之后，我们希望直接跳转到一个降级页面，可以通过下面这个配置来实现。

```
spring.cloud.sentinel.servlet.block-page={url}
```

7.5.4 URL 资源清洗

Sentinel 中 HTTP 服务的限流默认由 Sentinel-Web-Servlet 包中的 CommonFilter 来实现，从代码中可以看到，这个 Filter 会把每个不同的 URL 都作为不同的资源来处理。

在下面这段代码中，提供了一个携带{id}参数的 REST 风格 API，对于每一个不同的{id}，URL 也都不一样，所以在默认情况下 Sentinel 会把所有的 URL 当作资源来进行流控。

```java
@RestController
public class UrlCleanController {

    @GetMapping("/clean/{id}")
    public String clean(@PathVariable("id")int id){
        return "Hello clean";
    }
}
```

这会导致两个问题：

- 限流统计不准确，实际需求是控制 clean 方法总的 QPS，结果统计的是每个 URL 的 QPS。
- 导致 Sentinel 中资源数量过多，默认资源数量的阈值是 6000，对于多出的资源规则将不会生效。

针对这个问题可以通过 UrlCleaner 接口来实现资源清洗，也就是对于/clean/{id}这个 URL，我们可以统一归集到/clean/*资源下，具体配置代码如下，实现 UrlCleaner 接口，并重写 clean 方法即可。

```
@Service
public class CustomerUrlCleaner implements UrlCleaner{
    @Override
    public String clean(String originUrl) {
        if(StringUtils.isEmpty(originUrl)){
            return originUrl;
        }
        if(originUrl.startsWith("/clean/")){
            return "/clean/*";
        }
        return originUrl;
    }
}
```

7.6　Sentinel 集成 Nacos 实现动态流控规则

通过前面的案例可以发现，Sentinel 的理念是只需要开发者关注资源的定义，它默认会对资源进行流控。当然，我们还需要对定义的资源设置流控规则，前面演示了两种方式：

- 通过 FlowRuleManager.loadRules（List rules）手动加载流控规则。
- 在 Sentinel Dashboard 上针对资源动态创建流控规则。

针对第一种设置方式，如果接入 Sentinel Dashboard，那么同样支持动态修改流控规则。但是，这里会存在一个问题，基于 Sentinel Dashboard 所配置的流控规则，都是保存在内存中的，一旦应用重启，这些规则都会被清除。为了解决这个问题，Sentinel 提供了动态数据源支持。

目前，Sentinel 支持 Consul、ZooKeeper、Redis、Nacos、Apollo、etcd 等数据源的扩展。下面通过一个案例演示 Spring Cloud Sentinel 集成 Nacos 实现动态流控规则，配置步骤如下。

- 添加 Nacos 数据源的依赖包。

```
<dependency>
    <groupId>com.alibaba.csp</groupId>
    <artifactId>sentinel-datasource-nacos</artifactId>
    <version>1.7.0</version>
</dependency>
```

- 创建一个 REST 接口，用于测试。

```
@RestController
public class DynamicController {

    @GetMapping("/dynamic")
    public String dynamic(){
        return "Hello Dynamic Rule";
    }
}
```

- 在 application.yml 中添加数据源配置。

```
spring:
  application:
    name: spring-cloud-sentinel-dynamic
  cloud:
    sentinel:
      transport:
        dashboard: 192.168.216.128:7777
      datasource:
        - nacos:
            server-addr: 192.168.216.128:8848
            data-id: ${spring.application.name}-sentinel
            group-id: DEFAULT_GROUP
            data-type: json
            rule-type: flow
```

部分配置说明如下。

○ datasource：目前支持 redis、apollo、zk、file、nacos，选择什么类型的数据源就配置相应的 key 即可。

- data-id：可以设置成${spring.application.name}，方便区分不同应用的配置。
- rule-type：表示数据源中规则属于哪种类型，如 flow、degrade、param-flow、gw-flow 等。
- data-type：指配置项的内容格式，Spring Cloud Alibaba Sentinel 提供了 JSON 和 XML 两种格式。如果需要自定义，则可以将值配置为 custom，并配置 converter-class 指向 converter 类。

- 登录 Nacos 控制台，创建流控配置规则，配置信息如图 7-14 所示。

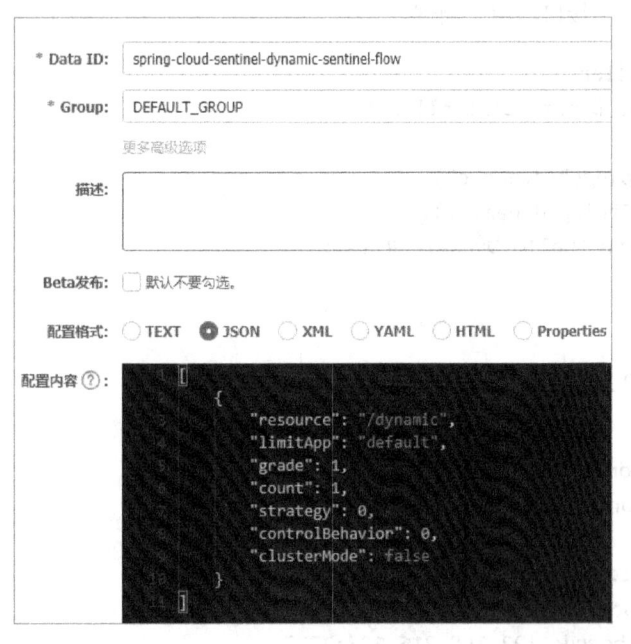

图 7-14　创建流控配置规则

- 最后，登录 Sentinel Dashboard，找到执行项目名称菜单下的"流控规则"，就可以看到在 Nacos 上所配置的流控规则已经被加载了，如图 7-15 所示。

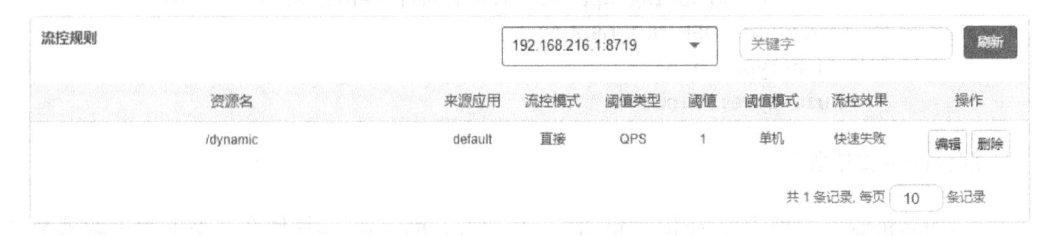

图 7-15　流控规则列表

- 当我们在 Nacos 的控制台上修改流控规则后，可以同步在 Sentinel Dashboard 上看到流控规则的变化。

通过上述配置整合之后，接口流控规则的动态修改就存在于以下两个地方：

- Sentinel Dashboard。
- Nacos 控制台。

那么问题就来了，在 Nacos 控制台上修改流控规则，虽然可以同步到 Sentinel Dashboard，但是 Nacos 此时应该作为一个流控规则的持久化平台，所以正常的操作过程应该是开发者在 Sentinel Dashboard 上修改流控规则后同步到 Nacos 上，遗憾的是，目前 Sentinel Dashboard 不支持该功能。

所以，Nacos 名义上是"Datasource"，但实际上充当的仍然是配置中心的角色，开发者可以在 Nacos 控制台上动态修改流控规则并实现规则同步。在实际开发中，很难避免在不清楚情况的前提下，部分开发者通过 Sentinel Dashboard 来管理流控规则，部分开发者通过 Nacos 来管理流控规则，这将会导致非常严重的问题。

如图 7-16 所示，Nacos 在此处扮演的角色应该是一个"Datasource"，所以笔者强烈建议大家不要在 Nacos 上修改流控规则，因为这种修改的危险系数很高，毕竟 Nacos 的 UI 并不是专门负责流控规则维护的。

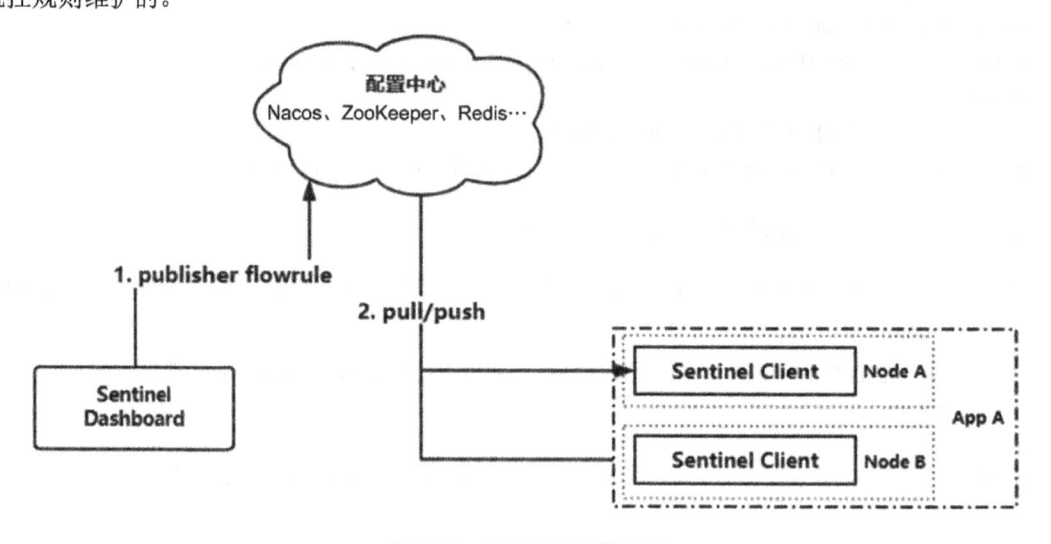

图 7-16　流控规则同步流程

这也就意味着流控规则的管理应该集中在 Sentinel Dashboard 上，接下来的问题就很简单了，我们需要实现 Sentinel Dashboard 来动态维护流控规则并同步到 Nacos 上，目前官方还没有提供支持，但是大家可以自己来实现。

7.7　Sentinel Dashboard 集成 Nacos 实现规则同步

Sentinel Dashboard 的"流控规则"下的所有操作，都会调用 Sentinel-Dashboard 源码中的 FlowControllerV1 类，这个类中包含流控规则本地化的 CRUD 操作。

另外，在 com.alibaba.csp.sentinel.dashboard.controller.v2 包下存在一个 FlowControllerV2 类，这个类同样提供流控规则的 CRUD，和 V1 版本不同的是，它可以实现指定数据源的规则拉取和发布，部分代码如下：

```
@RestController
@RequestMapping(value = "/v2/flow")
public class FlowControllerV2 {
    @Autowired
    private InMemoryRuleRepositoryAdapter<FlowRuleEntity> repository;

    @Autowired
    @Qualifier("flowRuleDefaultProvider")
    private DynamicRuleProvider<List<FlowRuleEntity>> ruleProvider;
    @Autowired
    @Qualifier("flowRuleDefaultPublisher")
    private DynamicRulePublisher<List<FlowRuleEntity>> rulePublisher;
```

FlowControllerV2 依赖以下两个非常重要的类。

- DynamicRuleProvider：动态规则的拉取，从指定数据源中获取流控规则后在 Sentinel Dashboard 中展示。
- DynamicRulePublisher：动态规则的发布，将在 Sentinel Dashboard 中修改的规则同步到指定数据源中。

这里我们扩展这两个类，然后集成 Nacos 来实现 Sentinel Dashboard 规则的同步。

7.7.1　Sentinel Dashboard 源码修改

修改 Sentinel Dashboard 的源码，具体的实现步骤如下。

- 在 GitHub 中下载 Sentinel Dashboard 1.7.1 的源码。
- 使用 IDEA 工具打开${Sentinel_home}/sentinel-dashboard 工程。
- 在 pom.xml 中把 sentinel-datasource-nacos 依赖的<scope>注释掉。

```xml
<dependency>
    <groupId>com.alibaba.csp</groupId>
    <artifactId>sentinel-datasource-nacos</artifactId>
    <!-- <scope>test</scope>-->
</dependency>
```

- 修改 resources/app/scripts/directives/sidebar/sidebar.html 文件中的下面这段代码，将 dashboard.flowV1 改成 dashboard.flow，也就是去掉 V1。

```html
<li ui-sref-active="active" ng-if="!entry.isGateway">
    <!--<a ui-sref="dashboard.flowV1({app: entry.app})">-->
    <a ui-sref="dashboard.flow({app: entry.app})">
        <i class="glyphicon glyphicon-filter"></i>  流控规则
    </a>
</li>
```

修改之后，会调用 FlowControllerV2 中的接口。

- 在 com.alibaba.csp.sentinel.dashboard.rule 包中创建一个 nacos 包,并创建一个类用来加载外部化配置。

```java
@ConfigurationProperties(prefix="sentinel.nacos")
public class NacosPropertiesConfiguration {

    private String serverAddr;
    private String dataId;
    private String groupId = "DEFAULT_GROUP";
    private String namespace;
    //省略 get/set 方法
}
```

- 创建一个 Nacos 配置类 NacosConfiguration。

```java
@EnableConfigurationProperties(NacosPropertiesConfiguration.class)
@Configuration
```

```java
public class NacosConfiguration {

    @Bean
    public Converter<List<FlowRuleEntity>,String> flowRuleEntityEncoder(){
        return JSON::toJSONString;
    }

    @Bean
    public Converter<String,List<FlowRuleEntity>> flowRuleEntityDecoder(){
        return s -> JSON.parseArray(s, FlowRuleEntity.class);
    }

    @Bean
    public ConfigService nacosConfigService(NacosPropertiesConfiguration
nacosPropertiesConfiguration) throws NacosException {
        Properties properties = new Properties();
        properties.put(PropertyKeyConst.SERVER_ADDR,
nacosPropertiesConfiguration.getServerAddr());
        properties.put(PropertyKeyConst.NAMESPACE,
nacosPropertiesConfiguration.getNamespace());
        return ConfigFactory.createConfigService(properties);
    }
}
```

- 注入 Converter 转换器，将 FlowRuleEntity 转化成 FlowRule，以及反向转化。
- 注入 Nacos 配置服务 ConfigService。

- 创建一个常量类 NacosConstants，分别表示默认的 GROUP_ID 和 DATA_ID 的后缀。

```java
public class NacosConstants {
    public static final String DATA_ID_POSTFIX = "-sentinel-flow";
    public static final String GROUP_ID = "DEFAULT_GROUP";
}
```

- 实现动态从 Nacos 配置中心获取流控规则。

```java
@Service
public class FlowRuleNacosProvider implements
```

```
DynamicRuleProvider<List<FlowRuleEntity>>{
    private static Logger logger =
LoggerFactory.getLogger(FlowRuleNacosProvider.class);

    @Autowired
    private NacosPropertiesConfiguration nacosConfigProperties;

    @Autowired
    private ConfigService configService;

    @Autowired
    private Converter<String, List<FlowRuleEntity>> converter;

    @Override
    public List<FlowRuleEntity> getRules(String appName) throws Exception {
        String dataID=new StringBuilder(appName).append(NacosConstants.DATA_ID_
POSTFIX).toString();
        String rules = configService.getConfig(dataID,
nacosConfigProperties.getGroupId(), 3000);
        logger.info("pull FlowRule from Nacos Config:{}",rules);
        if (StringUtil.isEmpty(rules)) {
            return new ArrayList<>();
        }
        return converter.convert(rules);
    }
}
```

在第 5 章中讲过 Nacos 配置中心，所以这段代码不难理解。主要是通过 ConfigServic.getConfig 方法从 Nacos Config Server 中读取指定配置信息，并通过 converter 转化为 FlowRule 规则。

- 创建一个流控规则发布类，在 Sentinel Dashboard 上修改完配置之后，需要调用该发布方法将数据持久化到 Nacos 中。

```
@Service
public class FlowRuleNacosPublisher implements DynamicRulePublisher<List
<FlowRuleEntity>> {

    @Autowired
```

```
    private NacosPropertiesConfiguration nacosPropertiesConfiguration;

    @Autowired
    private ConfigService configService;
    @Autowired
    private Converter<List<FlowRuleEntity>, String> converter;

    @Override
    public void publish(String appName, List<FlowRuleEntity> rules) throws
Exception {
        AssertUtil.notEmpty(appName, "appName cannot be empty");
        if (rules == null) {
            return;
        }
        String dataID=new StringBuilder(appName).append(NacosConstants.DATA_ID_
POSTFIX).toString();
        configService.publishConfig(dataID,
nacosPropertiesConfiguration.getGroupId(), converter.convert(rules));
    }
}
```

- 修改 FlowControllerV2 类，将上面配置的两个类注入进来，表示规则的拉取和规则的发布统一用我们前面自定义的两个实例。

```
@RestController
@RequestMapping(value = "/v2/flow")
public class FlowControllerV2 {
    @Autowired
    @Qualifier("flowRuleNacosProvider")  //修改注入的实例
    private DynamicRuleProvider<List<FlowRuleEntity>> ruleProvider;
    @Autowired
    @Qualifier("flowRuleNacosPublisher")  //修改注入的实例
    private DynamicRulePublisher<List<FlowRuleEntity>> rulePublisher;
}
```

- 在 application.properties 文件中添加 Nacos 服务端的配置信息。

```
sentinel.nacos.serverAddr=192.168.216.128:8848
```

```
sentinel.nacos.namespace=
sentinel.nacos.group-id=DEFAULT_GROUP
```

- 使用以下命令将代码打包成一个 fat jar，根据前面介绍的操作方法启动服务。

```
mvn clean package
```

7.7.2　Sentinel Dashboard 规则数据同步

对于应用程序来说，需要改动的地方比较少，只要注意配置文件中 **data-id** 的命名要以 -sentinel-flow 结尾即可，因为在 Sentinel Dashboard 中我们写了一个固定的后缀。

```
spring:
 application:
   name: spring-cloud-sentinel-dynamic
 cloud:
   sentinel:
    transport:
      dashboard: 192.168.216.128:7777
    datasource:
     - nacos:
        server-addr: 192.168.216.128:8848
        data-id: ${spring.application.name}-sentinel-flow
        group-id: DEFAULT_GROUP
        data-type: json
        rule-type: flow
```

后续的测试过程就比较简单了。

- 直接登录 Sentinel Dashboard，进入"流控规则"，然后针对指定的资源创建流控规则。
- 进入 Nacos 控制台，就可以看到如图 7-17 所示的配置列表。

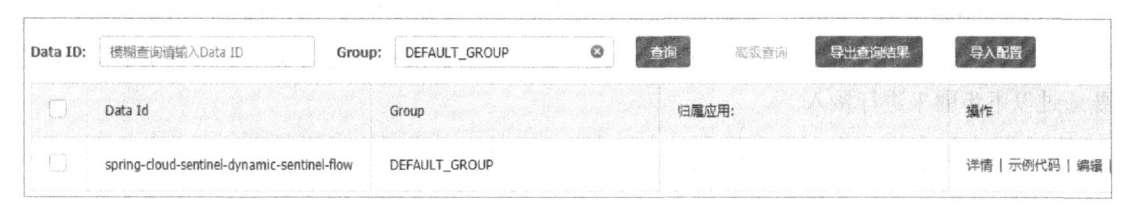

图 7-17　Nacos 配置列表

7.8 Dubbo 集成 Sentinel 实现限流

Sentinel 提供了与 Dubbo 整合的模块 Sentinel Apache Dubbo Adapter，可以针对服务提供方和服务消费方进行流控，在使用的时候，只需要添加以下依赖。

```
<dependency>
    <groupId>com.alibaba.csp</groupId>
    <artifactId>sentinel-apache-dubbo-adapter</artifactId>
    <version>1.7.1</version>
</dependency>
```

添加好该依赖之后，Dubbo 服务中的接口和方法（包括服务端和消费端）就会成为 Sentinel 中的资源，只需针对指定资源配置流控规则就可以实现 Sentinel 流控功能。

Sentinel Apache Dubbo Adapter实现限流的核心原理是基于Dubbo的SPI机制实现Filter扩展，Dubbo 的 Filter 机制是专门为服务提供方和服务消费方调用过程进行拦截设计的，每次执行远程方法，该拦截都会被执行。

同时，Sentinel Apache Dubbo Adapter 还可以自定义开启或者关闭某个过滤器（Filter）的功能，下面这段代码表示关闭消费端的过滤器。

```
@Bean
public ConsumerConfig consumerConfig(){
    ConsumerConfig consumerConfig=new ConsumerConfig();
    consumerConfig.setFilter("-sentinel.dubbo.filter");
    return consumerConfig;
}
```

7.8.1 Dubbo 服务接入 Sentinel Dashboard

spring-cloud-starter-alibaba-sentinel 目前无法支持 Dubbo 服务的限流，所以针对 Dubbo 服务的限流只能使用 sentinel-apache-dubbo-adapter。这个适配组件并没有自动接入 Sentinel Dashboard，需要通过以下步骤来进行接入。

- 引入 sentinel-transport-simple-http 依赖，这个依赖可以上报应用相关信息到控制台。

```
<dependency>
    <groupId>com.alibaba.csp</groupId>
```

```
    <artifactId>sentinel-transport-simple-http</artifactId>
    <version>1.7.1</version>
</dependency>
```

- 添加启动参数。

```
-Djava.net.preferIPv4Stack=true -Dcsp.sentinel.api.port=8720
-Dcsp.sentinel.dashboard.server=192.168.216.128:7777
-Dproject.name=spring-cloud.sentinel-dubbo.provider
```

参数配置说明如下。

- -Djava.net.preferIPv4Stack：表示只支持 IPv4。
- -Dcsp.sentinel.api.port：客户端的 port，用于上报应用的信息。
- -Dcsp.sentinel.dashboard.server：Sentinel Dashboard 地址。
- -Dproject.name：应用名称，会在 Sentinel Dashboard 右侧展示。

- 登录 Sentinel Dashboard 之后，进入"簇点链路"，就可以看到如图 7-18 所示的资源信息。

资源名	通过QPS	拒绝QPS	线程数	平均RT	分钟通过	分钟拒绝	操作
▼ com.gupaoedu.sentinel.dubbo.IHelloService.sayHello()	0	0	0	0	0	0	＋流控 ＋降级 ＋热点 ＋授权
▼ com.gupaoedu.sentinel.dubbo.IHelloService	0	0	0	0	0	0	＋流控 ＋降级 ＋热点 ＋授权
com.gupaoedu.sentinel.dubbo.IHelloService.sayHello()	0	0	0	0	0	0	＋流控 ＋降级 ＋热点 ＋授权

图 7-18　簇点链路

需要注意的是，限流可以通过服务接口或服务方法设置。

- 服务接口：resourceName 为接口的全限定名，在图 7-18 中的体现为 com.gupaoedu.sentinel.dubbo.IHelloService。
- 服务方法：resourceName 为接口全限定名:方法名，如 com.gupaoedu.sentinel.dubbo.IHelloService:sayHello()。

7.8.2　Dubbo 服务限流规则配置

Dubbo 限流规则同样可以通过以下集中方式来实现。

- Sentinel Dashboard。

- FlowRuleManager.loadRules（List rules）。

前面我们讲过基于 Sentinel Dashboard 来实现流控规则配置，最终持久化到 Nacos 中。然而规则的持久化机制在 Spring Cloud Sentinel 中是自动实现的，在 Sentinel Apache Dubbo Adapter 组件中并没有实现该功能。下面演示一下在 Dubbo 服务中如何实现规则的持久化。

- 添加 sentinel-datasource-nacos 的依赖。

```xml
<dependency>
    <groupId>com.alibaba.csp</groupId>
    <artifactId>sentinel-datasource-nacos</artifactId>
    <version>1.7.1</version>
</dependency>
```

- 通过 Sentinel 提供的 InitFunc 扩展点，实现 Nacos 数据源的配置。

```java
public class NacosDataSourceInitFunc implements InitFunc{
    private String serverAddr="192.168.216.128:8848";
    private String groupId="DEFAULT_GROUP";
    private String dataId="spring-cloud.sentinel-dubbo.provider-sentinel-flow";

    @Override
    public void init() throws Exception {
        loadNacosData();
    }
    private void loadNacosData(){
        ReadableDataSource<String,List<FlowRule>> flowRuleDataSource=
                new NacosDataSource<>(serverAddr, groupId, dataId, source ->
JSON.parseObject(source, new TypeReference<List<FlowRule>>() {
                }));
        FlowRuleManager.register2Property(flowRuleDataSource.getProperty());
    }
}
```

NacosDataSourceInitFunc 要实现自动加载，需要在 resource 目录下的 META-INF/services 中创建一个名称为 com.alibaba.csp.sentinel.init.InitFunc 的文件，文件内容为 NacosDataSourceInitFunc 的全路径。

```
com.gupaoedu.sentinel.dubbo.NacosDataSourceInitFunc
```

- 访问 Sentinel Dashboard，在针对某个资源创建流控规则时，这个规则会同步保存到 Nacos 配置中心。而当 Nacos 配置中心发生变化时，会触发事件机制通知 Dubbo 应用重新加载流控规则。

7.9　Sentinel 热点限流

热点数据表示经常访问的数据，在有些场景中我们希望针对这些访问频次非常高的数据进行限流，比如针对一段时间内频繁访问的用户 IP 地址进行限流，或者针对频繁访问的某个用户 ID 进行限流。

Sentinel 提供了热点参数限流的策略，它是一种特殊的限流，在普通限流的基础上对同一个受保护的资源区根据请求中的参数分别处理，该策略只对包含热点参数的资源调用生效。热点限流在以下场景中使用较多。

- 服务网关层：例如防止网络爬虫和恶意攻击，一种常用方法就是限制爬虫的 IP 地址，客户端 IP 地址就是一种热点参数。
- 写数据的服务：例如业务系统提供写数据的服务，数据会写入数据库之类的存储系统。存储系统的底层会加锁写磁盘上的文件，部分存储系统会将某一类数据写入同一个文件。如果底层写同一文件，会出现抢占锁的情况，导致出现大量超时和失败。出现这种情况时一般有两种解决办法：修改存储设计、对热点参数限流。

Sentinel 通过 LRU 策略结合滑动窗口机制来实现热点参数的统计，其中，LRU 策略可以统计单位时间内最常访问的热点数据，滑动窗口机制可以协助统计每个参数的 QPS。

如图 7-19 所示，Sentinel 会根据请求的参数来判断哪些是热点参数，然后通过热点参数限流规则，将 QPS 超过设定阈值的请求阻塞。

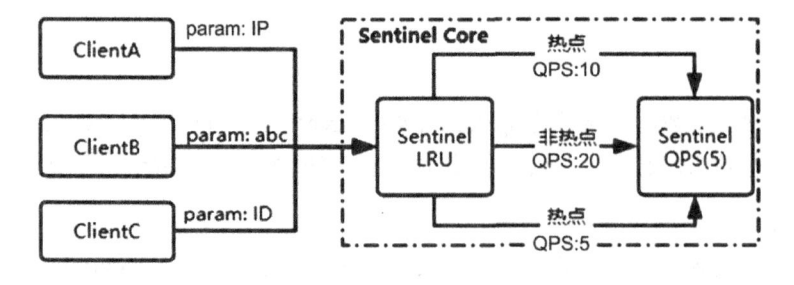

图 7-19　热点参数限流

7.9.1　热点参数限流的使用

引入热点参数限流依赖包 sentinel-parameter-flow-control。

```xml
<dependency>
    <groupId>com.alibaba.csp</groupId>
    <artifactId>sentinel-parameter-flow-control</artifactId>
    <version>1.7.1</version>
</dependency>
```

接下来，创建一个 REST 接口，并定义限流埋点，此处针对参数 id 配置热点限流规则。

```java
@RestController
public class ParamRuleController {

    private String resourceName="sayHello";

    @GetMapping("/hello")
    public String sayHello(@PathParam("id")String id,@PathParam("name")String name){
        Entry entry=null;
        try {
            entry=SphU.entry(resourceName, EntryType.IN,1,id);
            return "access success";
        } catch (BlockException e) {
            e.printStackTrace();
            return "block";
        }finally {
            if(entry!=null) {
                entry.exit();
            }
        }
    }
}
```

针对不同的热点参数，需要通过 SphU.entry(resourceName, EntryType.IN,1,id)方法设置，其最后一个参数是一个数组，有多个热点参数时就按照次序依次传入，该配置表示后续会针对该参数进行热点限流。

下面针对上述资源 sayHelo 设置热点参数限流规则，通过 ParamFlowRuleManager.loadRules 方法加载热点参数规则。

```
@PostConstruct
public void initParamRule(){
    ParamFlowRule rule=new ParamFlowRule(resourceName);
    rule.setParamIdx(0);
    rule.setGrade(RuleConstant.FLOW_GRADE_QPS);
    rule.setCount(1);
    ParamFlowRuleManager.loadRules(Collections.singletonList(rule));
}
```

通过测试工具或者快速刷新浏览器来测试热点参数限流。如图 7-20 所示，访问 Sentinel Dashboard，进入"实时监控"来查看限流的效果。

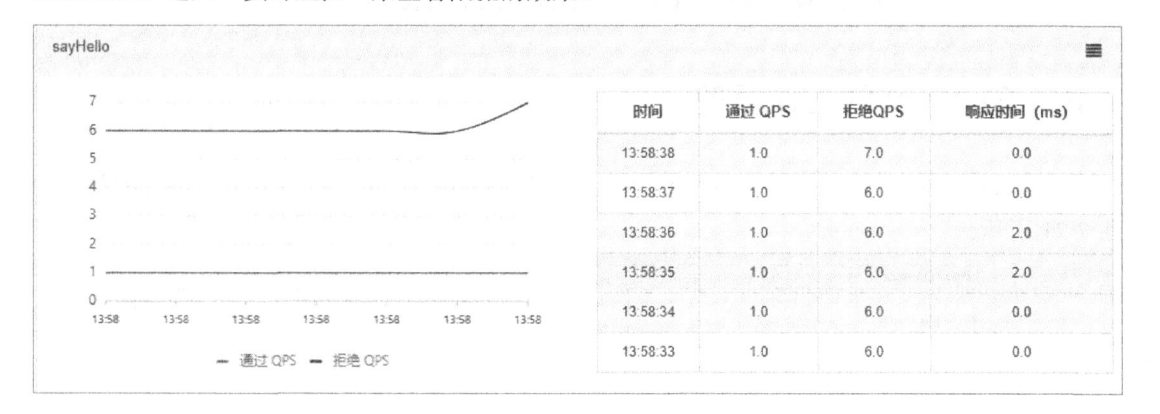

图 7-20　Sentinel Dashboard 实时监控

7.9.2　@SentinelResource 热点参数限流

如果是通过@SentinelResource 注解来定义资源的，当注解所配置的方法上有参数时，Sentinel 会把这些参数传入 Sphu.entry(res,args)。比如下面这段代码，会把 id 这个参数作为热点参数进行限流。

```
@SentinelResource
@GetMapping("/hello")
public String sayHello(@PathParam("id")String id){
    return "access success";
}
```

默认情况下，当用户访问这个接口时就会触发热点限流规则的验证。

7.9.3 热点参数规则说明

热点参数规则是通过 ParamFlowRule 来配置的，它的大部分属性和 FlowRule 类似，下面针对 ParamFlowRule 特定的属性进行简单说明。

- durationInSec：统计窗口时间长度，单位为秒。
- maxQueueingTimeMS：最长排队等待时长，只有当流控行为 controlBehavior 设置为匀速排队模式时生效。
- paramIdx：热点参数的索引，属于必填项，它对应的是 SphU.entry(xxx,args)中的参数索引位置。
- paramFlowItemList：针对指定参数值单独设置限流阈值，不受 count 阈值的限制。

我们可以通过 ParamFlowRuleManager.loadRules 方法来加载热点参数规则。

7.10 Sentinel 的工作原理

Sentinel 的核心分为三部分：工作流程、数据结构和限流算法，工作原理（整体架构）如图 7-21 所示。

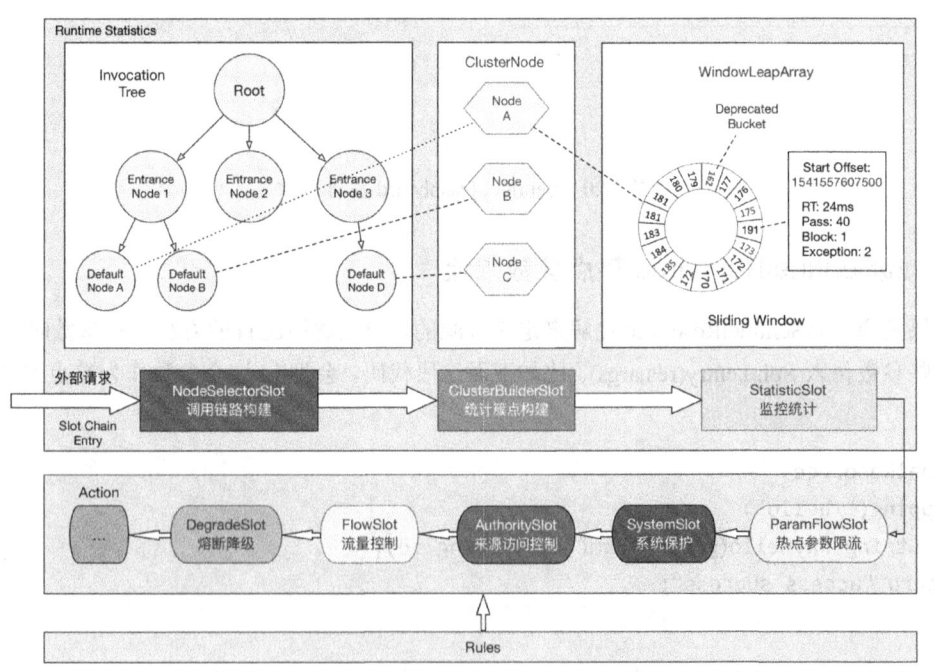

图 7-21 Sentinel 的工作原理

可以看出，调用链路是 Sentinel 的工作主流程，由各个 Slot 插槽组成，将不同的 Slot 按照顺序串在一起（责任链模式），从而将不同的功能（限流、降级、系统保护）组合在一起。Sentinel 中各个 Slot 承担了不同的职责，例如 LogSlot 负责记录日志、StatisticSlot 负责统计指标数据、FlowSlot 负责限流等。这是一种职责分离的设计，每个模块更聚焦于实现某个功能。

在 Sentinel 中，所有的资源都对应一个资源名称（resourceName），每次访问该资源都会创建一个 Entry 对象，在创建 Entry 的同时，会创建一系列功能槽（Slot Chain），这些槽会组成一个责任链，每个槽负责不同的职责。

- **NodeSelectorSlot**：负责收集资源的调用路径，以树状结构存储调用栈，用于根据调用路径来限流降级。
- **ClusterBuilderSlot**：负责创建以资源名维度统计的 ClusterNode，以及创建每个 ClusterNode 下按调用来源 origin 划分的 StatisticNode。
- **LogSlot**：在出现限流、熔断、系统保护时负责记录日志。
- **AuthoritySlot**：权限控制，支持黑名单和白名单两种策略。
- **SystemSlot**：控制总的入口流量，限制条件依次是总 QPS、总线程数、RT 阈值、操作系统当前 load1、操作系统当前 CPU 利用率。
- **FlowSlot**：根据限流规则和各个 Node 中的统计数据进行限流判断。
- **DegradeSlot**：根据熔断规则和各个 Node 中的统计数据进行服务降级。
- **StatisticSlot**：统计不同维度的请求数、通过数、限流数、线程数等 runtime 信息，这些数据存储在 DefaultNode、OriginNode 和 ClusterNode 中。

7.11　Spring Cloud Sentinel 工作原理分析

在 Spring Cloud 中使用 Sentinel 实现限流的场景中，我们并不需要任何配置，Sentinel 会自动保护所有的 HTTP 服务，本节重点讲解该实现机制。

在 Spring-Cloud-Starter-Alibaba-Sentinel 包中，我们知道 Starter 组件会用到自动装配，所以直接找到 META-INF/spring.factories 文件。

```
org.springframework.boot.autoconfigure.EnableAutoConfiguration=\
com.alibaba.cloud.sentinel.SentinelWebAutoConfiguration,\
com.alibaba.cloud.sentinel.SentinelWebFluxAutoConfiguration,\
com.alibaba.cloud.sentinel.endpoint.SentinelEndpointAutoConfiguration,\
```

```
com.alibaba.cloud.sentinel.custom.SentinelAutoConfiguration,\
com.alibaba.cloud.sentinel.feign.SentinelFeignAutoConfiguration
...
```

这里 EnableAutoConfiguration 自动装配了 5 个配置类。

- SentinelWebAutoConfiguration 是对 Web Servlet 环境的支持。
- SentinelWebFluxAutoConfiguration 是对 Spring WebFlux 的支持。
- SentinelEndpointAutoConfiguration 暴露 Endpoint 信息。
- SentinelFeignAutoConfiguration 用于适配 Feign 组件。
- SentinelAutoConfiguration 支持对 RestTemplate 的服务调用使用 Sentinel 进行保护。

我们重点分析 Web Servlet 环境下的实现，部分代码如下：

```
@Configuration
@EnableConfigurationProperties({SentinelProperties.class})
public class SentinelWebAutoConfiguration {
    @Bean
    public FilterRegistrationBean sentinelFilter() {
        FilterRegistrationBean<Filter> registration = new FilterRegistrationBean();
        com.alibaba.cloud.sentinel.SentinelProperties.Filter filterConfig =
this.properties.getFilter();
        if (filterConfig.getUrlPatterns() == null || filterConfig.getUrlPatterns().
isEmpty()) {
            List<String> defaultPatterns = new ArrayList();
            defaultPatterns.add("/*");
            filterConfig.setUrlPatterns(defaultPatterns);
        }
        registration.addUrlPatterns((String[])filterConfig.getUrlPatterns().toArray
(new String[0]));
        Filter filter = new CommonFilter();
        registration.setFilter(filter);
        registration.setOrder(filterConfig.getOrder());
        registration.addInitParameter("HTTP_METHOD_SPECIFY", String.valueOf(this.
properties.getHttpMethodSpecify()));
        log.info("[Sentinel Starter] register Sentinel CommonFilter with urlPatterns:
{}.", filterConfig.getUrlPatterns());
```

```
        return registration;
    }
}
```

在 SentinelWebAutoConfiguration 配置类中，自动装配了一个 FilterRegistrationBean，主要作用是注册一个 CommonFilter，并且默认情况下通过 "/*" 规则拦截所有的请求。

CommonFilter 过滤器的定义如下，实现逻辑比较简单。

- 从请求中获取目标 URL。
- 获取 Urlcleaner，如果存在，则说明配置过 URL 清洗策略，调用 UrlCleaner.clean 替换 target。
- 使用 SphU.entry 对当前 URL 添加限流埋点。

```
public class CommonFilter implements Filter {
    //省略部分代码
    public void doFilter(ServletRequest request, ServletResponse response, FilterChain chain) throws IOException, ServletException {
        HttpServletRequest sRequest = (HttpServletRequest)request;
        Entry urlEntry = null;
        try {
            //解析请求 URL
            String target = FilterUtil.filterTarget(sRequest);
            //URL 清洗
            UrlCleaner urlCleaner = WebCallbackManager.getUrlCleaner();
            if (urlCleaner != null) {
                target = urlCleaner.clean(target);
            }

            if (!StringUtil.isEmpty(target)) {
                String origin = this.parseOrigin(sRequest);
                String contextName = this.webContextUnify ? "sentinel_web_servlet_context" :
target;
                ContextUtil.enter(contextName, origin);
                if (this.httpMethodSpecify) {
                    String pathWithHttpMethod = sRequest.getMethod().toUpperCase() + ":"
+ target;
                    //限流埋点
```

```
                    urlEntry = SphU.entry(pathWithHttpMethod, 1, EntryType.IN);
            } else {
                    urlEntry = SphU.entry(target, 1, EntryType.IN);
            }
    }


            chain.doFilter(request, response);
    }
//省略部分代码
}
```

因此，对于 Web Servlet 环境，只是通过 Filter 的方式将所有请求自动设置为 Sentinel 的资源，从而达到限流的目的。

7.12　Sentinel 核心源码分析

在本节中，主要针对 Sentinel 中的一些核心源码进行分析，帮助读者更好地理解 Sentinel 的实现原理。Sentinel 源码的版本为 1.7.1，读者可以自行从 GitHub 上下载，源码模块如下。

- sentinel-adapter：负责针对主流开源框架进行限流适配，比如 Dubbo、gRPC、Zuul 等。
- sentinel-core：Sentinel 核心库，提供限流、降级等实现。
- sentinel-dashboard：控制台模块，提供可视化监控和管理。
- sentinel-demo：官方案例。
- sentinel-extension：实现不同组件的数据源扩展，比如 Nacos、ZooKeeper、Apollo 等。
- sentinel-transport：通信协议处理模块。

限流及熔断的核心逻辑都是在 sentinel-core 中实现的，所以我们主要针对 sentinel-core 模块进行分析。

7.12.1　限流的源码实现

限流的判断逻辑是在 SphU.entry 方法中实现的，这个方法往下执行最终会进入 Sph.entry()，Sph 的默认实现是 CtSph。限流方法的主要逻辑是：

- 校验全局上下文 Context。
- 通过 lookProcessChain 方法获得一个 ProcessorSlot 链。

- 执行 chain.entry，如果没有被限流，则返回 entry 对象，否则抛出 BlockException。

```
private Entry entryWithPriority(ResourceWrapper resourceWrapper, int count, boolean
prioritized, Object... args)
    throws BlockException {
    Context context = ContextUtil.getContext();
    if (context instanceof NullContext) {

        return new CtEntry(resourceWrapper, null, context);
    }

    if (context == null) {

        context = InternalContextUtil.internalEnter(Constants.CONTEXT_DEFAULT_NAME);
    }

    if (!Constants.ON) {
        return new CtEntry(resourceWrapper, null, context);
    }

    ProcessorSlot<Object> chain = lookProcessChain(resourceWrapper);
    if (chain == null) {
        return new CtEntry(resourceWrapper, null, context);
    }
    Entry e = new CtEntry(resourceWrapper, chain, context);
    try {
        chain.entry(context, resourceWrapper, null, count, prioritized, args);
    } catch (BlockException e1) {
        e.exit(count, args);
        throw e1;
    } catch (Throwable e1) {

        RecordLog.info("Sentinel unexpected exception", e1);
    }
    return e;
}
```

在 lookProcessChain 方法中，会调用 chain = SlotChainProvider.newSlotChain() 构造一个 Slot 链。从代码中可以看出，它是典型的责任链模式，其中每一个 Slot 的作用在前面的章节中有分析，对于限流，只需要关注 FlowSlot 和 StatisticSlot，其中 StatisticSlot 实现指标数据的统计，FlowSlot 依赖该数据来进行流控规则校验。

```java
public class DefaultSlotChainBuilder implements SlotChainBuilder {
    @Override
    public ProcessorSlotChain build() {
        ProcessorSlotChain chain = new DefaultProcessorSlotChain();
        chain.addLast(new NodeSelectorSlot());
        chain.addLast(new ClusterBuilderSlot());
        chain.addLast(new LogSlot());
        chain.addLast(new StatisticSlot());
        chain.addLast(new AuthoritySlot());
        chain.addLast(new SystemSlot());
        chain.addLast(new FlowSlot());
        chain.addLast(new DegradeSlot());
        return chain;
    }
}
```

下面我们先来分析 FlowSlot 的实现。

```java
public class FlowSlot extends AbstractLinkedProcessorSlot<DefaultNode> {

    private final FlowRuleChecker checker;
    //省略部分代码
    @Override
    public void entry(Context context, ResourceWrapper resourceWrapper, DefaultNode node,
int count,
                    boolean prioritized, Object... args) throws Throwable {
        checkFlow(resourceWrapper, context, node, count, prioritized);
        fireEntry(context, resourceWrapper, node, count, prioritized, args);
    }
    //限流检测
    void checkFlow(ResourceWrapper resource, Context context, DefaultNode node, int count,
boolean prioritized)
```

```
    throws BlockException {
        checker.checkFlow(ruleProvider, resource, context, node, count, prioritized);
    }
    //获取流控规则
    private final Function<String, Collection<FlowRule>> ruleProvider = new Function<String,
Collection<FlowRule>>() {
        @Override
        public Collection<FlowRule> apply(String resource) {

            Map<String, List<FlowRule>> flowRules = FlowRuleManager.getFlowRuleMap();
            return flowRules.get(resource);
        }
    };
}
```

chain.entry 方法会经过 FlowSlot 中的 entry()，调用 checkFlow 进行流控规则判断。

- 遍历所有流控规则 FlowRule。
- 针对每个规则，调用 canPassCheck 进行校验。

```
public class FlowRuleChecker {
    public void checkFlow(Function<String, Collection<FlowRule>> ruleProvider,
ResourceWrapper resource,
                    Context context, DefaultNode node, int count, boolean prioritized)
throws BlockException {
        if (ruleProvider == null || resource == null) {
            return;
        }
        Collection<FlowRule> rules = ruleProvider.apply(resource.getName());
        if (rules != null) {
            for (FlowRule rule : rules) {
                if (!canPassCheck(rule, context, node, count, prioritized)) {
                    throw new FlowException(rule.getLimitApp(), rule);
                }
            }
        }
    }
```

```
//省略部分代码
public boolean canPassCheck(/*@NonNull*/ FlowRule rule, Context context, DefaultNode
node, int acquireCount, boolean prioritized) {
    String limitApp = rule.getLimitApp();
    //集群模式
    if (rule.isClusterMode()) {
        return passClusterCheck(rule, context, node, acquireCount, prioritized);
    }
    //单机模式
    return passLocalCheck(rule, context, node, acquireCount, prioritized);
}
```

其中 canPassCheck 方法提供了集群和单机两种限流模式，单机限流是本机独立完成的，不需要依赖集群环境。单机限流的实现调用的是 passLocalCheck，它主要有两个逻辑：

- 根据来源和策略获取 Node，从而拿到统计的 runtime 信息。
- 使用流量控制器检查是否让流量通过。

```
private static boolean passLocalCheck(FlowRule rule, Context context, DefaultNode node,
int acquireCount,boolean prioritized) {
    Node selectedNode = selectNodeByRequesterAndStrategy(rule, context, node);
    if (selectedNode == null) {
        return true;
    }

    return rule.getRater().canPass(selectedNode, acquireCount, prioritized);
}
```

selectNodeByRequesterAndStrategy 根据 FlowRule 中配置的 Strategy 和 limitApp 属性，返回不同处理策略的 Node。

```
static Node selectNodeByRequesterAndStrategy(/*@NonNull*/ FlowRule rule, Context context,
DefaultNode node) {

    String limitApp = rule.getLimitApp();
    int strategy = rule.getStrategy();
    String origin = context.getOrigin();
    //场景1：限流规则设置了具体应用，如果当前流量就是通过该应用的，则命中场景1
```

```
        if (limitApp.equals(origin) && filterOrigin(origin)) {
            if (strategy == RuleConstant.STRATEGY_DIRECT) {
                // Matches limit origin, return origin statistic node.
                return context.getOriginNode();
            }
            return selectReferenceNode(rule, context, node);
        }
//场景 2：限流规则未指定任何具体应用，默认为 default，则当前流量直接命中场景 2
        else if (RuleConstant.LIMIT_APP_DEFAULT.equals(limitApp)) {
            if (strategy == RuleConstant.STRATEGY_DIRECT) {

                return node.getClusterNode();
            }
            return selectReferenceNode(rule, context, node);
        }
//场景 3：限流规则设置的是 other，当前流量未命中前两种场景
        else if (RuleConstant.LIMIT_APP_OTHER.equals(limitApp)
                && FlowRuleManager.isOtherOrigin(origin, rule.getResource())) {
            if (strategy == RuleConstant.STRATEGY_DIRECT) {
                return context.getOriginNode();
            }
            return selectReferenceNode(rule, context, node);
        }
        return null;
}
```

假设我们对接口 UserService 配置限流 1000 QPS，这 3 种场景分别如下。

- 第 1 种，目的是优先保障重要来源的流量。我们需要区分调用来源，将限流规则细化。对 A 应用配置 500 QPS，对 B 应用配置 200 QPS，此时会产生两条规则：A 应用请求的流量限制在 500，B 应用请求的流量限制在 200。

- 第 2 种，没有特别重要来源的流量。我们不想区分调用来源，所有入口调用 UserService 共享一个规则，所有 client 加起来总流量只能通过 1000 QPS。

- 第 3 种，配合第 1 种场景使用，在长尾应用多的情况下不想对每个应用进行设置，没有具体设置的应用都将命中。

最后，在 passLocalCheck 方法中通过 rule.getRater() 获得流控行为，实现不同的处理策略（这

些流控行为在前面的章节中分析过，这里不再重复描述）。

- DefaultController：直接拒绝。
- RateLimiterController：匀速排队。
- WarmUpController：冷启动（预热）。
- WarmUpRateLimiterController：匀速+冷启动。

7.12.2 实时指标数据统计

限流的核心是限流算法的实现，Sentinel 默认采用滑动窗口算法来实现限流，具体的指标数据统计由 StatisticSlot 实现。

```java
public class StatisticSlot extends AbstractLinkedProcessorSlot<DefaultNode> {
    //省略部分代码
    @Override
public void entry(Context context, ResourceWrapper resourceWrapper, DefaultNode node, int count, boolean prioritized, Object... args) throws Throwable {
    try {
        //先执行后续 Slot 检查，再统计数据
        fireEntry(context, resourceWrapper, node, count, prioritized, args);
        //增加线程数和请求通过数
        node.increaseThreadNum();
        node.addPassRequest(count);
        //如果存在来源节点，则对来源节点增加线程数和请求通过数
        if (context.getCurEntry().getOriginNode() != null) {
            context.getCurEntry().getOriginNode().increaseThreadNum();
            context.getCurEntry().getOriginNode().addPassRequest(count);
        }
        //如果是入口流量，则对全局节点增加线程数和请求通过数
        if (resourceWrapper.getEntryType() == EntryType.IN) {
            Constants.ENTRY_NODE.increaseThreadNum();
            Constants.ENTRY_NODE.addPassRequest(count);
        }
        //执行事件通知和回调函数
        for (ProcessorSlotEntryCallback<DefaultNode> handler :
StatisticSlotCallbackRegistry.getEntryCallbacks()) {
            handler.onPass(context, resourceWrapper, node, count, args);
```

```
        }
    }
    //处理优先级等待异常
    catch (PriorityWaitException ex) {
        //这里只增加线程数
        node.increaseThreadNum();
        //如果有来源节点，则对来源节点增加线程数
        if (context.getCurEntry().getOriginNode() != null) {
            context.getCurEntry().getOriginNode().increaseThreadNum();
        }
        //如果是入口流量，对全局节点增加线程数
        if (resourceWrapper.getEntryType() == EntryType.IN) {
            Constants.ENTRY_NODE.increaseThreadNum();
        }
        //执行事件通知和回调函数
        for (ProcessorSlotEntryCallback<DefaultNode> handler :
StatisticSlotCallbackRegistry.getEntryCallbacks()) {
            handler.onPass(context, resourceWrapper, node, count, args);
        }
    }
    //处理限流、降级等异常，BlockException 在 LogSlot 章节中有介绍
    catch (BlockException e) {
        //省略
    }
    //处理业务异常
    catch (Throwable e) {
        //省略
    }
}
```

其中，增加线程通过数和请求通过数是基于下面这两个方法实现的。

```
node.increaseThreadNum();
node.addPassRequest(count);
```

其中 node 的最终实现是 StatisticNode 类，代码如下。

```
public class StatisticNode implements Node {
```

```
//最近 1 秒滑动计数器 (默认为 1 秒)
private transient volatile Metric rollingCounterInSecond = new
ArrayMetric(SampleCountProperty.SAMPLE_COUNT,
    IntervalProperty.INTERVAL);
//最近 1 分钟滑动计数器 (默认为 1 分钟)
private transient Metric rollingCounterInMinute = new ArrayMetric(60, 60 * 1000, false);
//加通过数
public void addPassRequest(int count) {
    rollingCounterInSecond.addPass(count);
    rollingCounterInMinute.addPass(count);
}
//加 RT 和成功数
public void addRtAndSuccess(long rt, int successCount) {
    rollingCounterInSecond.addSuccess(successCount);
    rollingCounterInSecond.addRT(rt);
    rollingCounterInMinute.addSuccess(successCount);
    rollingCounterInMinute.addRT(rt);
}
}
```

从上面的代码可以看到 StatisticNode 持有两个计数器 Metric 对象，统计行为是通过 Metric 完成的。Metric 是一个指标行为接口，定义了资源各个指标的统计方法和获取方法，Metric 接口的具体实现是 ArrayMetric 类，StatisticNode 中的统计行为是由滑动计数器 ArrayMetric 完成的。

```
public class ArrayMetric implements Metric {
    //数据存储
    private final LeapArray<MetricBucket> data;
    //最近 1 秒滑动计数器用的是 OccupiableBucketLeapArray
    public ArrayMetric(int sampleCount, int intervalInMs) {
        this.data = new OccupiableBucketLeapArray(sampleCount, intervalInMs);
    }
    //最近 1 分钟滑动计数器用的是 BucketLeapArray
    public ArrayMetric(int sampleCount, int intervalInMs, boolean enableOccupy) {
        if (enableOccupy) {
            this.data = new OccupiableBucketLeapArray(sampleCount, intervalInMs);
        } else {
            this.data = new BucketLeapArray(sampleCount, intervalInMs);
```

```
    }
  }
  //加成功数
  public void addSuccess(int count) {
      WindowWrap<MetricBucket> wrap = data.currentWindow();
      wrap.value().addSuccess(count);
  }
  //加通过数
  public void addPass(int count) {
      WindowWrap<MetricBucket> wrap = data.currentWindow();
      wrap.value().addPass(count);
  }
  //加 RT
  public void addRT(long rt) {
      WindowWrap<MetricBucket> wrap = data.currentWindow();
      wrap.value().addRT(rt);
  }
  //省略
}
```

ArrayMetric 中持有 LeapArray 对象，所有方法都是对 LeapArray 进行操作。LeapArray 是环形的数据结构，为了节约内存，它存储固定个数的窗口对象 WindowWrap，只保存最近一段时间的数据，新增的时间窗口会覆盖最早的时间窗口。

举个例子，如图 7-22 所示，LeapArray 包含 timeIdx0 和 timeIdx1 两个窗口，每个窗口的时长是 500ms，有 4 次请求分别在不同时间点发送过来。

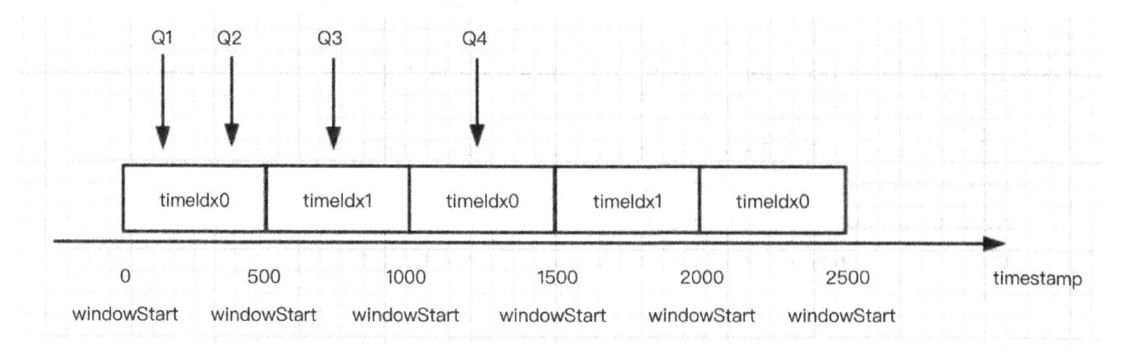

图 7-22　环形结构

- Q1 和 Q2 是不同的两个请求时间，但最终都落在 timeIdx0 这个窗口，且窗口开始时间 windowStart 相同，都是 0。
- Q3 则在下一个窗口 timeIdx1，窗口开始时间是 500。
- Q4 在下一个窗口，又回到 timeIdx0，但窗口开始时间不同，此时原来的 timeIdx0 窗口数据已过期，会重置后写入 Q4 请求的数据。
- 如此交替执行下去，无论哪个时间点都会落在这两个窗口，而历史窗口数据会失效，从而节约内存。

LeapArray 的实现代码如下，简单描述一下这段代码的几个精髓的地方。

- 并发 CAS 失败的时候通过 Thread.yield() 释放 CPU 资源。
- calculateWindowStart 方法按窗口长度降精度。
- 在 array 中 old 窗口已过期的情况下，可重置窗口数据并且复用，使 LeapArray 保持环形结构。

```java
public abstract class LeapArray<T> {

    //单个窗口的长度（1 个窗口多长时间）
    protected int windowLengthInMs;
    //采样窗口的个数
    protected int sampleCount;
    //全部窗口的长度（全部窗口多长时间）
    protected int intervalInMs;
    //存储所有窗口（支持原子读取和写入）
    protected final AtomicReferenceArray<WindowWrap<T>> array;
    //重置窗口数据时用的锁
    private final ReentrantLock updateLock = new ReentrantLock();

    public LeapArray(int sampleCount, int intervalInMs) {
        //计算单个窗口的长度
        this.windowLengthInMs = intervalInMs / sampleCount;
        this.intervalInMs = intervalInMs;
        this.sampleCount = sampleCount;
        this.array = new AtomicReferenceArray<>(sampleCount);
    }

    //获取当前窗口
```

```
public WindowWrap<T> currentWindow() {
    //这里参数就是当前时间
    return currentWindow(TimeUtil.currentTimeMillis());
}


//获取指定时间窗口
public WindowWrap<T> currentWindow(long timeMillis) {
    if (timeMillis < 0) {
        return null;
    }
    //根据时间计算索引
    int idx = calculateTimeIdx(timeMillis);
    //根据时间计算窗口开始时间
    long windowStart = calculateWindowStart(timeMillis);

    /*
     * 从 array 中获取窗口. 有 3 种情况
     *
     * (1) array 中窗口不存在，创建一个 CAS 并写入 array
     * (2) array 中窗口开始时间 = 当前窗口开始时间，直接返回
     * (3) array 中窗口开始时间 < 当前窗口开始时间，表示 old 窗口已过期，重置窗口数据并返回
     */
    while (true) {
        //从 array 中获取窗口
        WindowWrap<T> old = array.get(idx);
        //第 1 种情况
        if (old == null) {
            //创建一个窗口
            WindowWrap<T> window = new WindowWrap<T>(windowLengthInMs, windowStart,
newEmptyBucket(timeMillis));
            //CAS 将新窗口写到 array 中并返回
            if (array.compareAndSet(idx, null, window)) {
                return window;
            }
            //并发写失败，释放 CPU 资源，避免有线程长时间占用 CPU，一般下次来的时候 array
            //中有数据了会命中第 2 种情况
```

```
            else {
                Thread.yield();
            }
        }
        //第 2 种情况
        else if (windowStart == old.windowStart()) {
            //在第 1 种或第 3 种情况下，多数并发失败会命中这种情况
            return old;
        }
        //第 3 种情况
        else if (windowStart > old.windowStart()) {
            //加锁去重置
            if (updateLock.tryLock()) {
                try {
                    //拿到锁的线程才重置窗口
                    return resetWindowTo(old, windowStart);
                } finally {
                    //释放锁
                    updateLock.unlock();
                }
            }
            //并发加锁失败，释放 CPU 资源，避免有线程长时间占用 CPU，一般下次来的时候因为
            //old 对象时间更新了会命中第 2 种情况
            else {
                Thread.yield();
            }
        }
        //理论上不会出现的情况
        else if (windowStart < old.windowStart()) {
            return new WindowWrap<T>(windowLengthInMs, windowStart, newEmptyBucket
(timeMillis));
        }
    }
}

    //计算索引
```

```java
private int calculateTimeIdx(long timeMillis) {
    //timeId 把时间降精度
    long timeId = timeMillis / windowLengthInMs;
    //取模计算索引值, 取值为[0, array.length()-1]
    return (int)(timeId % array.length());
}


//计算窗口开始时间
protected long calculateWindowStart(/*@Valid*/ long timeMillis) {
    //按窗口长度降精度, 让1个窗口长度内从任意时间点开始都相同
    return timeMillis - timeMillis % windowLengthInMs;
}
}
```

其中，WindowWrap 是一个窗口对象，它是一个包装类，包装的对象是 MetricBucket。

```java
public class WindowWrap<T> {

    //窗口长度
    private final long windowLengthInMs;

    //窗口开始时间
    private long windowStart;

    //窗口的数据
    private T value;
}
```

其中 MetricBucket 类的定义如下，可以发现指标数据存在 LongAdder[] counters 中。LongAdder 是 JDK1.8 中新增的类，用于在高并发场景下代替 AtomicLong，以用空间换时间的方式降低了 CAS 失败的概率，从而提高性能。

```java
public class MetricBucket {
    /**
     * 存储指标的计数器
     * counters[0]  PASS  通过数
     * counters[1]  BLOCK  拒绝数
     * counters[2]  EXCEPTION  异常数
```

```
 * counters[3]   SUCCESS 成功数
 * counters[4]   RT 响应时长
 * counters[5]   OCCUPIED_PASS 预分配通过数
 */
private final LongAdder[] counters;
//最小 RT
private volatile long minRt;

//在构造方法中初始化
public MetricBucket() {
    MetricEvent[] events = MetricEvent.values();
    this.counters = new LongAdder[events.length];
    for (MetricEvent event : events) {
        counters[event.ordinal()] = new LongAdder();
    }
    initMinRt();
}


//覆盖指标
public MetricBucket reset(MetricBucket bucket) {
    for (MetricEvent event : MetricEvent.values()) {
        counters[event.ordinal()].reset();
        counters[event.ordinal()].add(bucket.get(event));
    }
    initMinRt();
    return this;
}

private void initMinRt() {
    this.minRt = Constants.TIME_DROP_VALVE;
}

//重置指标为 0
public MetricBucket reset() {
    for (MetricEvent event : MetricEvent.values()) {
        counters[event.ordinal()].reset();
```

```
    }
    initMinRt();
    return this;
}

//获取指标值，从 counters 中返回
public long get(MetricEvent event) {
    return counters[event.ordinal()].sum();
}

//获取指标值，从 counters 中返回
public MetricBucket add(MetricEvent event, long n) {
    counters[event.ordinal()].add(n);
    return this;
}

public long pass() {
    return get(MetricEvent.PASS);
}

public long block() {
    return get(MetricEvent.BLOCK);
}

public void addPass(int n) {
    add(MetricEvent.PASS, n);
}

public void addBlock(int n) {
    add(MetricEvent.BLOCK, n);
}

//省略
}
```

7.12.3　服务降级的实现原理

服务降级是通过 DegradeSlot 来实现的，它会根据用户配置的降级规则和系统运行时各个 Node 中的统计数据进行降级判断。

```java
public class DegradeSlot extends AbstractLinkedProcessorSlot<DefaultNode> {

    @Override
    public void entry(Context context, ResourceWrapper resourceWrapper, DefaultNode node,
int count, boolean prioritized, Object... args)
        throws Throwable {
        //降级检查
        DegradeRuleManager.checkDegrade(resourceWrapper, context, node, count);
        //调用下一个 Slot
        fireEntry(context, resourceWrapper, node, count, prioritized, args);
    }

    @Override
    public void exit(Context context, ResourceWrapper resourceWrapper, int count, Object...
args) {
        fireExit(context, resourceWrapper, count, args);
    }
}
```

降级规则的检查是基于 DegradeRuleManager.checkDegrade 实现的。

- 根据资源名称得到降级规则列表。
- 循环判断每个规则。

```java
public static void checkDegrade(ResourceWrapper resource, Context context, DefaultNode
node, int count)
        throws BlockException {

    Set<DegradeRule> rules = degradeRules.get(resource.getName());
    if (rules == null) {
        return;
    }

    for (DegradeRule rule : rules) {
        if (!rule.passCheck(context, node, count)) {
            throw new DegradeException(rule.getLimitApp(), rule);
        }
    }
}
```

检测降级规则具体调用的是 rule.passCheck 方法，部分代码如下：

```java
//计数器
private AtomicLong passCount = new AtomicLong(0);
//RT 阈值，或异常比例阈值，在规则中设置
private double count;
//降级策略
private int grade = RuleConstant.DEGRADE_GRADE_RT;
//时间窗口，在规则中设置
private int timeWindow;
//异常 RT 次数阈值，默认为 5
private int rtSlowRequestAmount = RuleConstant.DEGRADE_DEFAULT_SLOW_REQUEST_AMOUNT;
//最低请求次数阈值，默认为 5
private int minRequestAmount = RuleConstant.DEGRADE_DEFAULT_MIN_REQUEST_AMOUNT;


public boolean passCheck(Context context, DefaultNode node, int acquireCount, Object...
args) {
    //开关
    if (cut.get()) {
        return false;
    }
    //从 context 中获取 ClusterNode，为了下面获取本次请求资源的 runtime 信息
    ClusterNode clusterNode = ClusterBuilderSlot.getClusterNode(this.getResource());
    if (clusterNode == null) {
        return true;
    }
    //阈值类型：RT
    if (grade == RuleConstant.DEGRADE_GRADE_RT) {
        //最近 1 秒的平均 RT
        double rt = clusterNode.avgRt();
        //平均 RT 小于 RT 阈值，则清空计数器，则通过
        if (rt < this.count) {
            passCount.set(0);
            return true;
        }

        //平均 RT 大于等于 RT 阈值，计数器+1
```

```
    //如果计数器小于计数阈值，则通过。这个阈值是为了忽略偶尔一两次波动大的毛刺
    if (passCount.incrementAndGet() < rtSlowRequestAmount) {
        return true;
    }
}
//阈值类型：秒级异常比例
else if (grade == RuleConstant.DEGRADE_GRADE_EXCEPTION_RATIO) {
    //最近 1 秒的异常数
    double exception = clusterNode.exceptionQps();
    //最近 1 秒的成功数
    double success = clusterNode.successQps();
    //最近 1 秒的请求数
    double total = clusterNode.totalQps();
    //如果请求数小于阈值，则通过。这个阈值是为了避免请求量低时统计不准确的情况
    if (total < minRequestAmount) {
        return true;
    }

    //如果成功数小于等于异常数，且异常数小于阈值，则通过
    double realSuccess = success - exception;
    if (realSuccess <= 0 && exception < minRequestAmount) {
        return true;
    }

    //如果异常比例小于阈值，则通过
    if (exception / success < count) {
        return true;
    }
}
//阈值类型：分钟异常数
else if (grade == RuleConstant.DEGRADE_GRADE_EXCEPTION_COUNT) {
    //最近 1 分钟的异常总数
    double exception = clusterNode.totalException();
    //如果异常总数小于阈值，则通过
    if (exception < count) {
        return true;
```

```
    }
}

//所有不通过要降级的请求都在这里处理
//如果未降级则开启降级，如果已经降级则不处理
if (cut.compareAndSet(false, true)) {
    //启动定时任务，在时间窗口结束后降级取消，并重新开始计数
    ResetTask resetTask = new ResetTask(this);
    pool.schedule(resetTask, timeWindow, TimeUnit.SECONDS);
}
//不通过，外部抛出降级异常
return false;
}
```

passCheck 方法会根据配置的降级规则，触发不同的降级判断逻辑，具体的降级策略在前面的章节中有详细分析。

7.13　本章小结

本章花了较长的篇幅讲解 Sentinel 的使用和原理，其中包括：

- 限流的产生背景和常见的限流算法。
- Sentinel 的基本应用。
- 如何将 Sentinel 集成到 Spring Cloud 及 Dubbo 中。
- Sentinel Dashboard 的使用及流控规则的持久化。
- Sentinel 的工作原理和核心代码分析。

整体来看，Sentinel 就两个部分，核心库和 Sentinel Dashboard。核心库主要提供基础的限流及熔断的支持，而 Sentinel Dashboard 提供可视化监控及流控规则的管理。

同时，Sentinel 核心库提供了非常丰富的应用场景，如秒杀场景中的突发流量控制、消息的削峰填谷、集群流量控制、熔断降级等。并且对主流的框架提供了很好的适配，使得开发者可以更容易地集成 Sentinel。

笔者只分析了源码部分核心的逻辑，感兴趣的读者可以去 GitHub 下载完整源码读一下，里面有很多设计思想是值得学习的。

8

第8章

分布式事务

提到事务这个概念，相信大家第一时间想到的是数据库的事务。所谓的数据库事务是指作为单个逻辑工作单元执行的多个数据库操作，要么同时成功，要么同时失败，它必须满足 ACID 特性，即：

- 原子性（Atomicity）：事务必须是原子工作单元，不可继续分割，要么全部成功，要么全部失败。
- 一致性（Consistency）：事务完成时，所有的数据都必须保持一致。
- 隔离性（Isolation）：由并发事务所做的修改必须与任何其他并发事务所做的修改隔离。
- 持久性（Durability）：事务执行完成之后，它对于系统的影响是永久性的。

上述是针对单库多表的情况事务所要满足的特性。在微服务架构下，随着业务服务的拆分及数据库的拆分，会存在如图 8-1 所示的场景，订单和库存分别拆分成了两个独立的数据库，当客户端发起一个下单操作时，需要在订单服务对应的数据库中创建订单，同时需要基于 RPC 通信调用库存服务完成商品库存的扣减。

在这样一个场景中，原本的单库事务操作就变成了多个数据库的事务操作，由于每个数据库的事务执行情况只有自己知道，比如订单数据库并不知道库存数据库的执行结果，这样就会导致订单数据库和库存数据库的数据不一致问题，比如订单创建成功，库存扣减失败，就可能会导致"超卖"问题。这就是所谓的分布式事务场景。准确来说，分布式事务是指事务的参与者、支持事务的服务器、资源服务器及事务管理器分别位于分布式系统的不同节点上。

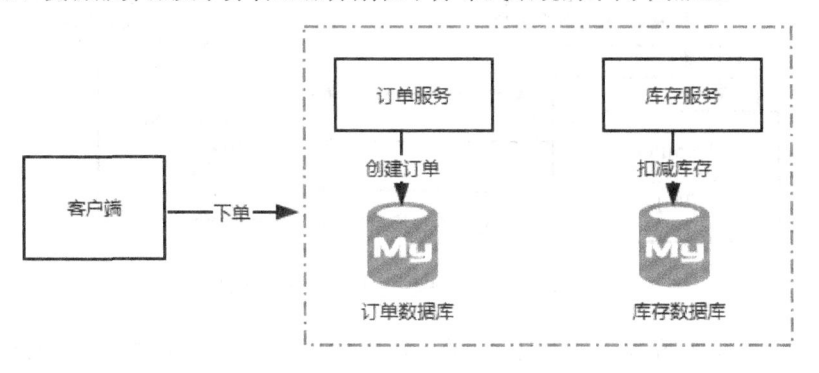

图 8-1 分布式事务的场景

8.1 分布式事务问题的理论模型

分布式事务问题也叫分布式数据一致性问题，简单来说就是如何在分布式场景中保证多个节点数据的一致性。分布式事务产生的核心原因在于存储资源的分布性，比如多个数据库，或者 MySQL 和 Redis 两种不同存储设备的数据一致性等。在实际应用中，我们应该尽可能地从设计层面去避免分布式事务的问题，因为任何一种解决方案都会增加系统的复杂度。接下来我们了解一下分布式事务问题的常见解决方案。

8.1.1 X/Open 分布式事务模型

X/Open DTP（X/Open Distributed Transaction Processing Reference Model）是 X/Open 这个组织定义的一套分布式事务的标准。这个标准提出了使用两阶段提交（2PC，Two-Phase-Commit）来保证分布式事务的完整性。如图 8-2 所示，X/Open DTP 中包含以下三种角色。

- AP：Application，表示应用程序。
- RM：Resource Manager，表示资源管理器，比如数据库。
- TM：Transaction Manager，表示事务管理器，一般指事务协调者，负责协调和管理事务，提供 AP 编程接口或管理 RM。可以理解为 Spring 中提供的 Transaction Manager。

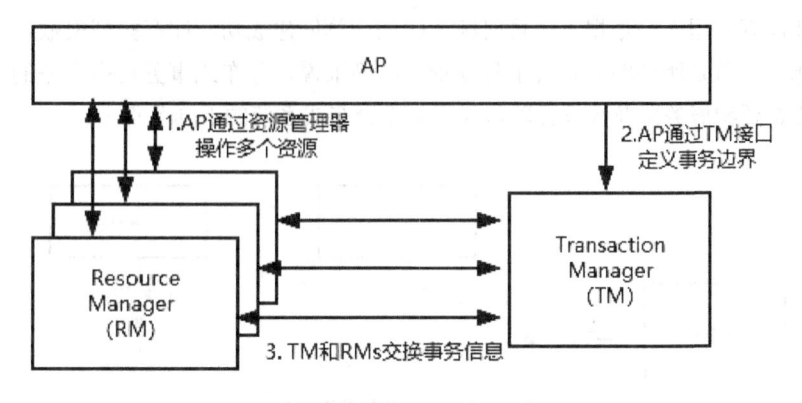

图 8-2　分布式事务处理（DTP）模型

图 8-2 所展示的角色和关系与本地事务的原理基本相同，唯一不同的在于，如果此时 RM 代表数据库，那么 TM 需要能够管理多个数据库的事务，大致实现步骤如下：

- 配置 TM，把多个 RM 注册到 TM，相当于 TM 注册 RM 作为数据源。
- AP 从 TM 管理的 RM 中获取连接，如果 RM 是数据库则获取 JDBC 连接。
- AP 向 TM 发起一个全局事务，生成全局事务 ID（XID），XID 会通知各个 RM。
- AP 通过第二步获得的连接直接操作 RM 完成数据操作。这时，AP 在每次操作时会把 XID 传递给 RM。
- AP 结束全局事务，TM 会通知各个 RM 全局事务结束。
- 根据各个 RM 的事务执行结果，执行提交或者回滚操作。

为了更清晰地理解，读者可参考如图 8-3 所示的流程图，实际上这里会涉及全局事务的概念。也就是说，在原本的单机事务下，会存在跨库事务的可见性问题，导致无法实现多节点事务的全局可控。而 TM 就是一个全局事务管理器，它可以管理多个资源管理器的事务。TM 最终会根据各个分支事务的执行结果进行提交或者回滚，如果注册的所有分支事务中任何一个节点事务执行失败，为了保证数据的一致性，TM 会触发各个 RM 的事务回滚操作。

需要注意的是，TM 和多个 RM 之间的事务控制，是基于 XA 协议（XA Specification）来完成的。XA 协议是 X/Open 提出的分布式事务处理规范，也是分布式事务处理的工业标准，它定义了 xa_ 和 ax_ 系列的函数原型及功能描述、约束等。目前 Oracle、MySQL、DB2 都实现了 XA 接口，所以它们都可以作为 RM。

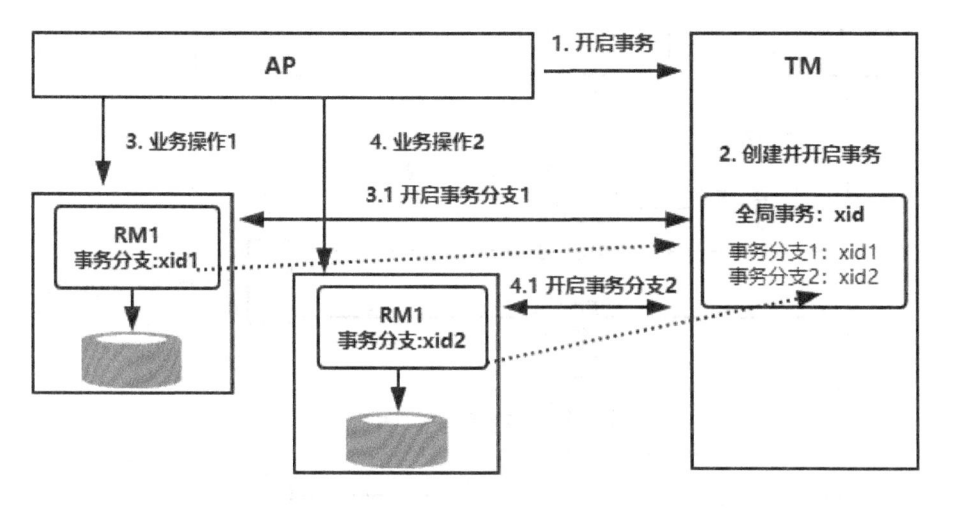

图 8-3　事务执行流程

8.1.2　两阶段提交协议

细心的读者不难发现，在图 8-3 中 TM 实现了多个 RM 事务的管理，实际上会涉及两个阶段的提交，第一阶段是事务的准备阶段，第二阶段是事务的提交或者回滚阶段。这两个阶段都是由事务管理器发起的。两阶段提交协议的执行流程如下。

- 准备阶段：事务管理器（TM）通知资源管理器（RM）准备分支事务，记录事务日志，并告知事务管理器的准备结果。
- 提交/回滚阶段：如果所有的资源管理器（RM）在准备阶段都明确返回成功，则事务管理器（TM）向所有的资源管理器（RM）发起事务提交指令完成数据的变更。反之，如果任何一个资源管理器（RM）明确返回失败，则事务管理器（TM）会向所有资源管理器（RM）发送事务回滚指令。完整的执行流程如图 8-4 所示。

两阶段提交将一个事务的处理过程分为投票和执行两个阶段，它的优点在于充分考虑到了分布式系统的不可靠因素，并且采用非常简单的方式（两阶段提交）就把由于系统不可靠而导致事务提交失败的概率降到最小。当然，它也并不是完美的，存在以下缺点。

- 同步阻塞：从图 8-4 的执行流程来看，所有参与者（RM）都是事务阻塞型的，对于任何一次指令都必须要有明确的响应才能继续进行下一步，否则会处于阻塞状态，占用的资源一直被锁定。
- 过于保守：任何一个节点失败都会导致数据回滚。

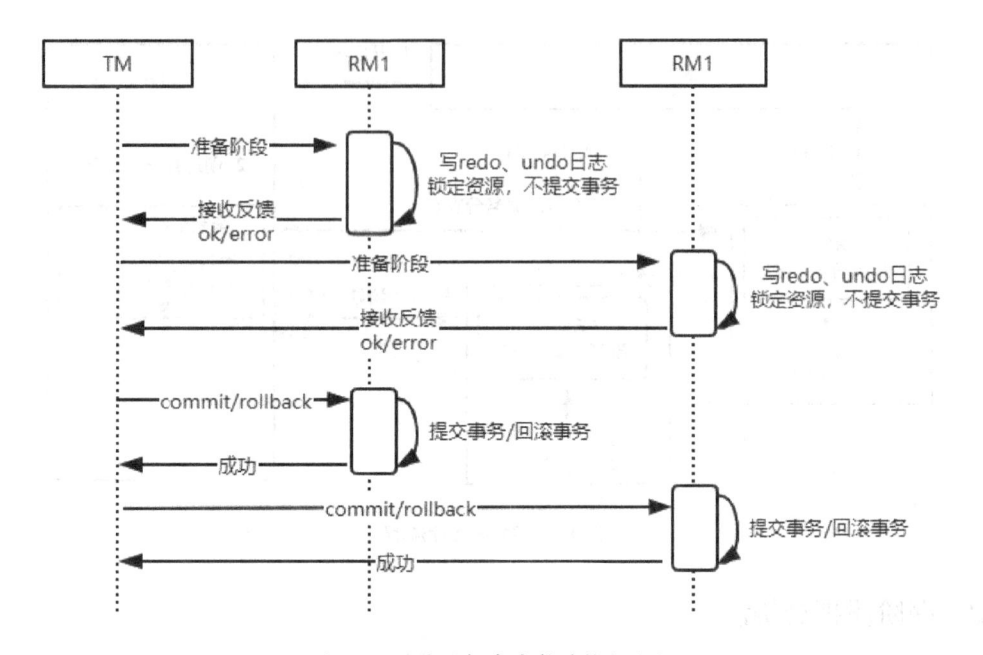

图 8-4　两阶段提交完整的执行流程

- 事务协调者的单点故障：如果协调者在第二阶段出现了故障，那么其他的参与者（RM）会一直处于锁定状态。
- "脑裂"导致数据不一致问题：在第二阶段中，事务协调者向所有参与者（RM）发送 commit 请求后，发生局部网络异常导致只有一部分参与者（RM）接收到了 commit 请求，这部分参与者（RM）收到请求后会执行 commit 操作，但是未收到 commit 请求的节点由于事务无法提交，导致数据出现不一致问题。

8.1.3　三阶段提交协议

三阶段提交协议是两阶段提交协议的改进版本，它利用超时机制解决了同步阻塞的问题，三阶段提交协议的具体描述如下。

- CanCommit（询问阶段）：事务协调者向参与者发送事务执行请求，询问是否可以完成指令，参与者只需要回答是或者不是即可，不需要做真正的事务操作，这个阶段会有超时中止机制。
- PreCommit（准备阶段）：事务协调者会根据参与者的反馈结果决定是否继续执行，如果在询问阶段所有参与者都返回可以执行操作，则事务协调者会向所有参与者发送

PreCommit 请求，参与者收到请求后写 redo 和 undo 日志，执行事务操作但是不提交事务，然后返回 ACK 响应等待事务协调者的下一步通知。如果在询问阶段任意参与者返回不能执行操作的结果，那么事务协调者会向所有参与者发送事务中断请求。

- DoCommit（提交或回滚阶段）：这个阶段也会存在两种结果，仍然根据上一步骤的执行结果来决定 DoCommit 的执行方式。如果每个参与者在 PreCommit 阶段都返回成功，那么事务协调者会向所有参与者发起事务提交指令。反之，如果参与者中的任一参与者返回失败，那么事务协调者就会发起中止指令来回滚事务。

三阶段提交协议的时序图如图 8-5 所示。

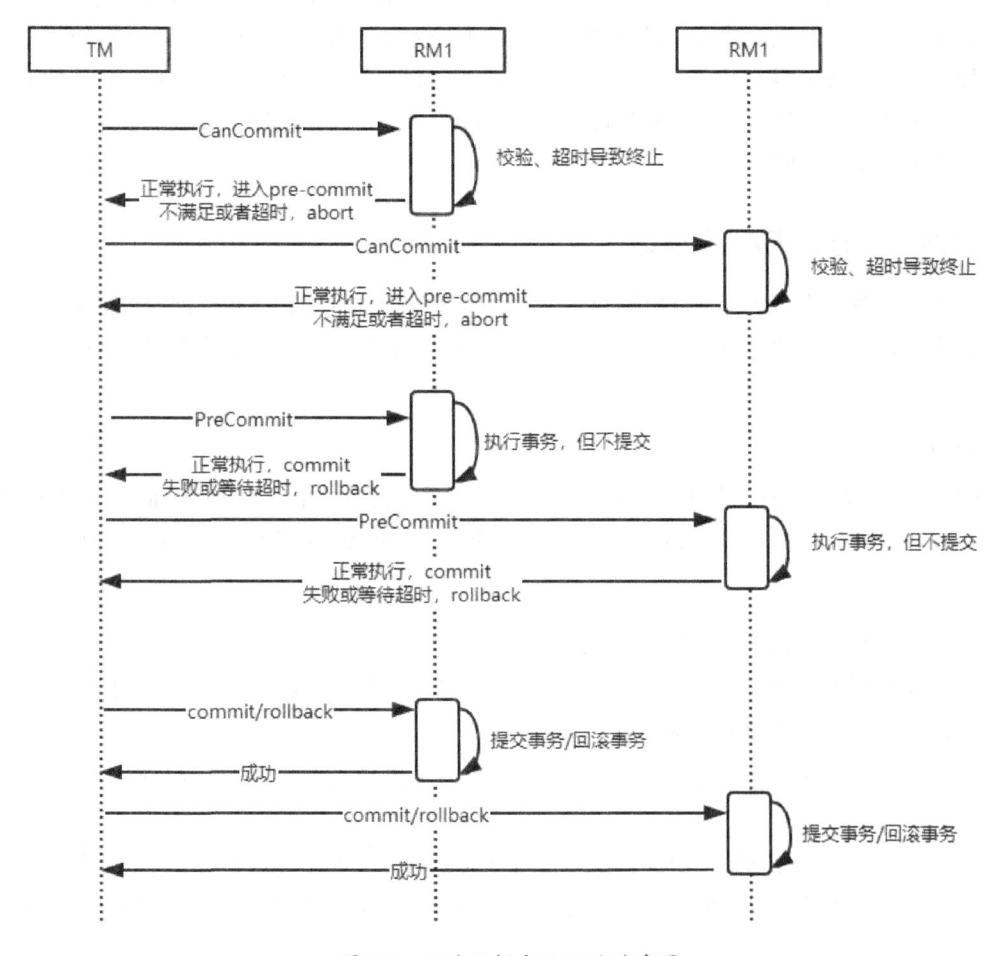

图 8-5　三阶段提交协议的时序图

三阶段提交协议和两阶段提交协议相比有一些不同点：

- 增加了一个 CanCommit 阶段，用于询问所有参与者是否可以执行事务操作并且响应，它的好处是，可以尽早发现无法执行操作而中止后续的行为。

- 在准备阶段之后，事务协调者和参与者都引入了超时机制，一旦超时，事务协调者和参与者会继续提交事务，并且认为处于成功状态，因为在这种情况下事务默认为成功的可能性比较大。

实际上，一旦超时，在三阶段提交协议下仍然可能出现数据不一致的情况，当然概率是比较小的。另外，最大的好处就是基于超时机制来避免资源的永久锁定。需要注意的是，不管是两阶段提交协议还是三阶段提交协议，都是数据一致性解决方案的实现，我们可以在实际应用中灵活调整。比如 ZooKeeper 集群中的数据一致性，就用到了优化版的两阶段提交协议，优化的地方在于，它不需要所有参与者在第一阶段返回成功才能提交事务，而是利用少数服从多数的投票机制来完成数据的提交或者回滚。

8.1.4　CAP 定理和 BASE 理论

前面提到的两阶段提交和三阶段提交是 XA 协议解决分布式数据一致性问题的基本原理，但是这两种方案为了保证数据的强一致性，降低了可用性。实际上这里涉及分布式事务的两个理论模型。

CAP 定理

CAP 定理，又叫布鲁尔定理。简单来说它是指在分布式系统中不可能同时满足一致性（C：Consistency）、可用性（A：Availability）、分区容错性（P：Partition Tolerance）这三个基本需求，最多同时满足两个。

- C：数据在多个副本中要保持强一致，比如前面说的分布式数据一致性问题。
- A：系统对外提供的服务必须一直处于可用状态，在任何故障下，客户端都能在合理的时间内获得服务端的非错误响应。
- P：在分布式系统中遇到任何网络分区故障，系统仍然能够正常对外提供服务。

不同节点分布在不同的子网络中时，在内部子网络正常的情况下，由于某些原因导致这些子节点之间出现网络不通的情况，导致整个系统环境被切分成若干独立的区域，这就是网络分区。

CAP 定理证明，在分布式系统中，要么满足 CP，要么满足 AP，不可能实现 CAP 或者 CA。原因是网络通信并不是绝对可靠的，比如网络延时、网络异常等都会导致系统故障。而在分布式系统中，即便出现网络故障也需要保证系统仍然能够正常对外提供服务，所以在分布式系统中 Partition Tolerance 是必然存在的，也就是需要满足分区容错性。

如果是 CA 或者 CAP 这种情况，相当于网络百分之百可靠，否则当出现网络分区的情况时，为了保证数据的一致性，必须拒绝客户端的请求。但是如果拒绝了请求，就无法满足 A，所以在分布式系统中不可能选择 CA，因此只能有 AP 或者 CP 两种选择。

- AP：对于 AP 来说，相当于放弃了强一致性，实现最终的一致，这是很多互联网公司解决分布式数据一致性问题的主要选择。
- CP：放弃了高可用性，实现强一致性。前面提到的两阶段提交和三阶段提交都采用这种方案。可能导致的问题是用户完成一个操作会等待较长的时间。

BASE 理论

BASE 理论是由于 CAP 中一致性和可用性不可兼得而衍生出来的一种新的思想，BASE 理论的核心思想是通过牺牲数据的强一致性来获得高可用性。它有如下三个特性。

- Basically Available（基本可用）：分布式系统在出现故障时，允许损失一部分功能的可用性，保证核心功能的可用。
- Soft State（软状态）：允许系统中的数据存在中间状态，这个状态不影响系统的可用性，也就是允许系统中不同节点的数据副本之间的同步存在延时。
- Eventually Consistent（最终一致性）：中间状态的数据在经过一段时间之后，会达到一个最终的数据一致性。

BASE 理论并没有要求数据的强一致，而是允许数据在一段时间内是不一致的，但是数据最终会在某个时间点实现一致。在互联网产品中，大部分都会采用 BASE 理论来实现数据的一致，因为产品的可用性对于用户来说更加重要。

举个例子，在电商平台中用户发起一个订单的支付，不需要同步等待支付的执行结果，系统会返回一个支付处理中的状态到用户界面。对于用户来说，他可以从订单列表中看到支付的处理结果。而对于系统来说，当第三方的支付处理成功之后，再更新该订单的支付状态即可。在这个场景中，虽然订单的支付状态和第三方的支付状态存在短期的不一致，但是用户却获得了更好的产品体验。

8.2 分布式事务问题的常见解决方案

在前面的章节中已经详细分析了分布式事务的问题及理论模型，并且基于 CAP 理论我们知道对于数据一致性问题有 AP 和 CP 两种方案，但是在电商领域等互联网场景下，基于 CP 的强一致性方案在数据库性能和系统处理能力上会存在一定的瓶颈。所以在互联网场景中更多采用柔性事务，所谓的柔性事务是遵循 BASE 理论来实现的事务模型，它有两个特性：基本可用、柔性状态。在本节中主要基于柔性事务模型来分析互联网产品中分布式事务的常见解决方案。

8.2.1 TCC 补偿型方案

TCC（Try-Confirm-Cancel）是一种比较成熟的分布式数据一致性解决方案，它实际上是把一个完整的业务拆分为如下三个步骤。

- Try：这个阶段主要是对数据的校验或者资源的预留。
- Confirm：确认真正执行的任务，只操作 Try 阶段预留的资源。
- Cancel：取消执行，释放 Try 阶段预留的资源。

其实 TCC 是一种两阶段提交的思想，第一阶段通过 Try 进行准备工作，第二阶段 Confirm/Cancel 表示 Try 阶段操作的确认和回滚。在分布式事务场景中，每个服务实现 TCC 之后，就作为其中的一个资源，参与到整个分布式事务中。然后主业务服务在第一阶段中分别调用所有 TCC 服务的 Try 方法。最后根据第一个阶段的执行情况来决定对第二阶段的 Confirm 或者 Cancel。TCC 执行流程如图 8-6 所示。

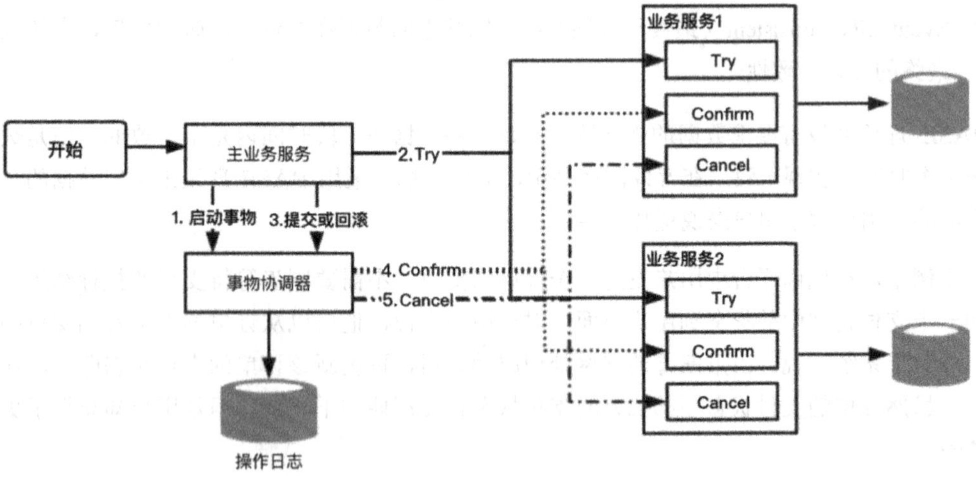

图 8-6　TCC 执行流程

对于 TCC 的工作机制，我们举一个比较简单的例子。在一个理财 App 中，用户通过账户余额购买一个理财产品，这里涉及两个事务操作：

- 在账户服务中，对用户账户余额进行扣减。
- 在理财产品服务中，对指定理财产品可申购金额进行扣减。

这两个事务操作在微服务架构下分别对应的是两个不同的微服务，以及独立的数据库操作，在 TCC 的工作机制中，首先针对账户服务和理财产品服务分别提供 Try、Confirm 和 Cancel 三个方法。

- 在账户服务的 Try 方法中对实际申购金额进行冻结，Confirm 方法把 Try 方法冻结的资金进行实际的扣减，Cancel 方法把 Try 方法冻结的资金进行解冻。
- 理财产品服务的 Try 方法中将本次申购的部分额度进行冻结，Confirm 方法把 Try 方法中冻结的额度进行实际扣减，Cancel 方法把 Try 方法中冻结的额度进行释放。

在一个主业务方法中，分别调用这两个服务对外提供的处理方法（资金扣减、理财产品可申购额度扣减），这两个服务做实际业务处理时，会先调用 Try 方法来做资源预留，如果这两个方法处理都正常，TCC 事务协调器就会调用 Confirm 方法对预留资源进行实际应用。否则 TCC 事物协调器一旦感知到任何一个服务的 Try 方法处理失败，就会调用各个服务的 Cancel 方法进行回滚，从而保证数据的一致性。

在一些特殊情况下，比如理财产品服务宕机或者出现异常，导致该服务并没有收到 TCC 事务协调器的 Cancel 或者 Confirm 请求，怎么办呢？没关系，TCC 事务框架会记录一些分布式事务的操作日志，保存分布式事务运行的各个阶段和状态。TCC 事务协调器会根据操作日志来进行重试，以达到数据的最终一致性。

需要注意的是，TCC 服务支持接口调用失败发起重试，所以 TCC 暴露的接口都需要满足幂等性。

8.2.2 基于可靠性消息的最终一致性方案

基于可靠性消息的最终一致性是互联网公司比较常用的分布式数据一致性解决方案，它主要利用消息中间件（Kafka、RocketMQ 或 RabbitMQ）的可靠性机制来实现数据一致性的投递。以电商平台的支付场景为例，用户完成订单的支付后不需要同步等待支付结果，可以继续做其他事情。但是对于系统来说，大部分是在发起支付之后，等到第三方支付平台提供异步支付结果通知，再根据结果来设置该订单的支付状态。并且如果是支付成功的状态，大部分电商平台基于营销策略还会给账户增加一定的积分奖励。所以，当系统接收到第三方返回的支付结果时，需要更新支付服务的支付状态，以及更新账户服务的积分余额，这里就涉及两个服务的数据一致性问题。从这个场景中可以发现这里的数据一致性并不要求实时性，所以我们可以采用基于可靠性消息的最终一致性方案来保证支付服务和账户服务的数据一致性。如图 8-7 所示，支付服务收到支付结果通知后，先更新支付订单的状态，再发送一条消息到分布式消息队列中，账户服务会监听到指定队列的消息并进行相应的处理，完成数据的同步。

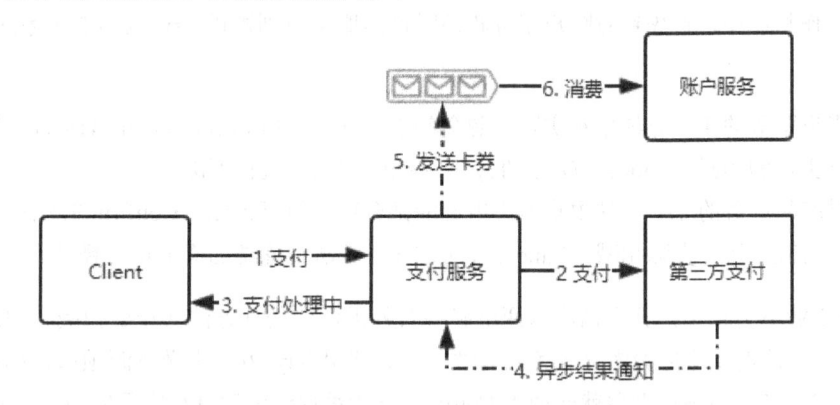

图 8-7　基于可靠性消息投递的最终一致性

在图 8-7 的解决方案中，我们不难发现一些问题，就是支付服务的本地事务与发送消息这个操作的原子性问题，具体描述如下。

- 先发送消息，再执行数据库事务，在这种情况下可能会出现消息发送成功但是本地事务更新失败的情况，仍然会导致数据不一致的问题。

```
begin transaction;
sendMsg();
updateStatus();
commit transaction;
```

- 先执行数据库事务操作，再发送消息，在这种情况下可能会出现 MQ 响应超时导致异常，从而将本地事务回滚，但消息可能已经发送成功了，也会存在数据不一致的问题。

```
begin transaction;
updateStatus();
sendMsg();
commit transaction;
```

以上问题也有很多成熟的解决方案，以 RocketMQ 为例，它提供了事务消息模型，如图 8-8 所示，具体的执行逻辑如下：

- 生产者发送一个事务消息到消息队列上，消息队列只记录这条消息的数据，此时消费者无法消费这条消息。
- 生产者执行具体的业务逻辑，完成本地事务的操作。
- 接着生产者根据本地事务的执行结果发送一条确认消息给消息队列服务器，如果本地事务执行成功，则发送一个 Commit 消息，表示在第一步中发送的消息可以被消费，否则，消息队列服务器会把第一步存储的消息删除。
- 如果生产者在执行本地事务的过程中因为某些情况一直未给消息队列服务器发送确认，那么消息队列服务器会定时主动回查生产者获取本地事务的执行结果，然后根据回查结果来决定这条消息是否需要投递给消费者。
- 消息队列服务器上存储的消息被生产者确认之后，消费者就可以消费这条消息，消息消费完成之后发送一个确认标识给消息队列服务器，表示该消息投递成功。

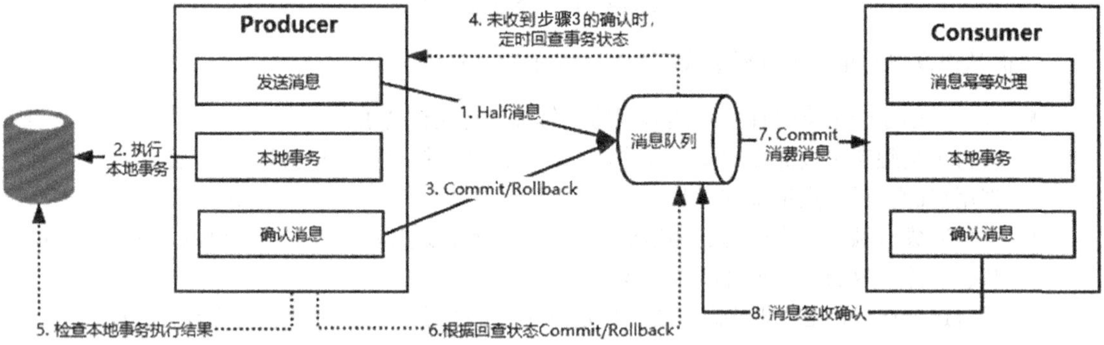

图 8-8　RocketMQ 事务消息模型

在 RocketMQ 事务消息模型中，事务是由生产者来完成的，消费者不需要考虑，因为消息队列可靠性投递机制的存在，如果消费者没有签收该消息，那么消息队列服务器会重复投递，从而实现生产者的本地数据和消费者的本地数据在消息队列的机制下达到最终一致。

不难发现，在 RocketMQ 的事务消息模型中最核心的机制应该是事务回查，实际上查询模式在很多类似的场景中都可以应用。在分布式系统中，由于网络通信的存在，服务之间的远程通信除成功和失败两种结果外，还存在一种未知状态，比如网络超时。服务提供者可以提供一个查询接口向外部输出操作的执行状态，服务调用方可以通过调用该接口得知之前操作的结果并进行相应的处理。

8.2.3 最大努力通知型

最大努力通知型和基于可靠性消息的最终一致性方案的实现是类似的，它是一种比较简单的柔性事务解决方案，也比较适用于对数据一致性要求不高的场景，最典型的使用场景是支付宝支付结果通知，实现流程如图 8-9 所示。

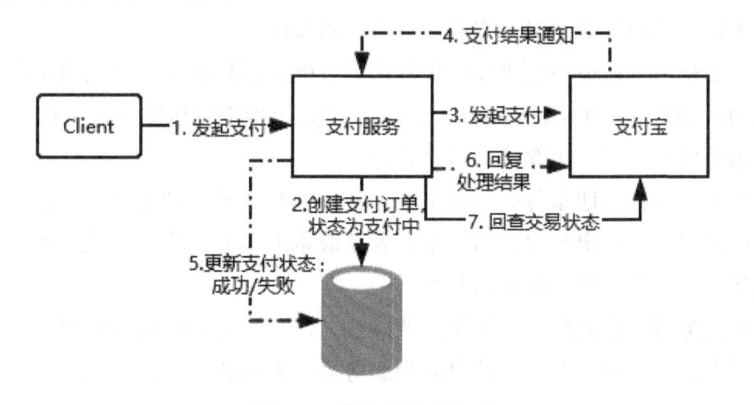

图 8-9 最大努力通知型

下面站在商户的角度来分析最大努力通知型的处理过程。

- 商户先创建一个支付订单，然后调用支付宝发起支付请求。
- 支付宝唤醒支付页面完成支付操作，支付宝同样会针对该商户创建一个支付交易，并且根据用户的支付结果记录支付状态。
- 支付完成后触发一个回调通知给商户，商户收到该通知后，根据结果修改本地支付订单的状态，并且返回一个处理状态给支付宝。
- 针对这个订单，在理想状态下支付宝的交易状态和商户的交易状态会在通知完成后达到最终一致。但是由于网络的不确定性，支付结果通知可能会失败或者丢失，导致商户端的支付订单的状态是未知的。所以最大努力通知型的作用就体现了，如果商户端在收到支付结果通知后没有返回一个 "SUCCESS" 状态码，那么这个支付结果回调请求会以衰减重试机制（逐步拉大通知的间隔）继续触发，比如 1min、5min、10min、30min……直到达到最大通知次数。如果达到指定次数后商户还没有返回确认状态，怎么处理呢？
- 支付宝提供了一个交易结果查询接口，可以根据这个支付订单号去支付宝查询支付状态，然后根据返回的结果来更新商户的支付订单状态，这个过程可以通过定时器来触发，也可以通过人工对账来触发。

从上述分析可以发现，所谓的最大努力通知，就是在商户端如果没有返回一个消息确认时，支付宝会不断地进行重试，直到收到一个消息确认或者达到最大重试次数。

不难发现它的实现机制和图 8-8 中的事务消息模型的消费者消费模型类似，在消费者没有向消息中间件服务器发送确认之前，这个消息会被重复投递，确保消息的可靠性消费。

8.3 分布式事务框架 Seata

Seata 是一款开源的分布式事务解决方案，致力于在微服务架构下提供高性能和简单易用的分布式事务服务。它提供了 AT、TCC、Saga 和 XA 事务模式，为开发者提供了一站式的分布式事务解决方案。其中 TCC 和 XA 我们前面分析过，AT 和 Saga 这两种事务模式是什么呢？下面先来简单介绍一下这两种事务模式。

8.3.1 AT 模式

AT 模式是 Seata 最主推的分布式事务解决方案，它是基于 XA 演进而来的一种分布式事务模式，所以它同样分为三大模块，分别是 TM、RM 和 TC，其中 TM 和 RM 作为 Seata 的客户端与业务系统集成，TC 作为 Seata 的服务器独立部署。TM 表示事务管理器（Transaction Manager），它负责向 TC 注册一个全局事务，并生成一个全局唯一的 XID。在 AT 模式下，每个数据库资源被当作一个 RM（Resource Manager），在业务层面通过 JDBC 标准的接口访问 RM 时，Seata 会对所有请求进行拦截。每个本地事务进行提交时，RM 都会向 TC（Transaction Coordinator，事务协调器）注册一个分支事务。Seata 的 AT 事务模式如图 8-10 所示。

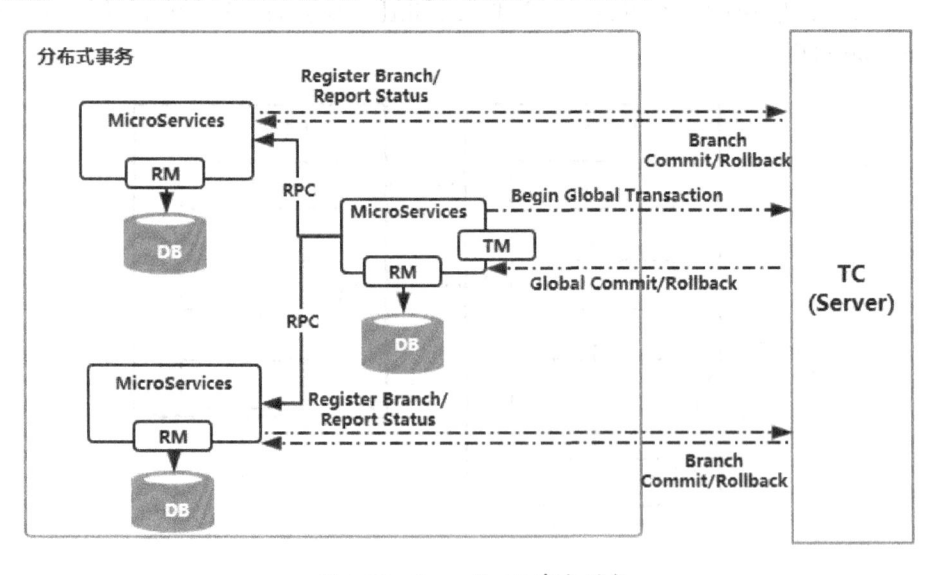

图 8-10 Seata 的 AT 事务模式

具体执行流程如下：

- TM 向 TC 注册全局事务，并生成全局唯一的 XID。
- RM 向 TC 注册分支事务，并将其纳入该 XID 对应的全局事务范围。
- RM 向 TC 汇报资源的准备状态。
- TC 汇总所有事务参与者的执行状态，决定分布式事务是全部回滚还是提交。
- TC 通知所有 RM 提交/回滚事务。

AT 模式和 XA 一样，也是一个两阶提交事务模型，不过和 XA 相比，做了很多优化，笔者会在后续的章节中重点分析 AT 模式的实现原理。

8.3.2　Saga 模式

Saga 模式又称为长事务解决方案，它是由普林斯顿大学的 Hector Garcia-Molina 和 Kenneth Salem 提出的，主要描述的是在没有两阶段提交的情况下如何解决分布式事务问题。其核心思想是：把一个业务流程中的长事务拆分为多个本地短事务，业务流程中的每个参与者都提交真实的提交给该本地短事务，当其中一个参与者事务执行失败，则通过补偿机制补偿前面已经成功的参与者。

如图 8-11 所示，Saga 由一系列 sub-transaction T_i 组成，每个 T_i 都有对应的补偿动作 C_i，补偿动作用于撤销 T_i 造成的数据变更结果。它和 TCC 相比，少了 Try 这个预留动作，每一个 T_i 操作都真实地影响到数据库。

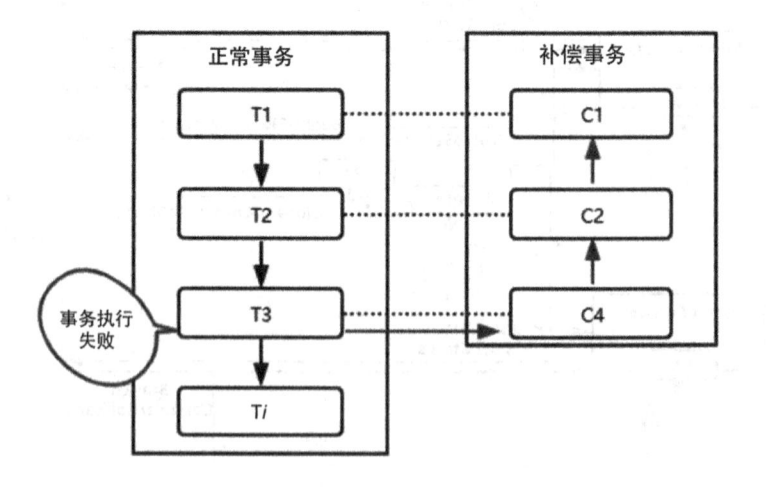

图 8-11　Saga 事务模型

按照 Saga 的工作模式，有两种执行方式：

- T1, T2, T3, ... , Ti：这种方式表示所有事务都正常执行。
- T1, T2, ..., Tj, Cj, ... , C2, C1（其中 $0<j<i$）：这种方式表示执行到 Tj 事务时出现异常，通过补充操作撤销之前所有成功的 sub-transaction。

另外，Saga 提供了以下两种补偿恢复方式。

- 向后恢复，也就是上面提到的第二种工作模式，如果任一子事务执行失败，则把之前执行的结果逐一撤销。
- 向前恢复，也就是不进行补偿，而是对失败的事务进行重试，这种方式比较适合于事务必须要执行成功的场景。

不管是向后恢复还是向前恢复，都可能出现失败的情况，在最坏的情况下只能人工干预处理。

8.3.2.1　Saga 的优劣势

和 XA 或者 TCC 相比，它的优势包括：一阶段直接提交本地事务；没有锁等待，性能较高；在事件驱动的模式下，短事务可以异步执行；补偿机制的实现比较简单。

缺点是 Saga 并不提供原子性和隔离性支持，隔离性的影响是比较大的，比如用户购买一个商品后系统赠送一张优惠券，如果用户已经把优惠券使用了，那么事务如果出现异常要回滚时就会出现问题。

8.3.2.2　Saga 的实现方式

在一个电商平台的下单场景中，一般会涉及订单的创建、商品库存的扣减、钱包支付、积分赠送等操作，整体的时序图如图 8-12 所示。

电商平台下单的流程是一个典型的长事务场景，根据 Saga 模式的定义，先将长事务拆分成多个本地短事务，每个服务的本地事务按照执行顺序逐一提交，一旦其中一个服务的事务出现异常，则采用补偿的方式逐一撤回。这一过程的实现会涉及 Saga 的协调模式，它有两种常用的协调模式。

- 事件/编排式：把 Saga 的决策和执行顺序逻辑分布在 Saga 的每一个参与者中，它们通过交换事件的方式来进行沟通。
- 命令/协同式：把 Saga 的决策和执行顺序逻辑集中在一个 Saga 控制类中，它以命令/回复的方式与每项服务进行通信，告诉它们应该执行哪些操作。

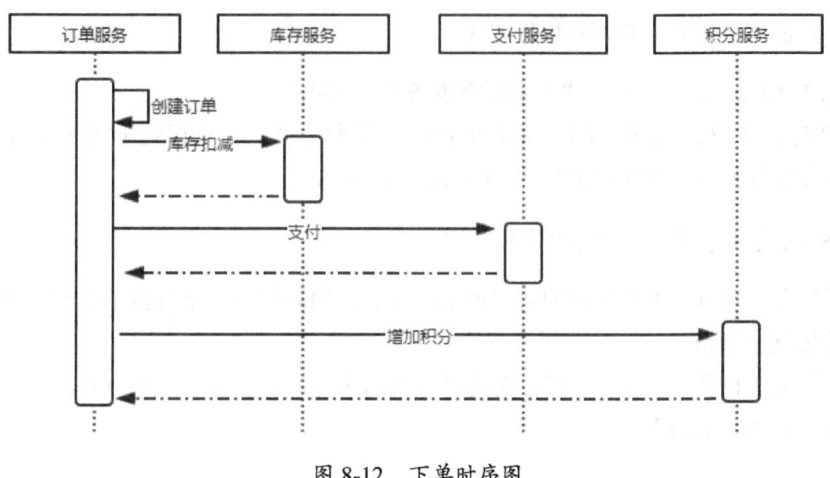

图 8-12　下单时序图

事件/编排式

在基于事件的编排模式中，第一个服务执行完一个本地事务之后，发送一个事件。这个事件会被一个或者多个服务监听，监听到事件的服务再执行本地事务并发布新的事件，此后一直延续这种事件触发模式，直到该业务流程中最后一个服务的本地事务执行结束，才意味着整个分布式长事务也执行结束，如图 8-13 所示。

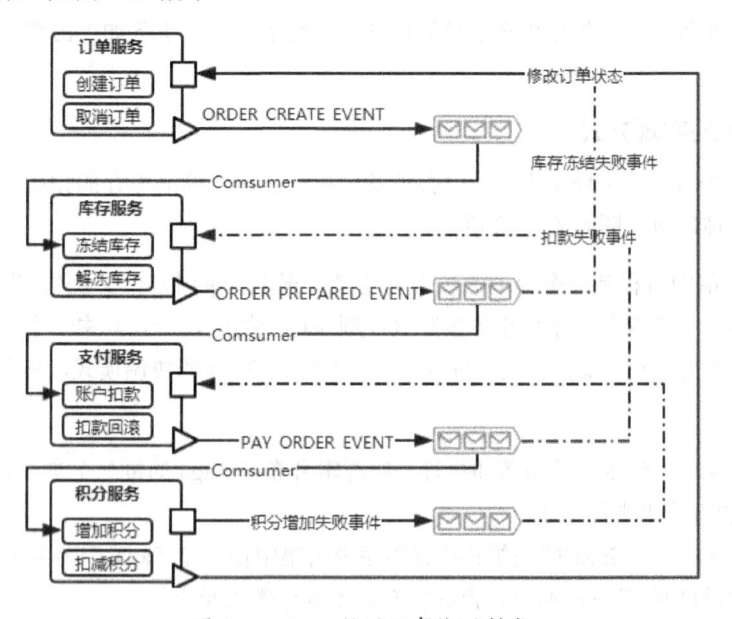

图 8-13　Saga 协同之事件/编排式

这个流程看起来很复杂，但是却是比较常见的解决方案，下面简单描述一下具体的步骤。

- 订单服务创建新的订单，把订单状态设置为待支付，并发布一个 ORDER_CREATE_EVENT 事件。
- 库存服务监听到 ORDER_CREATE_EVENT 事件后，执行本地的库存冻结方法，如果执行成功，则发布一个 ORDER_PREPARED_EVENT 事件。
- 支付服务监听 ORDER_PREPARED_EVENT 事件后，执行账户扣款方法，并发布 PAY_ORDER_EVENT 事件。
- 最后，积分服务监听 PAY_ORDER_EVENT 事件，增加账户积分，并更新订单状态为成功。

上述任一步骤执行失败，都会发送一个失败的事件，每个服务需要监听失败的情况根据实际需求进行逐一回滚。

命令/协同式

命令/协同式需要定义一个 Saga 协调器，负责告诉每一个参与者该做什么，Saga 协调器以命令/回复的方式与每项服务进行通信，如图 8-14 所示。

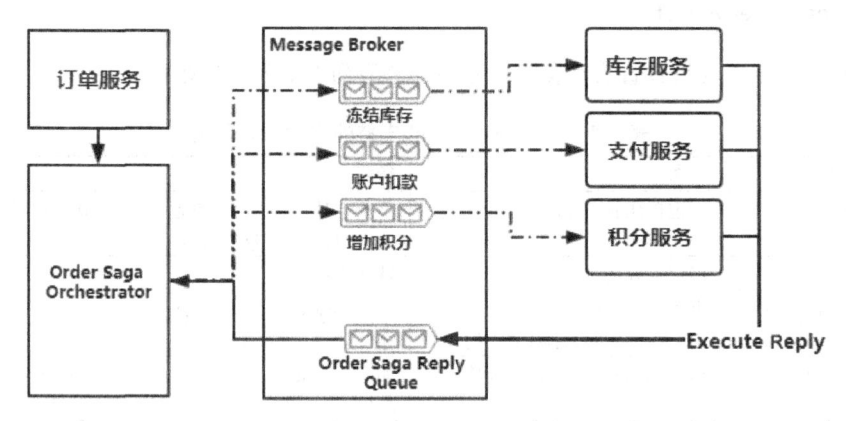

图 8-14　Saga 协同之命令/协同式

命令/协同式的实现步骤如下：

- 订单服务首先创建一个订单，然后创建一个订单 Saga 协调器，启动订单事务。
- Saga 协调器向库存服务发送冻结库存命令，库存服务通过 Order Saga Reply Queue 回复执行结果。
- 接着，Saga 协调器继续向支付服务发起账户扣款命令，支付服务通过 Order Saga Reply Queue 回复执行结果。

- 最后，Saga 协调器向积分服务发起增加积分命令，积分服务回复执行结果。

需要注意的是，订单 Saga 协调器必须提前知道"创建订单事务"的所有流程（Seata 是通过基于 JSON 的状态机引擎来实现的），并且在整个流程中任何一个环节执行失败，它都需要向每个参与者发送命令撤销之前的事务操作。

8.4 Seata 的安装

Seata 是一个需要独立部署的中间件，除直接部署外，它还支持多种部署方式，比如 Docker、Kubernetes、Helm。本节主要讲解直接安装的方式。

- 在 Seata 官网下载 1.0.0 版本的安装包，1.0.0 是笔者写作时最新的发布版本。
- 进入\${SEATA_HOME}\bin 目录，根据系统类型执行相应的启动脚本，在 Linux/Max 下的执行命令如下。

```
sh seata-server.sh
```

- seata-server.sh 支持设置启动参数，完整的参数列表如表 8-1 所示。

表 8-1　seata-server.sh支持的启动参数列表

参数	全写	作用	备注
-h	--host	指定在注册中心注册的IP	不指定时获取当前的IP地址，外部访问部署在云环境和容器中的server，建议指定
-p	--port	指定server启动的端口	默认为8091
-m	--storeMode	事务日志存储方式	支持file和db，默认为file
-n	--serverNode	用于指定seata-server节点的ID	如1,2,3...，默认为1
-e	--seataEnv	指定seata-server的运行环境	如dev、test等，服务启动时会使用registry-dev.conf这样的配置

8.4.1　file 存储模式

Server 端存储模式（store.mode）有 file、db 两种（后续将引入 Raft 实现 Seata 的高可用机制），file 存储模式无须改动，直接启动即可。

file 存储模式为单机模式，全局事务会话信息持久化在本地文件\${SEATA_HOME}\bin\sessionStore\root.data 中，性能较高，启动命令如下：

```
sh seata-server.sh -p 8091 -h 127.0.0.1 -m file
```

8.4.2　db 存储模式

db 存储模式为高可用模式，全局事务会话信息通过 db 共享，性能相对差一些。操作步骤如下。

- 创建表结构。Seata 全局事务会话信息由全局事务、分支事务、全局锁构成，对应表 globaltable、branchtable、lock_table。

```
CREATE TABLE IF NOT EXISTS `global_table`
(
    `xid`                       VARCHAR(128) NOT NULL,
    `transaction_id`            BIGINT,
    `status`                    TINYINT      NOT NULL,
    `application_id`            VARCHAR(32),
    `transaction_service_group` VARCHAR(32),
    `transaction_name`          VARCHAR(128),
    `timeout`                   INT,
    `begin_time`                BIGINT,
    `application_data`          VARCHAR(2000),
    `gmt_create`                DATETIME,
    `gmt_modified`              DATETIME,
    PRIMARY KEY (`xid`),
    KEY `idx_gmt_modified_status` (`gmt_modified`, `status`),
    KEY `idx_transaction_id` (`transaction_id`)
) ENGINE = InnoDB
  DEFAULT CHARSET = utf8;

-- the table to store BranchSession data
CREATE TABLE IF NOT EXISTS `branch_table`
(
    `branch_id`         BIGINT       NOT NULL,
    `xid`               VARCHAR(128) NOT NULL,
    `transaction_id`    BIGINT,
    `resource_group_id` VARCHAR(32),
    `resource_id`       VARCHAR(256),
    `branch_type`       VARCHAR(8),
    `status`            TINYINT,
    `client_id`         VARCHAR(64),
    `application_data`  VARCHAR(2000),
```

```
    `gmt_create`            DATETIME,
    `gmt_modified`          DATETIME,
    PRIMARY KEY (`branch_id`),
    KEY `idx_xid` (`xid`)
) ENGINE = InnoDB
  DEFAULT CHARSET = utf8;


-- the table to store lock data
CREATE TABLE IF NOT EXISTS `lock_table`
(
    `row_key`               VARCHAR(128) NOT NULL,
    `xid`                   VARCHAR(96),
    `transaction_id`        BIGINT,
    `branch_id`             BIGINT       NOT NULL,
    `resource_id`           VARCHAR(256),
    `table_name`            VARCHAR(32),
    `pk`                    VARCHAR(36),
    `gmt_create`            DATETIME,
    `gmt_modified`          DATETIME,
    PRIMARY KEY (`row_key`),
    KEY `idx_branch_id`     (`branch_id`)
) ENGINE = InnoDB
  DEFAULT CHARSET = utf8;
```

- 设置事务日志存储方式，进入${SEATA_HOME}\conf\file.conf，修改 store.mode="db"。
- 修改数据库连接：

```
db {
    datasource = "dbcp"
    db-type = "mysql"
    driver-class-name = "com.mysql.jdbc.Driver"
    url = "jdbc:mysql://127.0.0.1:3306/seata"
    user = "root"
    password = "root"
  }
```

- 启动 seata-server：

```
seata-server.sh -h 127.0.0.1 -p 8091 -m db -n 1
```

参数说明如下。

-h: 注册到注册中心的 IP 地址,Seata-Server 可以把自己注册到注册中心,支持 Nacos、Eureka、Redis、ZooKeeper、Consul、Etcd3、Sofa。

-p: Server RPC 监听端口。

-m: 全局事务会话信息存储模式,包括 file、db,优先读取启动参数。

-n: Server node,有多个 Server 时,需区分各自节点,用于生成不同区间的 transactionId,以免冲突。

8.4.3 Seata 服务端配置中心说明

在${SEATA_HOME}\conf 目录下有两个配置文件,分别是 registry.conf 和 file.conf。

8.4.3.1 registry.conf 配置说明

registry

registry.conf 中包含两项配置: registry、config,完整的配置内容如下。

```
registry {
 # file 、nacos 、eureka、redis、zk、consul、etcd3、sofa
 type = "file"


 nacos {
   serverAddr = "192.168.216.128:8848"
   namespace = ""
   cluster = "default"
 }
 eureka {
   serviceUrl = "http://localhost:8761/eureka"
   application = "default"
   weight = "1"
 }
 redis {
   serverAddr = "localhost:6379"
   db = "0"
```

```
  }
  zk {
    cluster = "default"
    serverAddr = "127.0.0.1:2181"
    session.timeout = 6000
    connect.timeout = 2000
  }
  consul {
    cluster = "default"
    serverAddr = "127.0.0.1:8500"
  }
  etcd3 {
    cluster = "default"
    serverAddr = "http://localhost:2379"
  }
  sofa {
    serverAddr = "127.0.0.1:9603"
    application = "default"
    region = "DEFAULT_ZONE"
    datacenter = "DefaultDataCenter"
    cluster = "default"
    group = "SEATA_GROUP"
    addressWaitTime = "3000"
  }
  file {
    name = "file.conf"
  }
}

config {
  # file、nacos 、apollo、zk、consul、etcd3
  type = "file"

  nacos {
    serverAddr = "localhost"
    namespace = ""
```

```
}
consul {
  serverAddr = "127.0.0.1:8500"
}
apollo {
  app.id = "seata-server"
  apollo.meta = "http://192.168.1.204:8801"
}
zk {
  serverAddr = "127.0.0.1:2181"
  session.timeout = 6000
  connect.timeout = 2000
}
etcd3 {
  serverAddr = "http://localhost:2379"
}
file {
  name = "file.conf"
}
}
```

registry 表示配置 Seata 服务注册的地址，支持目前市面上所有主流的注册中心组件。它的配置非常简单，通过 type 指定注册中心的类型，然后根据指定的类型配置对应的服务地址信息，比如当 type=nacos 时，则匹配到 Nacos 的配置项如下。

```
type="nacos"
nacos {
  serverAddr = "192.168.216.128:8848"
  namespace = ""
  cluster = "default"
}
```

type 默认为 file，它表示不依赖于配置中心，在 file 类型下，可以不依赖第三方注册中心快速集成 Seata，不过，file 类型不具备注册中心的动态发现和动态配置功能。

config

config 配置用于配置 Seata 服务端的配置文件地址，也就是可以通过 config 配置指定 Seata 服务端的配置信息的加载位置，它支持从远程配置中心读取和本地文件读取两种方式。如果配置为远程配置中心，可以使用 type 指定，配置形式和 registry 相同。

```
type = "nacos"
  nacos {
    serverAddr = "localhost"
    namespace = ""
  }
```

在默认情况下 type=file，它会加载 file.conf 文件中的配置信息。

8.4.3.2 file.conf 配置说明

file.conf 存储的是 Seata 服务端的配置信息，完整配置如下。它包含 transport、server、metrics，分别表示协议配置、服务端配置、监控。

```
transport {
  type = "TCP"
  server = "NIO"
  heartbeat = true #client 和 server 通信心跳检测开关
  thread-factory {
    boss-thread-prefix = "NettyBoss"
    worker-thread-prefix = "NettyServerNIOWorker"
    server-executor-thread-prefix = "NettyServerBizHandler"
    share-boss-worker = false
    client-selector-thread-prefix = "NettyClientSelector"
    client-selector-thread-size = 1
    client-worker-thread-prefix = "NettyClientWorkerThread"
    boss-thread-size = 1
    worker-thread-size = 8
  }
  shutdown {
    wait = 3
  }
  serialization = "seata" #client 和 server 通信编解码方式
  compressor = "none" #client 和 server 通信数据压缩方式（none、gzip，默认为 none）
}
## 事务日志存储配置
```

```
store {
  mode = "file" # 存储类型，支持 file 和 db，默认是 file
  ## 文件存储的配置属性
  file {
    dir = "sessionStore"
    max-branch-session-size = 16384
    max-global-session-size = 512
    file-write-buffer-cache-size = 16384
    session.reload.read_size = 100
    flush-disk-mode = async
  }


  ## 数据库存储的配置属性
  db {
    datasource = "dbcp"
    db-type = "mysql"
    driver-class-name = "com.mysql.jdbc.Driver"
    url = "jdbc:mysql://127.0.0.1:3306/seata"
    user = "mysql"
    password = "mysql"
    min-conn = 1
    max-conn = 10
    global.table = "global_table" #db 模式全局事务表名
    branch.table = "branch_table" #db 模式分支事务表名
    lock-table = "lock_table" #db 模式全局锁表名
    query-limit = 100 #db 模式查询全局事务一次的最大条数
  }
}
# server 端配置
server {
  recovery {
    #两阶段提交未完成状态全局事务重试提交线程间隔时间
    committing-retry-period = 1000
    #两阶段异步提交状态重试提交线程间隔时间
    asyn-committing-retry-period = 1000
    #两阶段回滚状态重试回滚线程间隔时间
    rollbacking-retry-period = 1000
```

```
  #超时状态检测重试线程间隔时间
  timeout-retry-period = 1000
}
undo {
  log.save.days = 7 #undo 保留天数
  #undo 清理线程间隔时间（毫秒）
  log.delete.period = 86400000
  }
max.commit.retry.timeout = "-1"
max.rollback.retry.timeout = "-1"
}


## metrics 设置
metrics {
  enabled = false #是否启用 metrics
  registry-type = "compact" #指标注册器类型
  # multi exporters use comma divided
  exporter-list = "prometheus"  #指标结果 Measurement 数据输出器列表
  exporter-prometheus-port = 9898 #prometheus 输出器 Client 端口号
}
```

Seata 服务端启动时会加载 file.conf 中的配置参数，这些参数读者不需要记，只需要知道这些参数可以优化即可，在 Seata 官网上对参数有非常详细的说明。

8.4.3.3　从配置中心加载配置

从前面的分析过程中我们知道，Seata 服务在启动时可以将自己注册到注册中心上，并且 file.conf 文件中的配置同样可以保存在配置中心，接下来我们尝试把配置信息存储到 Nacos 上。

将配置上传到 Nacos

在 GitHub 的官方代码托管平台下载 Seata 的源码，在源码包中有一个 script 文件夹（目前只在源码包中存在），目录结构如下：

- client：存放客户端的 SQL 脚本，参数配置。
- config-center：各个配置中心参数导入脚本，config.txt（包含 server 和 client）为通用参数文件。
- server：服务端数据库脚本及各个容器配置。

进入 config-center 目录，包含 config.txt 和不同配置中心的目录（该目录下包含 shell 脚本和 py 脚本）。其中 config.txt 存放的是 Seata 客户端和服务端的所有配置信息。

在 config-center\nacos 目录下，执行如下脚本：

```
sh nacos-config.sh -h 192.168.216.128 -p 8848 -g SEATE_GROUP
```

该脚本的作用是把 config.txt 中的配置信息上传到 Nacos 配置中心。由于 config.txt 中提供的是默认配置，在实际使用时可以先修改该文件中的内容，再执行上传操作（当然，也可以上传完成之后在 Nacos 控制台上根据实际需求修改对应的配置项）。

脚本如果执行正确，将会在 Nacos 配置中心看到如图 8-15 所示的配置列表。

Data ID: 模糊查询请输入Data ID	Group: SEATE_GROUP		查询 高级查询 导出查询结果 导入配置	
Data Id	Group	归属应用:	操作	
store.file.file-write-buffer-cache-size	SEATE_GROUP		详情 | 示例代码 | 编辑 | 删除 | 更多	
store.file.flush-disk-mode	SEATE_GROUP		详情 | 示例代码 | 编辑 | 删除 | 更多	
store.file.session.reload.read_size	SEATE_GROUP		详情 | 示例代码 | 编辑 | 删除 | 更多	
store.db.datasource	SEATE_GROUP		详情 | 示例代码 | 编辑 | 删除 | 更多	

图 8-15　Nacos 配置列表

Seata 服务端修改配置加载位置

进入 ${SEATA_HOME}\conf 目录，修改 registry.conf 文件中的 config 段，完整配置如下：

```
registry {
  type = "nacos"
  nacos {
    serverAddr = "192.168.216.128:8848"
    namespace = ""
    cluster = "default"
  }
}
config {
  type = "nacos"
  nacos {
```

```
        serverAddr = "192.168.216.128:8848"
        namespace = ""
    }
}
```

至此，我们便完成了 Seata 服务端的注册及统一配置的管理。

8.5 AT 模式 Dubbo 集成 Seata

在本节中，我们仍然通过一个电商平台的购买逻辑，基于 Dubbo 集成 Seata 实现一个分布式事务的解决方案。在整个业务流程中，会涉及如下三个服务。

- 订单服务：用于创建订单。
- 账户服务：从账户中扣除余额。
- 库存服务：扣减指定商品的库存数量。

图 8-16 是这三个微服务的整体架构图，用户执行下单请求时，会调用下单业务的 REST 接口，该接口会分别调用库存服务及订单服务。另外，订单服务还会调用账户服务先进行资金冻结，整个流程涉及这三个服务的分布式事务问题。

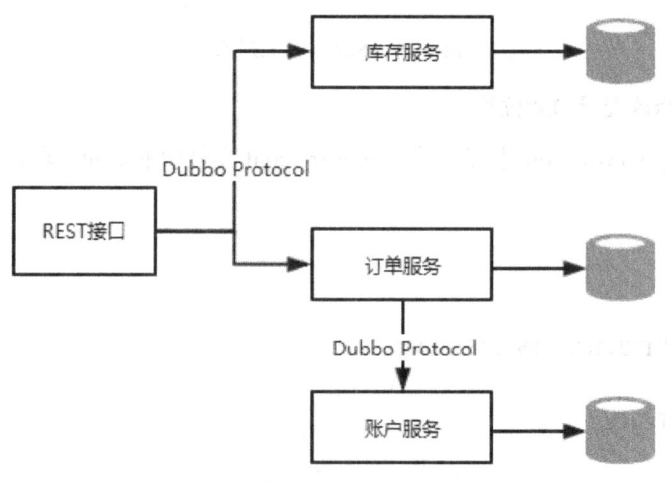

图 8-16　整体架构图

8.5.1　项目准备

使用第 5 章构建的基于 Spring Boot+Nacos+Dubbo 的项目结构，分别构建以下服务。

- sample-order-service，订单服务。
- sample-repo-service，库存服务。
- sample-account-service，账户服务。
- sample-seata-common，公共服务组件。
- sample-rest-web，提供统一业务的 REST 接口服务。

其中 sample-order-service、sample-repo-service、sample-account-service 是基于 Spring Boot+Dubbo 构建的微服务，sample-rest-web 提供统一的业务服务入口，sample-seata-common 提供公共组件。

> 注意，在当前演示的项目中用到了 Nacos，所以需要提前启动 Nacos 服务。

8.5.2　数据库准备

创建三个数据库：seata_order、seata_repo、seata_account，并分别在这三个数据库中创建对应的业务表。

```
--对应 seata_order 数据库
CREATE TABLE `tbl_order` (
  `id` int(11) NOT NULL AUTO_INCREMENT,
  `order_no` varchar(255) DEFAULT NULL,
  `user_id` varchar(255) DEFAULT NULL,
  `product_code` varchar(255) DEFAULT NULL,
  `count` int(11) DEFAULT 0,
  `amount` int(11) DEFAULT 0,
  PRIMARY KEY (`id`)
) ENGINE=InnoDB DEFAULT CHARSET=utf8;


--对应 seata_repo 数据库
CREATE TABLE `tbl_repo` (
  `id` int(11) NOT NULL AUTO_INCREMENT,
  `product_code` varchar(255) DEFAULT NULL,
  `name` varchar(255) DEFAULT NULL,
  `count` int(11) DEFAULT 0,
  PRIMARY KEY (`id`),
```

```
 UNIQUE KEY (`product_code`)
) ENGINE=InnoDB DEFAULT CHARSET=utf8;
--初始数据
INSERT INTO `tbl_repo` VALUES (1, 'GP20200202001', '键盘', '1000');
INSERT INTO `tbl_repo` VALUES (2, 'GP20200202002', '抱枕', '300');
--对应 seata_account 数据库
CREATE TABLE `tbl_account` (
 `id` int(11) NOT NULL AUTO_INCREMENT,
 `user_id` varchar(255) DEFAULT NULL,
 `balance` int(11) DEFAULT 0,
 PRIMARY KEY (`id`)
) ENGINE=InnoDB DEFAULT CHARSET=utf8;
--初始数据
INSERT INTO `tbl_account` VALUES (1, '1001', '10000.00');
```

8.5.3　核心方法说明

为了避免项目的基础配置占用过多的篇幅，本节中主要列出每个服务的核心方法及作用，完整的源码请去 GitHub 下载。

sample-order-service、sample-repo-service、sample-account-service 这三个服务需要集成 MyBatis，用于和数据库交互，集成的过程比较简单，笔者不做过多阐述。

sample-account-service

账户服务提供余额扣减的功能，具体代码如下。

注意，这个案例只是为了演示分布式事务的场景，并没有考虑到高并发情况下的数据安全问题。

```
@Slf4j
@Service
public class AccountServiceImpl implements IAccountService{
    @Autowired
    AccountMapper accountMapper;
    @Override
    public ObjectResponse decreaseAccount(AccountDto accountDto) {
        ObjectResponse response=new ObjectResponse();
```

```
    try{
        int rs=accountMapper.decreaseAccount(accountDto.getUserId(),accountDto.
getBalance().doubleValue());
        if(rs>0){
            response.setMsg(ResCode.SUCCESS.getMessage());
            response.setCode(ResCode.SUCCESS.getCode());
            return response;
        }
        response.setMsg(ResCode.FAILED.getMessage());
        response.setCode(ResCode.FAILED.getCode());
    }catch (Exception e){
        log.error("decreaseAccount Occur Exception:"+e);
        response.setCode(ResCode.SYSTEM_EXCEPTION.getCode());
        response.setMsg(ResCode.SYSTEM_EXCEPTION.getMessage()+"-"+e.getMessage());
    }
    return response;
    }
}
```

sample-order-service

订单服务负责创建订单,并且在创建订单之前先基于 Dubbo 协议调用账户服务的资金扣减接口。

```
@Slf4j
@Service
public class OrderServiceImpl implements IOrderService{

    @Autowired
    OrderMapper orderMapper;
    @Autowired
    OrderConvert orderConvert;
    @Reference
    IAccountService accountService;
    @Override
    public ObjectResponse<OrderDto> createOrder(OrderDto orderDto) {
        ObjectResponse response=new ObjectResponse();
        try {
            //账户扣款
```

```java
            AccountDto accountDto = new AccountDto();
            accountDto.setUserId(orderDto.getUserId());
            accountDto.setBalance(orderDto.getOrderAmount());
            ObjectResponse accountRes = accountService.decreaseAccount(accountDto);
            //创建订单
            Order order=orderConvert.dto2Order(orderDto);
            order.setOrderNo(UUID.randomUUID().toString());
            orderMapper.createOrder(order);
            //判断扣款状态(判断可以前置)
            if(accountRes.getCode()!=ResCode.SUCCESS.getCode()){
                response.setMsg(ResCode.FAILED.getMessage());
                response.setCode(ResCode.FAILED.getCode());
                return response;
            }
            response.setMsg(ResCode.SUCCESS.getMessage());
            response.setCode(ResCode.SUCCESS.getCode());
        }catch (Exception e){
            log.error("createOrder Occur Exception:"+e);
            response.setCode(ResCode.SYSTEM_EXCEPTION.getCode());
            response.setMsg(ResCode.SYSTEM_EXCEPTION.getMessage()+"-"+e.getMessage());
        }
        return response;
    }
}
```

sample-repo-service

库存服务提供库存扣减功能，同样这里也没有处理高并发场景下的性能及安全问题。

```java
@Slf4j
@Service
public class RepoServiceImpl implements IRepoService{
    @Autowired
    RepoMapper repoMapper;

    @Override
    public ObjectResponse decreaseRepo(ProductDto productDto) {
        ObjectResponse response=new ObjectResponse();
```

```
    try {
        int repo = repoMapper.decreaseRepo(productDto.getProductCode(),
productDto.getCount());
        if(repo>0){
            response.setMsg(ResCode.SUCCESS.getMessage());
            response.setCode(ResCode.SUCCESS.getCode());
            return response;
        }
        response.setMsg(ResCode.FAILED.getMessage());
        response.setCode(ResCode.FAILED.getCode());
    }catch (Exception e){
        log.error("decreaseRepo Occur Exception:"+e);
        response.setCode(ResCode.SYSTEM_EXCEPTION.getCode());
        response.setMsg(ResCode.SYSTEM_EXCEPTION.getMessage()+"-"+e.getMessage());
    }
    return response;
    }
}
```

sample–rest–web

sample-rest-web 是基于 Spring Boot 的 Web 项目，主要用于对外提供以业务为维度的 REST 接口，它会分别调用库存服务和订单服务，实现库存扣减及订单创建功能。

```
@Slf4j
@RestController
public class OrderController {

    @Autowired
    IRestOrderService restOrderService;

    @PostMapping("/order")
    ObjectResponse order(@RequestBody OrderRequest orderRequest) throws Exception {
        return restOrderService.handleBusiness(orderRequest);
    }
}
```

RestOrderServiceImpl 的具体实现如下。

```
Slf4j
@Service
@Service
public class RestOrderServiceImpl implements IRestOrderService {
    @Reference
    IRepoService repoService;
    @Reference
    IOrderService orderService;

    @Override
    @GlobalTransactional(timeoutMills = 300000, name = "sample-rest-web")
    public ObjectResponse handleBusiness(OrderRequest orderRequest) throws Exception{
        log.info("开始全局事务:xid="+ RootContext.getXID());
        log.info("begin order: "+orderRequest);
        //1. 扣减库存
        ProductDto productDto=new ProductDto();
        productDto.setProductCode(orderRequest.getProductCode());
        productDto.setCount(orderRequest.getCount());
        ObjectResponse repoRes=repoService.decreaseRepo(productDto);
        //2. 创建订单
        OrderDto orderDto=new OrderDto();
        orderDto.setUserId(orderRequest.getUserId());
        orderDto.setOrderAmount(orderRequest.getAmount());
        orderDto.setOrderCount(orderRequest.getCount());
        orderDto.setProductCode(orderRequest.getProductCode());
        ObjectResponse orderRes=orderService.createOrder(orderDto);
        ObjectResponse response=new ObjectResponse();
        response.setMsg(ResCode.SUCCESS.getMessage());
        response.setCode(ResCode.SUCCESS.getCode());
        response.setData(orderRes.getData());
        return response;
    }
}
```

8.5.4　项目启动顺序及访问

这几个项目彼此之间存在依赖关系，服务与服务之间的依赖可以参考图 8-16，服务的启动顺序为：

- sample-seata-common 为公共组件，需要先通过 mvn。
- install 安装到本地仓库，给其他服务依赖。
- 接下来启动账户服务 sample-account-service，它会被订单服务调用。
- 启动订单服务 sample-order-service。
- 启动库存服务 sample-repo-service。
- 启动 sample-rest-web，它作为 REST 的业务入口，最后启动。

通过如下 curl 命令进行整体下单流程的测试，并监控数据库表中对应数据的变化，确保整个调用链路是正常的。

```
curl http://localhost:8080/order -H "Accept: application/json" -H "Content-type:
application/json;charset=UTF-8" -X POST -d {"\"userId\"":1001,"\"productCode\"":
"\"GP20200202001\"","\"name\"":"\"键盘\"","\"count\"":1,"\"amount\"":400}
```

8.5.5　整合 Seata 实现分布式事务

在上述流程中，假设库存扣减成功了，但是在创建订单时如果由于账户资金不足导致失败，就会出现数据不一致的场景。按照正常的流程来说，被扣减的库存需要加回去，这就是一个分布式事务的场景。接下来我们在项目中整合 Seata 来解决该问题。

8.5.5.1　添加 Seata Jar 包依赖

分别在 4 个项目中添加 Seata 的 Starter 组件依赖。

```
<dependency>
    <groupId>io.seata</groupId>
    <artifactId>seata-spring-boot-starter</artifactId>
    <version>1.0.0</version>
</dependency>
```

8.5.5.2　添加 Seata 配置项目

同样分别在 4 个项目中的 application.yml 文件中添加 Seata 的配置项，具体配置明细如下。

```
seata:
 enabled: true #是否开启 spring-boot 自动装配
 tx-service-group: sample-repo-service #事务组，直接设置为项目名即可
 transport:
   type: TCP
```

```
      server: NIO
      heartbeat: true #client 和 server 通信心跳检测开关（默认为 true，即开启）
      enable-client-batch-send-request: true #客户端事务消息请求是否批量合并发送
      thread-factory: #线程相关参数设置
        boss-thread-prefix: NettyBoss
        worker-thread-prefix: NettyServerNIOWorker
        server-executor-thread-prefix: NettyServerBizHandler
        share-boss-worker: false
        client-selector-thread-prefix: NettyClientSelector
        client-selector-thread-size: 1
        client-worker-thread-prefix: NettyClientWorkerThread
        boss-thread-size: 1
        worker-thread-size: 8
      shutdown:
        wait: 3
      serialization: seata #client 和 server 通信编解码方式
      compressor: none #client 和 server 通信数据压缩方式，包括 none、gzip，默认为 none
  service:
    vgroup-mapping: default #TC 集群，需要和 Seata-Server 保持一致
    enable-degrade: false #降级开关，默认为 false。业务侧根据连续错误数自动降级，不走 seata 事务
    disable-global-transaction: false #全局事务开关，默认为 false。false 为开启，true 为关闭
    #TC 服务列表，也就是 Seata 服务端地址，只有当注册中心为 file 时使用
    grouplist: 192.168.216.128:8091
  client:
    rm:
      lock:
        lock-retry-interval: 10   #校验或占用全局锁重试间隔
        #分支事务与其他全局回滚事务冲突时的锁策略
        lock-retry-policy-branch-rollback-on-conflict: true
        lock-retry-times: 30   #校验或占用全局锁重试次数
    rm-async-commit-buffer-limit: 10000   #异步提交缓存队列长度
    rm-report-retry-count: 5   #一阶段结果上报 TC 重试次数
    rm-table-meta-check-enable: false   #自动刷新缓存中的表结构
    rm-report-success-enable: true   #是否上报一阶段成功
    tm-commit-retry-count: 5   #一阶段全局提交结果上报 TC 重试次数
    tm-rollback-retry-count: 5   #一阶段全局回滚结果上报 TC 重试次数
```

```
undo:
  undo-log-table: undo_log   #自定义 undo 表名
  undo-data-validation: true   #二阶段回滚镜像校验
  undo-log-serialization: jackson   #undo 序列化方式
log:
  exception-rate: 100   #日志异常输出概率
support:
  spring:
    datasource-autoproxy: true   #数据源自动代理开关
```

上述配置中有几个配置项需要注意：

- seata.support.spring.datasource-autoproxy:true 属性表示数据源自动代理开关，在 sample-order-service、sample-account-service、sample-repo-service 中设置为 true，在 sample-rest-web 中设置为 false，因为该项目并没有访问数据源，不需要代理。
- 如果注册中心为 file，seata.service.grouplist 需要填写 Seata 服务端连接地址。在默认情况下，注册中心配置为 file，如果需要从注册中心上进行服务发现，可以增加如下配置。

```
seata:
  registry:
    type: nacos
    nacos:
      cluster: default
      server-addr: 192.168.216.128:8848
```

- tx-service-group 表示指定服务所属的事务分组，如果没有指定，默认使用 spring. application.name 加上字符串-seata-service-group。需要注意这两项配置必须要配置一项，否则会报错。

8.5.5.3　添加回滚日志表

分别在 3 个数据库 seata-account、seata-repo、seata-order 中添加一张回滚日志表，用于记录每个数据库表操作的回滚日志，当某个服务的事务出现异常时会根据该日志进行回滚。

```
CREATE TABLE `undo_log` (
 `id` bigint(20) NOT NULL AUTO_INCREMENT,
 `branch_id` bigint(20) NOT NULL,
 `xid` varchar(100) NOT NULL,
```

```
`context` varchar(128) NOT NULL,
`rollback_info` longblob NOT NULL,
`log_status` int(11) NOT NULL,
`log_created` datetime NOT NULL,
`log_modified` datetime NOT NULL,
PRIMARY KEY (`id`),
UNIQUE KEY `ux_undo_log` (`xid`,`branch_id`)
) ENGINE=InnoDB DEFAULT CHARSET=utf8;
```

8.5.5.4 sample-rest-web 增加全局事务控制

修改 sample-rest-web 工程的 RestOrderServiceImpl，做两件事情：

- 增加@GlobalTransactional 全局事务注解。
- 模拟一个异常处理，当商品编号等于某个指定的值时抛出异常，触发整个事务的回滚。

```
@Service
public class RestOrderServiceImpl implements IRestOrderService {
    @Reference
    IRepoService repoService;
    @Reference
    IOrderService orderService;

    @Override
    @GlobalTransactional(timeoutMills = 300000, name = "sample-rest-web")
    public ObjectResponse handleBusiness(OrderRequest orderRequest) throws Exception {
        log.info("开始全局事务:xid="+ RootContext.getXID());
        log.info("begin order: "+orderRequest);
        //1. 扣减库存
        ProductDto productDto=new ProductDto();
        productDto.setProductCode(orderRequest.getProductCode());
        productDto.setCount(orderRequest.getCount());
        ObjectResponse repoRes=repoService.decreaseRepo(productDto);
        //2. 创建订单
        OrderDto orderDto=new OrderDto();
        orderDto.setUserId(orderRequest.getUserId());
        orderDto.setOrderAmount(orderRequest.getAmount());
        orderDto.setOrderCount(orderRequest.getCount());
        orderDto.setProductCode(orderRequest.getProductCode());
```

```
ObjectResponse orderRes=orderService.createOrder(orderDto);
if(orderRequest.getProductCode().equals("GP20200202002")){
    throw new Exception("系统异常");
}
ObjectResponse response=new ObjectResponse();
response.setMsg(ResCode.SUCCESS.getMessage());
response.setCode(ResCode.SUCCESS.getCode());
response.setData(orderRes.getData());
return response;
    }
}
```

8.5.5.5　启动服务进行测试

按照依赖顺序分别启动服务，正常情况下，每个服务都会向 TC（Seata-Server）注册一个事务分支，获得如下日志说明事务分支注册成功。

```
register success, cost 5 ms, version:1.0.0,role:TMROLE,channel:[id: 0xd4728ddf,
L:/192.168.216.1:56599 - R:/192.168.216.128:8091]
```

使用 curl 模拟异常请求，根据程序代码的逻辑，传递一个触发异常的产品编号。

```
curl http://localhost:8080/order -H "Accept: application/json" -H "Content-type:
application/json;charset=UTF-8" -X POST -d {"\"userId\"":1001,"\"productCode\"":
"\"GP20200202002\"","\"name\"":"\"抱枕\"","\"count\"":1,"\"amount\"":400}
```

从异常触发的位置来看，如果没有引入分布式事务，那么即便出现了异常，由于库存扣减、订单创建、账户资金扣减等操作都已经生效，所以数据无法被回滚。在引入 Seata 之后，在异常出现后会触发各个事务分支的数据回滚，保证数据的正确性，如果配置正常，在 3 个 Dubbo 服务的控制台中会获得如下输出，完成事务回滚操作。

```
[tch_RMROLE_1_24] io.seata.rm.AbstractRMHandler          : Branch Rollbacking:
192.168.216.128:8091:2034530568 2034530569 jdbc:mysql://localhost:3306/seata_repo
[tch_RMROLE_1_24] i.s.r.d.undo.AbstractUndoLogManager     : xid
192.168.216.128:8091:2034530568 branch 2034530569, undo_log deleted with GlobalFinished
```

8.6　Spring Cloud Alibaba Seata

本节我们主要基于 Spring Cloud 环境集成 Seata 实现分布式事务，仍然基于 8.5 节中描述的场景来进行改造。

在第 5 章中有详细的 Spring Cloud 集成 Nacos 及 Dobbo 的步骤，所以 Spring Cloud 项目集成过程不再重复阐述，主要讲解在 Spring Cloud 中如何集成 Seata。

8.6.1　Spring Cloud 项目准备

构建 4 个项目，实现逻辑及核心代码与 8.5 节完全一致，只增加了 Greenwich.SR2 版本的 Spring Cloud 依赖。项目名称如下：

- spring-cloud-seata-account。
- spring-cloud-seata-repo。
- spring-cloud-seata-order。
- spring-cloud-seata-rest。

8.6.2　集成 Spring Cloud Alibaba Seata

在上述的 4 个服务中分别集成 Spring Cloud Alibaba Seata，步骤如下。

- 添加依赖包。

```xml
<dependency>
    <groupId>com.alibaba.cloud</groupId>
    <artifactId>spring-cloud-alibaba-seata</artifactId>
    <version>2.1.1.RELEASE</version>
</dependency>
```

- spring-cloud-alibaba-seata 不支持 yml 形式，所以只能使用 file.conf 和 registry.conf 文件来描述客户端的配置信息。可以直接将${SEATA_HOME}\conf 目录下的这两个文件复制到项目的 resource 目录中。同样，如果希望从配置中心加载这些配置项，在 registry.conf 中指定配置中心地址即可。file.conf 完整配置项如下。

```
transport {
  type = "TCP"
  server = "NIO"
  heartbeat = true
  enable-client-batch-send-request = true
  thread-factory {
```

```
      boss-thread-prefix = "NettyBoss"
      worker-thread-prefix = "NettyServerNIOWorker"
      server-executor-thread-prefix = "NettyServerBizHandler"
      share-boss-worker = false
      client-selector-thread-prefix = "NettyClientSelector"
      client-selector-thread-size = 1
      client-worker-thread-prefix = "NettyClientWorkerThread"
      boss-thread-size = 1
      worker-thread-size = 8
    }
    shutdown {
      wait = 3
    }
    serialization = "seata"
    compressor = "none"
  }
  service {
    vgroup_mapping.${txServiceGroup} = "default"
    default.grouplist = "192.168.216.128:8091"
    enableDegrade = false
    disableGlobalTransaction = false
  }
  client {
    rm {
      async.commit.buffer.limit = 10000
      lock {
        retry.internal = 10
        retry.times = 30
        retry.policy.branch-rollback-on-conflict = true
      }
      report.retry.count = 5
      table.meta.check.enable = false
      report.success.enable = true
    }
    tm {
      commit.retry.count = 5
      rollback.retry.count = 5
    }
```

```
undo {
  data.validation = true
  log.serialization = "jackson"
  log.table = "undo_log"
}
log {
  exceptionRate = 100
}
support {
  # auto proxy the DataSource bean
  spring.datasource.autoproxy = true
}
}
```

在上述配置中，vgroup_mapping.${txServiceGroup} = "default"表示事务群组，其中 ${txServiceGroup}表示事务服务分组，它的值要设置为 spring.cloud.alibaba.seata.tx- service-group 或 者 spring.application.name+"seata.tx-service-group"。

- 在 spring-cloud-seata-account、spring-cloud-seata-repo、spring-cloud-seata-order 这 3 个服务 中添加一个配置类 SeataAutoConfig，主要做两件事：
  ○ 配置数据源代理 DataSourceProxy。
  ○ 初始化 GlobalTransactionScanner，装载到 Spring IoC 容器。

```
@Configuration
@EnableConfigurationProperties({SeataProperties.class})
public class SeataAutoConfig {

    @Autowired
    private DataSourceProperties dataSourceProperties;
    private ApplicationContext applicationContext;
    private SeataProperties seataProperties;
    public SeataAutoConfig(SeataProperties seataProperties, ApplicationContext
applicationContext){
        this.applicationContext=applicationContext;
        this.seataProperties=seataProperties;
    }
    @Bean
    public DruidDataSource druidDataSource(){
```

```
        DruidDataSource druidDataSource = new DruidDataSource();
        druidDataSource.setUrl(dataSourceProperties.getUrl());
        druidDataSource.setUsername(dataSourceProperties.getUsername());
        druidDataSource.setPassword(dataSourceProperties.getPassword());
        druidDataSource.setDriverClassName(dataSourceProperties.getDriverClassName());
        return druidDataSource;
    }

    @Bean
    public DataSourceProxy dataSourceProxy(DruidDataSource druidDataSource){
        return new DataSourceProxy(druidDataSource);
    }

    @Bean
    public DataSourceTransactionManager transactionManager(DataSourceProxy
dataSourceProxy) {
        return new DataSourceTransactionManager(dataSourceProxy);
    }

    @Bean
    public SqlSessionFactory sqlSessionFactory(DataSourceProxy dataSourceProxy)
throws Exception {
        SqlSessionFactoryBean factoryBean = new SqlSessionFactoryBean();
        factoryBean.setDataSource(dataSourceProxy);
        factoryBean.setMapperLocations(new PathMatchingResourcePatternResolver()
                .getResources("classpath*:com/gupaoedu/springcloud/seata/orderp
rovider/dal/mappers/*Mapper.xml"));
        factoryBean.setTransactionFactory(new SpringManagedTransactionFactory());
        return factoryBean.getObject();
    }


    @Bean
    public GlobalTransactionScanner globalTransactionScanner(){
        String applicationName = this.applicationContext.getEnvironment().
getProperty("spring.application.name");
        String txServiceGroup = this.seataProperties.getTxServiceGroup();
        if (StringUtils.isEmpty(txServiceGroup)) {
```

```
        txServiceGroup = applicationName + "-seata-service-group";
        this.seataProperties.setTxServiceGroup(txServiceGroup);
    }
    return new GlobalTransactionScanner(applicationName, txServiceGroup);
    }
}
```

在 8.5 节演示的过程中是不存在上述这个配置类的，原因是 seata-spring-boot-starter 主动完成了这些功能，并且 Seata 自动实现了数据源的代理。而这里演示的过程是通过手动配置来完成的。其中，GlobalTransactionScanner 中的两个参数分别是 applicationId（应用名称）和 txServiceGroup（事务分组），事务分组会在后续的章节中详细说明。

```
new GlobalTransactionScanner(applicationName,txServiceGroup);
```

需要注意的是，2.1.1.RELEASE 版本内嵌的 seata-all 版本是 0.9.0，所以它无法和 seata-spring-boot-starter 兼容。

如果采用上述自定义配置类 SeataAutoConfig，需要在@SpringBootApplication 注解内 exclude 掉 spring-cloud-alibaba-seata 内的 GlobalTransactionAutoConfiguration，否则两个配置类会产生冲突。

```
@SpringBootApplication(exclude = GlobalTransactionAutoConfiguration.class)
```

- spring-cloud-seata-rest 项目中的配置类如下，由于它并没有关联数据源，所以只需要装载 GlobalTransactionScanner 即可，它主要自动扫描包含 GlobalTransactional 注解的代码逻辑。

```
@Configuration
@EnableConfigurationProperties({SeataProperties.class})
public class SeataAutoConfig {
private ApplicationContext applicationContext;
    private SeataProperties seataProperties;
    public SeataAutoConfig(SeataProperties seataProperties, ApplicationContext
applicationContext){
        this.applicationContext=applicationContext;
        this.seataProperties=seataProperties;
    }
```

```
@Bean
public GlobalTransactionScanner globalTransactionScanner(){
    String applicationName = this.applicationContext.getEnvironment().
getProperty("spring.application.name");
    String txServiceGroup = this.seataProperties.getTxServiceGroup();
    if (StringUtils.isEmpty(txServiceGroup)) {
        txServiceGroup = applicationName + "-seata-service-group";
        this.seataProperties.setTxServiceGroup(txServiceGroup);
    }
    return new GlobalTransactionScanner(applicationName, txServiceGroup);
    }
}
```

至此，基于 Spring Cloud 生态下的 Seata 框架整合就配置完成了。实际上，由于 Spring Cloud 并没有提供分布式事务处理的标准，所以它不像配置中心那样插拔式地集成各种主流的解决方案。Spring Cloud Alibaba Seata 本质上还是基于 Spring Boot 自动装配来集成的，在没有提供标准化配置的情况下只能根据不同的分布式事务框架进行配置和整合。

8.6.3 关于事务分组的说明

在 Seata Client 端的 file.conf 配置中有一个属性 vgroup_mapping，它表示事务分组映射，是 Seata 的资源逻辑，类似于服务实例，它的主要作用是根据分组来获取 Seata Server 的服务实例。

服务分组的工作机制

首先，在应用程序中需要配置事务分组，也就是使用 GlobalTransactionScanner 构造方法中的 txServiceGroup 参数，这个参数有如下几种赋值方式。

- 默认情况下，获取 spring.application.name 的值+"-seata-service-group"。
- 在 Spring Cloud Alibaba Seata 中，可以使用 spring.cloud.alibaba.seata.tx-service-group 赋值。
- 在 Seata-Spring-Boot-Starter 中，可以使用 seata.tx-service-group 赋值。

然后，Seata 客户端会根据应用程序的 txServiceGroup 去指定位置（file.conf 或者远程配置中心）查找 service.vgroup_mapping.${txServiceGroup}对应的配置值，该值代表 TC 集群（Seata Server）的名称。

最后，程序会根据集群名称去配置中心或者 file.conf 中获得对应的服务列表，也就是 clusterName.grouplist 对应的 TC 集群真实的服务列表。实现原理如图 8-17 所示，具体步骤描述如下。

- 获取事务分组 spring-cloud-seata-repo 配置的值 Agroup。
- 拿到事务分组的值 Agroup，拼接成 service.vgroup_mapping.Agroup，去配置中心查找集群名，得到 default。
- 拼接 service.default.grouplist，查找集群名对应的 Seata Server 服务地址：192.168.1.1:8091。

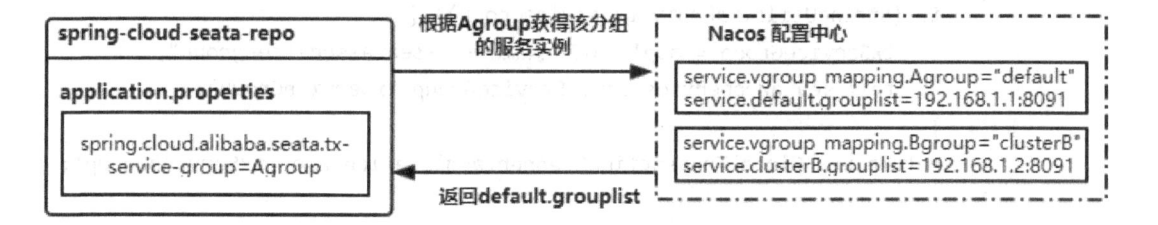

图 8-17　事务分组的实现原理

思考事务分组设计

通过上述分析可以发现，在客户端获取服务器地址并没有直接采用服务名称，而是增加了一层事务分组映射到集群的配置。这样做的好处在于，事务分组可以作为资源的逻辑隔离单位，当某个集群出现故障时，可以把故障缩减到服务级别，实现快速故障转移，只需要切换对应的分组即可。

8.7　Seata AT 模式的实现原理

在前面的章节中提到过，AT 模式是基于 XA 事务模型演进而来的，所以它的整体机制也是一个改进版的两阶段提交协议。

- 第一阶段：业务数据和回滚日志记录在同一个本地事务中提交，释放本地锁和连接资源。
- 第二阶段：提交异步化，非常快速地完成。回滚通过第一阶段的回滚日志进行反向补偿。

AT 模式事务的整体执行流程在 8.3.1 节中讲过，读者可以将书翻回去再复习一遍。

下面我们详细分析在整个执行流程中，每一个阶段的具体实现原理。同时，为了更好地理解 AT 模式的工作机制，我们以库存表 tbl_repo 来描述整个工作过程，表结构及数据如图 8-18 所示。

id	product_code	name	count
1	GP20200202001	键盘	1000
2	GP20200202002	抱枕	300

图 8-18　库存表 tbl_repo 的表结构及数据

8.7.1　AT 模式第一阶段的实现原理

在业务流程中执行库存扣减操作的数据库操作时，Seata 会基于数据源代理对原执行的 SQL 进行解析，代理的配置代码如下（Seata 在 0.9.0 版本之后支持自动代理）。

```
@Bean
public DataSourceProxy dataSourceProxy(DruidDataSource druidDataSource){
    return new DataSourceProxy(druidDataSource);
}
```

然后将业务数据在更新前后保存到 undo_log 日志表中，利用本地事务的 ACID 特性，把业务数据的更新和回滚日志写入同一个本地事务中进行提交，完整的执行流程图如图 8-19 所示。

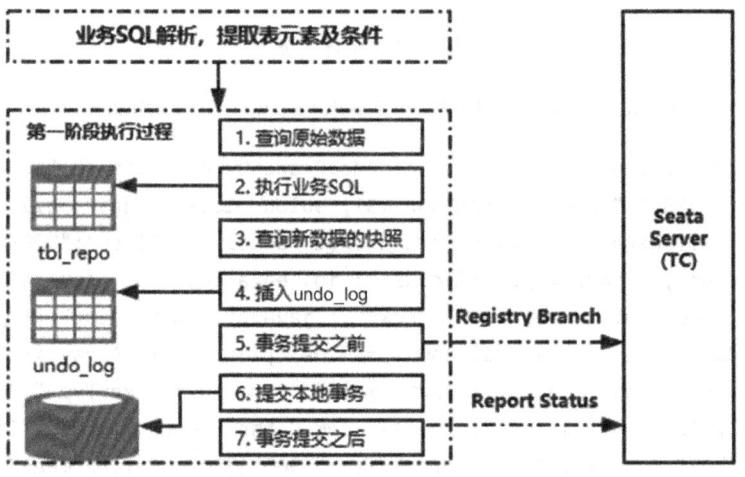

图 8-19　第一阶段执行过程

假设 AT 分支事务的业务逻辑是：

```
update tbl_repo set count=count-1 where product_code = "GP20200202001"
```

那么第一阶段的执行逻辑为：

- 通过 DataSourceProxy 对业务 SQL 进行解析，得到 SQL 的类型（UPDATE）、表（tbl_repo）、条件（where product_code = "GP20200202001"）等相关的信息。
- 查询修改之前的数据镜像，根据解析得到的条件信息生成查询语句，定位数据。

```
select id,product_code,name,count from tbl_repo where product_code
="GP20200202001"
```

得到该产品代码对应的库存数量为 1000。

- 执行业务 SQL：更新这条记录的 count=count-1。
- 查询修改之后的数据镜像，根据前镜像的结果，通过主键定位数据。

```
select id,product_code,name,count from tbl_repo where id = 1
```

得到修改之后的镜像数据，此时 count=999。

- 插入回滚日志：把前、后镜像数据及业务 SQL 相关的信息组成一条回滚日志记录，插入 UNDO_LOG 表中。可以在对应库的 UNDO_LOG 表中获得数据，如图 8-20 所示。

id	branch_id	xid	context	rollback_info	log_status	log_created	log_modified
14	2034562134	192.168.216.128:8091:2034562130	serializer=jackson	(BLOB)	0	2020-02-05 13:43:54	2020-02-05 13:43:54

图 8-20　获得数据

其中，rollback_info 表示回滚的数据包含 beforeImage 和 afterImage。

{"@class":"io.seata.rm.datasource.undo.BranchUndoLog","xid":"192.168.216.128:8091:2034562130","branchId":2034562131,"sqlUndoLogs":["java.util.ArrayList",[{"@class":"io.seata.rm.datasource.undo.SQLUndoLog","sqlType":"UPDATE","tableName":"tbl_repo","beforeImage":{"@class":"io.seata.rm.datasource.sql.struct.TableRecords","tableName":"tbl_repo","rows":["java.util.ArrayList",[{"@class":"io.seata.rm.datasource.sql.struct.Row","fields":["java.util.ArrayList",[{"@class":"io.seata.rm.datasource.sql.struct.Field","name":"id","keyType":"PrimaryKey","type":4,"value":2},{"@class":"io.seata.rm.datasource.sql.struct.Field","name":"count","keyType":"NULL","type":4,"value":300}]]}]]},"afterImage":{"@class":"io.seata.rm.datasource.sql.struct.TableRecords","tableName":"tbl_repo","rows":["java.util.ArrayList",[{"@class":"io.seata.rm.datasource.sql.struct.Row","fields":["java.util.ArrayList",[{"@class":"io.seata.rm.datasource.sql.struct.Field","name":"id","keyType":"PrimaryKey","type":4,"value":2},{"@class":"io.seata.rm.datasource.sql.struct.Field","name":"count","keyType":"NULL","type":4,"value":299}]]}]]}}]]}

- 提交前，向 TC 注册分支事务：申请 tbl_repo 表中主键值等于 1 的记录的全局锁。
- 本地事务提交：业务数据的更新和前面步骤中生成的 UNDO_LOG 一并提交。
- 将本地事务提交的结果上报给 TC。

从 AT 模式第一阶段的实现原理来看，分支的本地事务可以在第一阶段提交完成后马上释放本地事务锁定的资源。这是 AT 模式和 XA 最大的不同点，XA 事务的两阶段提交，一般锁定资源后持续到第二阶段的提交或者回滚后才释放资源。所以实际上 AT 模式降低了锁的范围，从而提升了分布式事务的处理效率。之所以能够实现这样的优化，是因为 Seata 记录了回滚日志，即便第二阶段发生异常，只需要根据 UNDO_LOG 中记录的数据进行回滚即可。

8.7.2　AT 模式第二阶段的原理分析

TC 接收到所有事务分支的事务状态汇报之后，决定对全局事务进行提交或者回滚。

事务提交

如果决定是全局提交，说明此时所有分支事务已经完成了提交，只需要清理 UNDO_LOG 日志即可。这也是和 XA 最大的不同点，其实在第一阶段各个分支事务的本地事务已经提交了，所以这里并不需要 TC 来触发所有分支事务的提交，如图 8-21 所示。

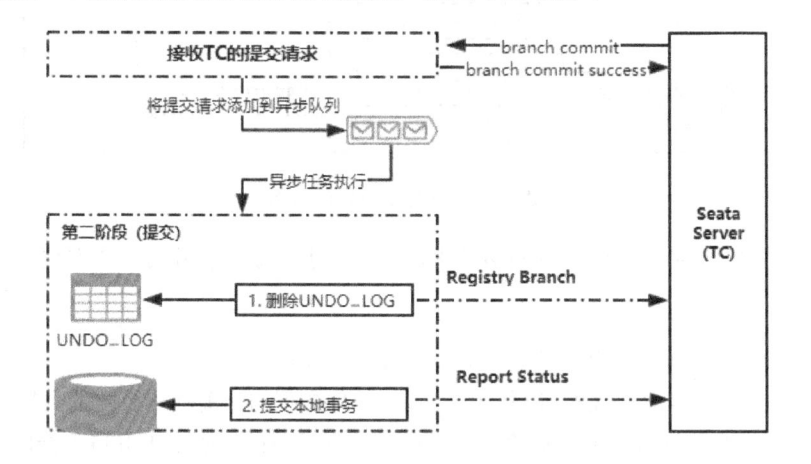

图 8-21　全局事务提交流程

图 8-21 中事务提交的执行流程是：

- 分支事务收到 TC 的提交请求后把请求放入一个异步任务队列中，并马上返回提交成功的结果给 TC。
- 从异步队列中执行分支，提交请求，批量删除相应 UNDO_LOG 日志。

在第一步中，TC 并不需要同步知道分支事务的处理结果，所以分支事务才会采用异步的方式来执行。因为对于提交操作来说，分支事务只需要清除 UNDO_LOG 日志即可，而即便日志清除失败，也不会对整个分布式事务产生任何影响。

事务回滚

在整个全局事务链中，任何一个事务分支执行失败，全局事务都会进入事务回滚流程。各位读者应该不难猜出，所谓的回滚无非就是根据 UNDO_LOG 中记录的数据镜像进行补偿。如果全局事务回滚成功，数据的一致性就得到了保证。全局事务回滚流程如图 8-22 所示。

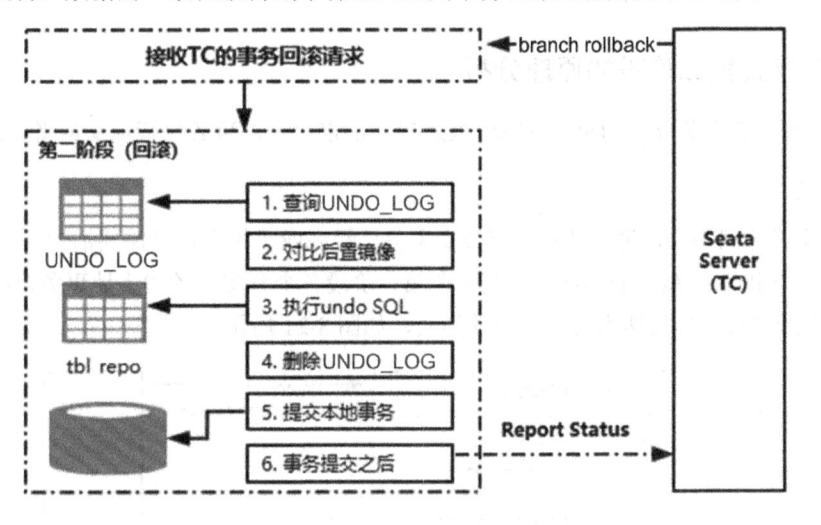

图 8-22　全局事务回滚流程

所有分支事务接收到 TC 的事务回滚请求后，分支事务参与者开启一个本地事务，执行如下操作。

- 通过 XID 和 branch ID 查找到相应的 UNDO_LOG 记录。
- 数据校验：拿 UNDO_LOG 中的 afterImage 镜像数据与当前业务表中的数据进行比较，如果不同，说明数据被当前全局事务之外的动作做了修改，那么事务将不会回滚。
- 如果 afterImage 中的数据和当前业务表中对应的数据相同，则根据 UNDO_LOG 中的 beforeImage 镜像数据和业务 SQL 的相关信息生成回滚语句并执行：

```
update tbl_repo set count=300 where id = 1
```

- 提交本地事务，并把本地事务的执行结果（即分支事务回滚的结果）上报给 TC。

8.7.3　关于事务的隔离性保证

我们知道，在 ACID 事务特性中，有一个隔离性，所谓的隔离性是指多个用户并发访问数据库时，数据库为每个用户开启的事务不能被其他事务的操作所干扰，多个并发事务之间要相互隔离。

在 AT 模式中，当多个全局事务操作同一张表时，它的事务隔离性保证是基于全局锁来实现的，本节分别针对写隔离与读隔离进行分析。

8.7.3.1 写隔离

写隔离是为了在多个全局事务针对同一张表的同一个字段进行更新操作时，避免全局事务在没有被提交之前被其他全局事务修改。写隔离的主要实现是，在第一阶段本地事务提交之前，确保拿到全局锁。如果拿不到全局锁，则不能提交本地事务。并且获取全局锁的尝试会有一个范围限制，如果超出范围将会放弃全局锁的获取，并且回滚事务，释放本地锁。

以一个具体的案例来分析，假设有两个全局事务 tx1 和 tx2，分别对 tbl_repo 表的 count 字段进行更新操作，count 的初始值为 100。

tx1 先执行，开启本地事务，拿到本地锁（数据库级别的锁），更新 count=count-1=99。在本地事务提交之前，需要拿到该记录的全局锁，然后提交本地事务并释放本地锁。

tx2 接着执行，同样先开启本地事务，拿到本地锁，更新 count=count-1=98。本地事务提交之前，也尝试获取该记录的全局锁（全局锁由 TC 控制），由于该全局锁已经被 tx1 获取了，所以 tx2 需要等待以重新获取全局锁。如果全局事务执行整体提交，那么提交时序图如图 8-23 所示。

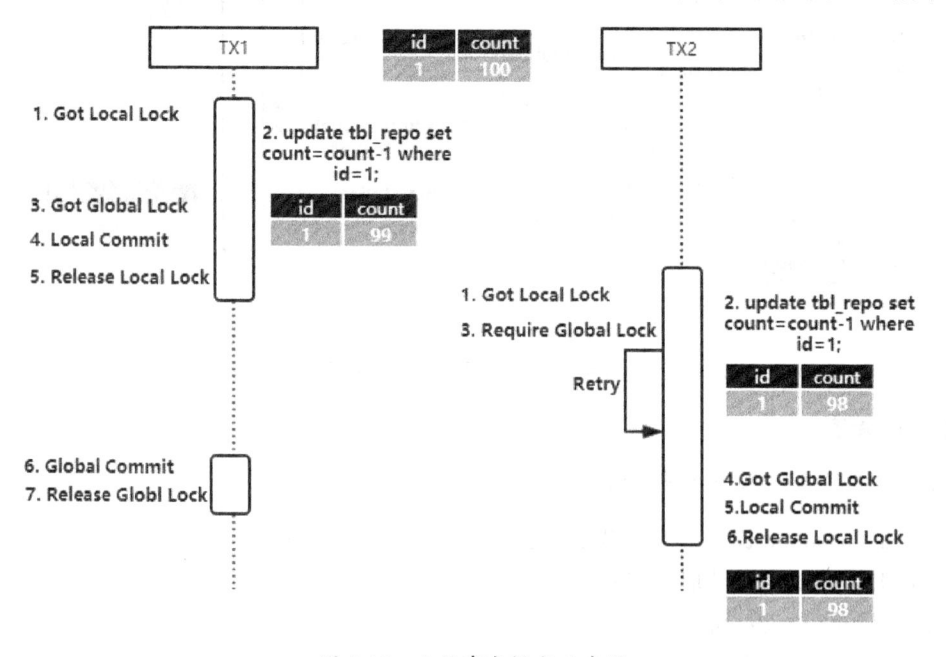

图 8-23 全局事务提交时序图

如果 tx1 在第二阶段执行全局回滚，那么 tx1 需要重新获得该数据的本地锁，然后根据 UNDO_LOG 进行事务回滚。此时，如果 tx2 仍然在等待该记录的全局锁，同时持有本地锁，那么 tx1 分支事务的回滚会失败。tx1 分支事务的回滚过程会一直重试，直到 tx2 的全局锁获取超时，放弃全局锁并回滚本地事务、释放本地锁，之后 tx1 的分支事务才会回滚成功。而在整个过程中，全局锁在 tx1 结束之前一直被 tx1 持有，所以不会发生脏写的问题。全局事务回滚时序图如图 8-24 所示。

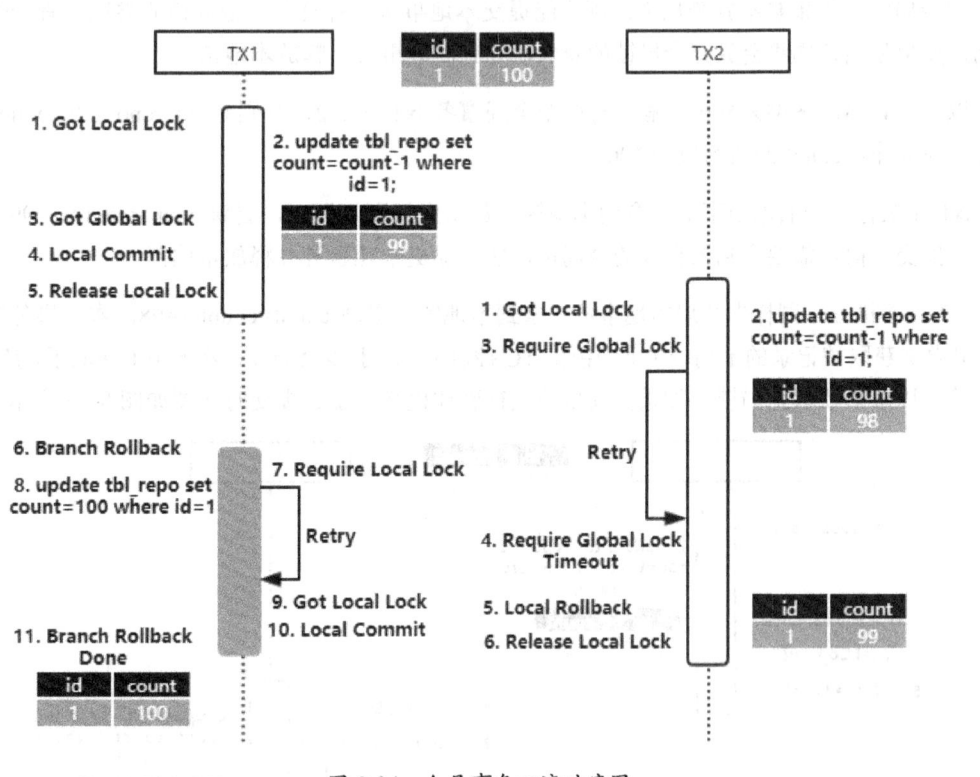

图 8-24　全局事务回滚时序图

8.7.3.2　读隔离

我们知道数据库有如下 4 种隔离级别。

- Read Uncommitted：读取未提交内容。
- Read Committed：读取提交内容。
- Repeatable Read：可重读。
- Serializable：可串行化。

在数据库本地事务隔离级别为 Read Committed 或者以上时，Seata AT 事务模式的默认全局事务隔离级别是 Read Uncommitted。在该隔离级别，所有事务都可以看到其他未提交事务的执行结果，产生脏读。这在最终一致性事务模型中是允许存在的，并且在大部分分布式事务场景中都可以接受脏读。

在某些特定场景中要求事务隔离级别必须为 Read Committed，目前 Seata 是通过 SelectForUpdateExecutor 执行器对 SELECT FOR UPDATE 语句进行代理的，SELECT FOR UPDATE 语句在执行时会申请全局锁。如图 8-25 所示，如果全局锁已经被其他分支事务持有，则释放本地锁（回滚 SELECT FOR UPDATE 语句的本地执行）并重试。在这个过程中，查询请求会被"BLOCKING"，直到全局锁被拿到，也就是读取的相关数据已提交时才返回。

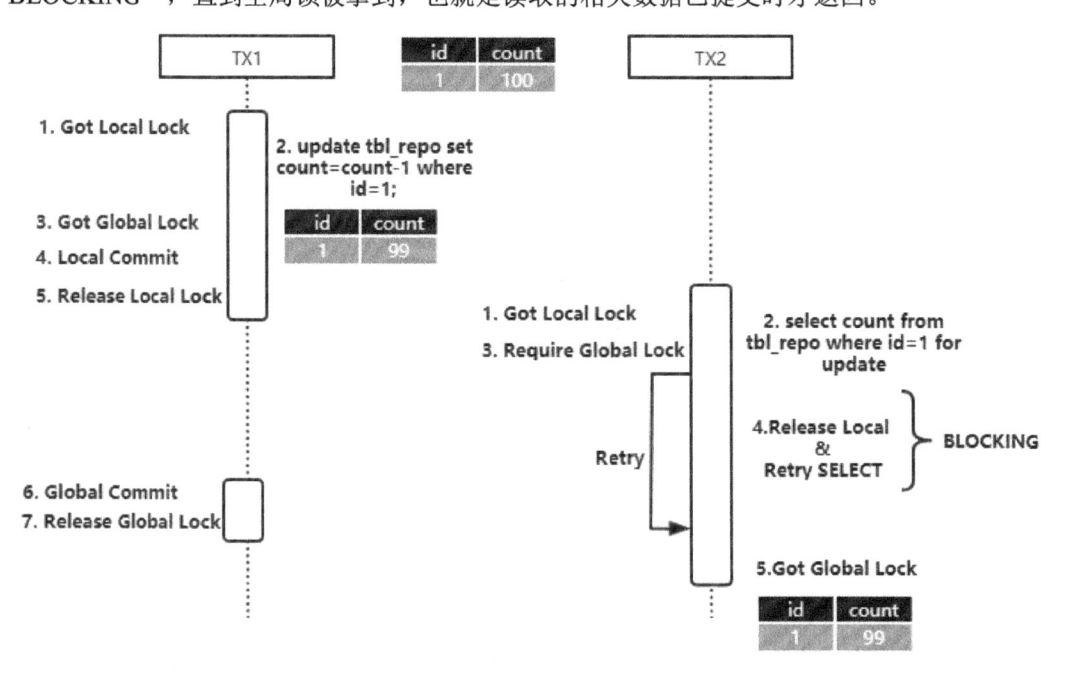

图 8-25　读已提交隔离级别

8.8　本章小结

这一章的篇幅较长，主要是在分布式事务领域有太多的理论模型，同时涉及分布式事务的场景也相对复杂一些。

本章主要针对 Seata 中的 AT 事务模式进行了详细的讲解，它是 Seata 主推的一个分布式事务解决方案。在使用 AT 模式时有一个前提，RM 必须是支持本地事务的关系型数据库。

Seata 的 AT 模式基于本地事务的特性，通过拦截并解析 SQL 的方式，记录自定义的回滚日志。虽然是根据 XA 事务模型演进而来的，但是它打破了 XA 协议阻塞性的制约，在一致性、性能、易用性 3 个方面取得了平衡：在达到确定一致性（非最终一致）的前提下，即保障较高的性能，又能完全不侵入业务。

Seata 支持 TCC、AT、Saga，在大部分场景中，Seata 的 AT 模式都适用。同时可以根据实际需求选择 TCC 或者 Saga 等解决方案。

9

第 9 章
RocketMQ 分布式
消息通信

在微服务架构下，一个业务服务会被拆分成多个微服务，各个服务之间相互通信完成整体的功能。系统间的通信协作通常有两种。

- Http/RPC 通信：优点是通信实时，缺点是服务之间的耦合性高。
- 消息通信：优点是降低了服务之间的耦合性，提高了系统的处理能力，缺点是通信非实时。

例如，用户交易完成后发送短信通知，假设交易耗时 5ms，发短信耗时 3ms。如果是实时通信，那么用户收到返回结果耗时 8ms，但发短信是非核心步骤，可以从主流程中剥离出来异步处理，那么用户收到返回结果耗时就可以从 8ms 下降到 5ms。

9.1 什么是 RocketMQ

RocketMQ 是一个低延迟、高可靠、可伸缩、易于使用的分布式消息中间件（也称消息队列），经过阿里巴巴多年双 11 的验证，是由阿里巴巴开源捐献给 Apache 的顶级项目。RocketMQ 具有高吞吐、低延迟、海量消息堆积等优点，同时提供顺序消息、事务消息、定时消息、消息重试与追踪等功能，非常适合在电商、金融等领域广泛使用。

9.1.1　RocketMQ 的应用场景

RocketMQ 的应用场景如下。

- 削峰填谷：诸如秒杀、抢红包、企业开门红等大型活动皆会带来较高的流量脉冲，很可能因没做相应的保护而导致系统超负荷甚至崩溃，或因限制太过导致请求大量失败而影响用户体验，RocketMQ 可提供削峰填谷的服务来解决这些问题。
- 异步解耦：交易系统作为淘宝/天猫主站最核心的系统，每笔交易订单数据的产生会引起几百个下游业务系统的关注，包括物流、购物车、积分、流计算分析等，整体业务系统庞大而且复杂，RocketMQ 可实现异步通信和应用解耦，确保主站业务的连续性。
- 顺序收发：细数一下，日常需要保证顺序的应用场景非常多，例如证券交易过程中的时间优先原则，交易系统中的订单创建、支付、退款等流程，航班中的旅客登机消息处理等。与先进先出（First In First Out，缩写 FIFO）原理类似，RocketMQ 提供的顺序消息即保证消息的 FIFO。
- 分布式事务一致性：交易系统、红包等场景需要确保数据的最终一致性，大量引入 RocketMQ 的分布式事务，既可以实现系统之间的解耦，又可以保证最终的数据一致性。
- 大数据分析：数据在"流动"中产生价值，传统数据分析大都基于批量计算模型，无法做到实时的数据分析，利用 RocketMQ 与流式计算引擎相结合，可以很方便地实现对业务数据进行实时分析。
- 分布式缓存同步：天猫双 11 大促，各个分会场琳琅满目的商品需要实时感知价格的变化，大量并发访问会导致会场页面响应时间长，集中式缓存因为带宽瓶颈限制商品变更的访问流量，通过 RocketMQ 构建分布式缓存，可实时通知商品数据的变化。

9.1.2　RocketMQ 的安装

RocketMQ 依赖 Java 环境，要求有 JDK 1.8 以上版本。RocketMQ 支持三种集群部署模式，后面会详细说明，本书使用简单的单机部署模式进行演示。

RocketMQ 的安装方式有两种，一种是源码安装，另一种是使用已经编译好直接可用的安装包，以下按源码的方式安装。

- 在官网下载 RocketMQ 的最新版本 4.6.0。

- 解压源码并编译打包。

```
> unzip rocketmq-all-4.6.0-source-release.zip
> cd rocketmq-all-4.6.0/
> mvn -Prelease-all -DskipTests clean install -U
> cd distribution/target/apache-rocketmq
```

- 启动集群管理 NameServer，默认端口是 9876。

```
> nohup sh bin/mqnamesrv &
> tail -f ~/logs/rocketmqlogs/namesrv.log
The Name Server boot success...
```

- 启动消息服务器 Broker，指定 NameServer 的 IP 地址和端口，支持指定多个 NameServer。

```
> nohup sh bin/mqbroker -n localhost:9876 &
> tail -f ~/logs/rocketmqlogs/broker.log
The broker[%s, 172.30.30.233:10911] boot success...
```

9.1.3　RocketMQ 如何发送消息

Spring Cloud Alibaba 已集成 RocketMQ，使用 Spring Cloud Stream 对 RocketMQ 发送和接收消息。

- 第 1 步，在 pom.xml 中引入 Jar 包。

```
<dependency>
  <groupId>com.alibaba.cloud</groupId>
  <artifactId>spring-cloud-stream-binder-rocketmq</artifactId>
</dependency>

<dependency>
  <groupId>org.springframework.boot</groupId>
  <artifactId>spring-boot-starter-web</artifactId>
</dependency>
```

- 第 2 步，配置 application.properties。

```
server.port=8081
spring.cloud.stream.rocketmq.binder.name-server=127.0.0.1:9876
```

```
spring.cloud.stream.bindings.output.destination=TopicTest
spring.cloud.stream.rocketmq.bindings.output.producer.group=demo-group
```

name-server 指定 RocketMQ 的 NameServer 地址，将指定名称为 output 的 Binding 消息发送到 TopicTest。

- 第 3 步，使用 Binder 发送消息。

```java
@EnableBinding({Source.class})
@SpringBootApplication
public class ProducerApplication {

    public static void main(String[] args) {
        SpringApplication.run(ProducerApplication.class, args);
    }
}


@RestController
public class SendController {

    @Autowired
    private Source source;

    @GetMapping(value = "/send")
    public String send(String msg) {
        MessageBuilder builder = MessageBuilder.withPayload(msg);
        Message message = builder.build();
        source.output().send(message);
        return "Hello RocketMQ Binder, send " + msg;
    }
}
```

@EnableBinding({Source.class})表示绑定配置文件中名称为 output 的消息通道 Binding，Source 类中定义的消息通道名称为 output。发送 HTTP 请求 http://localhost:8081/send?msg=tcever 将消息发送到 RocketMQ 中。

在实际开发场景中会存在多个发送消息通道，可以自定义消息通道的名称，参考 Source 类自定义一个接口，修改通道名称和相关配置即可。

```java
public interface OrderSource {

    String OUTPUT = "orderOutput";

    @Output(OrderSource.OUTPUT)
    MessageChannel output();
}


@EnableBinding({Source.class, OrderSource.class})
@SpringBootApplication
public class ProducerApplication {

    public static void main(String[] args) {
        SpringApplication.run(ProducerApplication.class, args);
    }
}
```

```
server.port=8081
spring.cloud.stream.rocketmq.binder.name-server=127.0.0.1:9876
spring.cloud.stream.bindings.output.destination=TopicTest
spring.cloud.stream.rocketmq.bindings.output.producer.group=demo-group

spring.cloud.stream.bindings.orderOutput.destination=TopicOrder
spring.cloud.stream.rocketmq.bindings.orderOutput.producer.group=order-group
```

到此，就可以添加一个自定义发送消息通道，使用 orderOutput 消息发送到 TopicOrder 中了。

9.1.4　RocketMQ 如何消费消息

RocketMQ 消费消息的步骤如下。

- 第 1 步，pom.xml 中引入 Jar 包。

```xml
<dependency>
  <groupId>com.alibaba.cloud</groupId>
  <artifactId>spring-cloud-stream-binder-rocketmq</artifactId>
</dependency>
```

```xml
<dependency>
  <groupId>org.springframework.boot</groupId>
  <artifactId>spring-boot-starter-web</artifactId>
</dependency>
```

- 第 2 步，配置 application.properties。

```
server.port=8082
spring.cloud.stream.rocketmq.binder.name-server=127.0.0.1:9876
spring.cloud.stream.bindings.input.destination=TopicTest
spring.cloud.stream.bindings.input.group=test-group1
```

name-server 指定 RocketMQ 的 NameServer 地址，destination 指定 Topic 名称，指定名称为 input 的 Binding 接收 TopicTest 的消息。

- 第 3 步，定义消息监听。

```java
@EnableBinding({ Sink.class})
@SpringBootApplication
public class ConsumerApplication {

    @StreamListener(value = Sink.INPUT)
    public void receive(String receiveMsg) {
        System.out.println("TopicTest receive: " + receiveMsg + ", receiveTime = 
" + System.currentTimeMillis());
    }

    public static void main(String[] args) {
        SpringApplication.run(ConsumerApplication.class, args);
    }
}
```

@EnableBinding({Sink.class})表示绑定配置文件中名称为 input 的消息通道 Binding，Sink 类中定义的消息通道的名称为 input，@StreamListener 表示定义一个消息监听器，接收 RocketMQ 中的消息。

在实际开发场景中同样会存在多个接收消息通道，可以自定义消息通道的名称，参考 Sink 类自定义一个接口，修改通道名称和相关配置即可。

```java
public interface InputChannel {

    String USER_INPUT = "userInput";
    String ORDER_INPUT = "orderInput";

    @Input(InputChannel.USER_INPUT)
    SubscribableChannel userInput();

    @Input(InputChannel.ORDER_INPUT)
    SubscribableChannel orderInput();
}

@EnableBinding({ Sink.class, InputChannel.class})
@SpringBootApplication
public class Application {

    @StreamListener(value = InputChannel.ORDER_INPUT)
    public void receive(String receiveMsg) {
        System.out.println("receive: " + receiveMsg);
    }

    public static void main(String[] args) {
        SpringApplication.run(Application.class, args);
    }
}
```

```
server.port=8082
spring.cloud.stream.rocketmq.binder.name-server=127.0.0.1:9876
spring.cloud.stream.bindings.orderInput.destination=TopicOrder
spring.cloud.stream.bindings.orderInput.group=order-group
```

在自定义的 InputChannel 类中定义了两个接收消息通道，使用 orderInput 会收到 TopicOrder 中的消息。

9.2　Spring Cloud Alibaba RocketMQ

Spring Cloud Stream 是 Spring Cloud 体系内的一个框架，用于构建与共享消息传递系统连接的高度可伸缩的事件驱动微服务，其目的是简化消息业务在 Spring Cloud 应用程序中的开发。

　　Spring Cloud Stream 的架构图如图 9-1 所示，应用程序通过 Spring Cloud Stream 注入的输入通道 inputs 和输出通道 outputs 与消息中间件 Middleware 通信，消息通道通过特定的中间件绑定器 Binder 实现连接到外部代理。

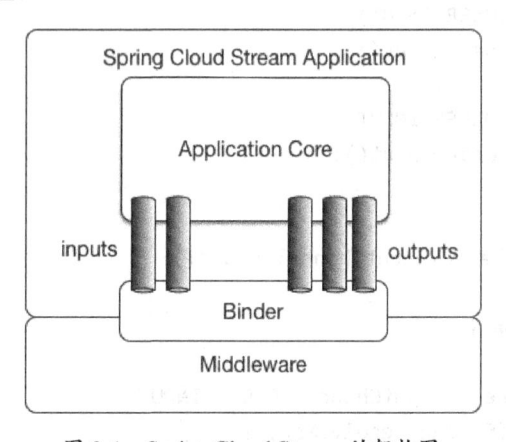

图 9-1　Spring Cloud Stream 的架构图

　　Spring Cloud Stream 的实现基于发布/订阅机制，核心由四部分构成：Spring Framework 中的 **Spring Messaging** 和 **Spring Integration**，以及 Spring Cloud Stream 中的 **Binders** 和 **Bindings**。

　　Spring Messaging：Spring Framework 中的统一消息编程模型，其核心对象如下。

- Message：消息对象，包含消息头 Header 和消息体 Payload。
- MessageChannel：消息通道接口，用于接收消息，提供 send 方法将消息发送至消息通道。
- MessageHandler：消息处理器接口，用于处理消息逻辑。

　　Spring Integration：Spring Framework 中用于支持企业集成的一种扩展机制，作用是提供一个简单的模型来构建企业集成解决方案，对 Spring Messaging 进行了扩展。

- MessageDispatcher：消息分发接口，用于分发消息和添加删除消息处理器。
- MessageRouter：消息路由接口，定义默认的输出消息通道。
- Filter：消息的过滤注解，用于配置消息过滤表达式。
- Aggregator：消息的聚合注解，用于将多条消息聚合成一条。
- Splitter：消息的分割，用于将一条消息拆分成多条。

　　Binders：目标绑定器，负责与外部消息中间件系统集成的组件。

- doBindProducer：绑定消息中间件客户端发送消息模块。
- doBindConsumer：绑定消息中间件客户端接收消息模块。

Bindings：外部消息中间件系统与应用程序提供的消息生产者和消费者（由 Binders 创建）之间的桥梁。

Spring Cloud Stream 官方提供了 Kafka Binder 和 RabbitMQ Binder，用于集成 Kafka 和 RabbitMQ，Spring Cloud Alibaba 中加入了 RocketMQ Binder，用于将 RocketMQ 集成到 Spring Cloud Stream。

9.2.1　Spring Cloud Alibaba RocketMQ 架构图

Spring Cloud Alibaba RocketMQ 的架构图如图 9-2 所示，总体分为四部分。

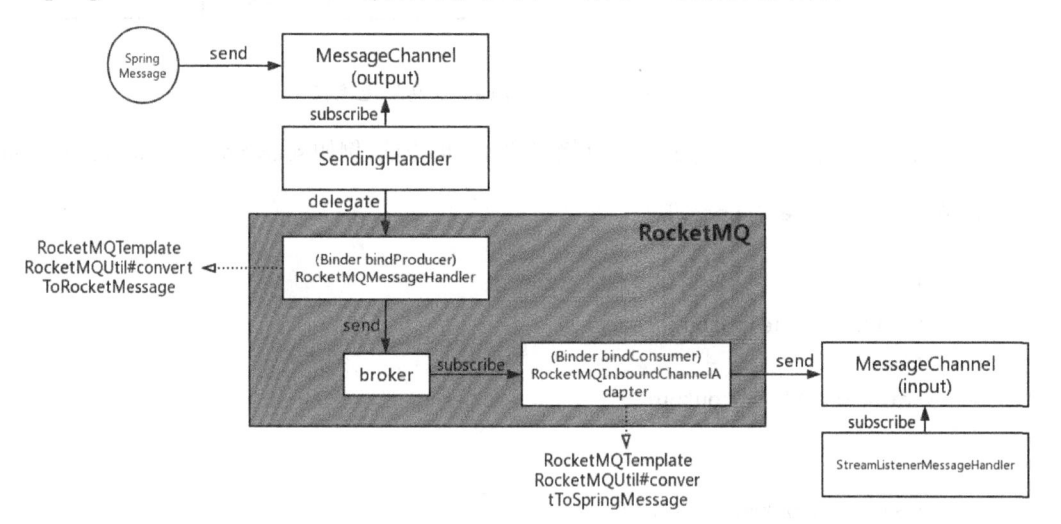

图 9-2　Spring Cloud Alibaba RocketMQ 的架构图

- MessageChannel（output）：消息通道，用于发送消息，Spring Cloud Stream 的标准接口。
- MessageChannel（input）：消息通道，用于订阅消息，Spring Cloud Stream 的标准接口。
- Binder bindProducer：目标绑定器，将发送通道发过来的消息发送到 RocketMQ 消息服务器，由 Spring Cloud Alibaba 团队按照 Spring Cloud Stream 的标准协议实现。
- Binder bindConsumer：目标绑定器，将接收到 RocketMQ 消息服务器的消息推送给订阅通道，由 Spring Cloud Alibaba 团队按照 Spring Cloud Stream 的标准协议实现。

后面将以代码为例，通过源码深入分析 Spring Cloud Alibaba RocketMQ。

9.2.2　Spring Cloud Stream 消息发送流程

Spring Cloud Stream 消息发送流程如图 9-3 所示，包括发送、订阅、分发、委派、消息处理等，具体实现如下。

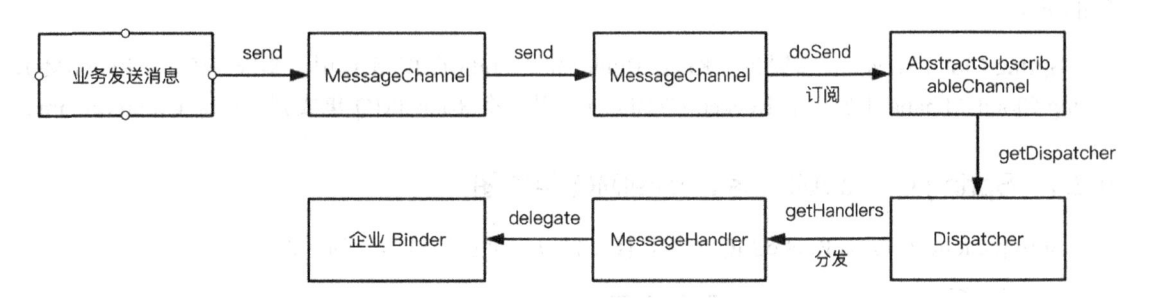

图 9-3　Spring Cloud Stream 消息发送流程

- 在业务代码中调用 MessageChannel 接口的 Send()方法，例如 source.output().send(message)。

```java
public interface Source {

    /**
     * Name of the output channel.
     */
    String OUTPUT = "output";

    /**
     * @return output channel
     */
    @Output(Source.OUTPUT)
    MessageChannel output();
}

public interface MessageChannel {
    long INDEFINITE_TIMEOUT = -1;

    default boolean send(Message<?> message) {
        return send(message, INDEFINITE_TIMEOUT);
    }
```

```
boolean send(Message<?> message, long timeout);
}
```

AbstractMessageChannel 是消息通道的基本实现类，提供发送消息和接收消息的公用方法。

```
public abstract class AbstractMessageChannel extends IntegrationObjectSupport
    implements MessageChannel, TrackableComponent, ChannelInterceptorAware,
  MessageChannelMetrics, ConfigurableMetricsAware<AbstractMessageChannelMetrics> {
    //省略

    @Override
    public boolean send(Message<?> messageArg, long timeout) {
            //省略
            boolean sent = false;
            sent = doSend(message, timeout);
            return sent;
    }

    protected abstract boolean doSend(Message<?> message, long timeout);
}
```

- 消息发送到 AbstractSubscribableChannel 类实现的 doSend()方法如下。

```
public abstract class AbstractSubscribableChannel extends AbstractMessageChannel
    implements SubscribableChannel, SubscribableChannelManagement {
    //省略

    @Override
    protected boolean doSend(Message<?> message, long timeout) {
      try {
        return getRequiredDispatcher().dispatch(message);
      }
      catch (MessageDispatchingException e) {
        //省略
      }
    }
}
```

- 通过消息分发类 MessageDispatcher 把消息分发给 MessageHandler。

```
private MessageDispatcher getRequiredDispatcher() {
    MessageDispatcher dispatcher = getDispatcher();
    return dispatcher;
}

protected abstract MessageDispatcher getDispatcher();
```

从 AbstractSubscribableChannel 的实现类 DirectChannel 得到 MessageDispatcher 的实现类 UnicastingDispatcher。

```
public class DirectChannel extends AbstractSubscribableChannel {
    //省略
    @Override
    protected UnicastingDispatcher getDispatcher() {
        return this.dispatcher;
    }
}
```

调用 dispatch()方法把消息分发给各个 MessageHandler。

```
public class UnicastingDispatcher extends AbstractDispatcher {
        //省略
        @Override
    public final boolean dispatch(final Message<?> message) {
        if (this.executor != null) {
            Runnable task = createMessageHandlingTask(message);
            this.executor.execute(task);
            return true;
        }
        return this.doDispatch(message);
    }

        private boolean doDispatch(Message<?> message) {
            //省略
            boolean success = false;
```

```
            Iterator<MessageHandler> handlerIterator = this.getHandlerIterator
(message);
        while (!success && handlerIterator.hasNext()) {
            MessageHandler handler = handlerIterator.next();
            try {
                handler.handleMessage(message);
                success = true;
            }
            catch (Exception e) {
                //省略
            }
        }
        return success;
    }
}
```

遍历所有 MessageHandler，调用 handleMessage() 处理消息。

```
private final OrderedAwareCopyOnWriteArraySet<MessageHandler> handlers =
        new OrderedAwareCopyOnWriteArraySet<MessageHandler>();

private Iterator<MessageHandler> getHandlerIterator(Message<?> message) {
  if (this.loadBalancingStrategy != null) {
    return this.loadBalancingStrategy.getHandlerIterator(message,
this.getHandlers());
  }
  return this.getHandlers().iterator();
}

protected Set<MessageHandler> getHandlers() {
    return this.handlers.asUnmodifiableSet();
}
```

查看 MessageHandler 是从哪里来的，也就是 handlers 列表中的 MessageHandler 是如何添加的。

```
public abstract class AbstractSubscribableChannel extends AbstractMessageChannel
        implements SubscribableChannel, SubscribableChannelManagement {
```

```
//省略

    @Override
    public boolean subscribe(MessageHandler handler) {
        MessageDispatcher dispatcher = getRequiredDispatcher();
        boolean added = dispatcher.addHandler(handler);
        adjustCounterIfNecessary(dispatcher, added ? 1 : 0);
        return added;
    }
}
```

- AbstractMessageChannelBinder 在初始化 Binding 时，会创建并初始化 SendingHandler，调用 subscribe()添加到 handlers 列表。

```
public abstract class AbstractMessageChannelBinder<C extends ConsumerProperties,
P extends ProducerProperties, PP extends ProvisioningProvider<C, P>>
    extends AbstractBinder<MessageChannel, C, P> implements
PollableConsumerBinder<MessageHandler, C>, ApplicationEventPublisherAware {
    //省略

    @Override
    public final Binding<MessageChannel> doBindProducer(final String destination,
        MessageChannel outputChannel, final P producerProperties)
        throws BinderException {
            //省略

            //创建 Producer 的 MessageHandler
            final MessageHandler producerMessageHandler;
            producerMessageHandler = createProducerMessageHandler
                            (producerDestination, producerProperties,
                            outputChannel, errorChannel);

            //创建 SendingHandler 并调用 subscribe
            ((SubscribableChannel) outputChannel)
                            .subscribe(new SendingHandler
                            (producerMessageHandler,
                            HeaderMode.embeddedHeaders
```

```
                          .equals(producerProperties.getHeaderMode()),
                              this.headersToEmbed,
useNativeEncoding(producerProperties)));
              //省略
        }
}
```

Producer 的 MessageHandler 是由消息中间件 Binder 来完成的，Spring Cloud Stream 提供了创建 MessageHandler 的规范，后面会详细讲解 RocketMQ Binder 的具体实现过程。

AbstractMessageChannelBinder 的初始化由 AbstractBindingLifecycle 在 Spring 容器加载所有 Bean 并完成初始化之后完成。

9.2.3　RocketMQ Binder 集成消息发送

AbstractMessageChannelBinder 类提供了创建 MessageHandler 的规范，createProducerMessageHandler 方法在初始化 Binder 的时候会加载。

```
public abstract class AbstractMessageChannelBinder<C extends ConsumerProperties, P
extends ProducerProperties, PP extends ProvisioningProvider<C, P>>
      extends AbstractBinder<MessageChannel, C, P> implements
      PollableConsumerBinder<MessageHandler, C>, ApplicationEventPublisherAware {
  //省略

  protected abstract MessageHandler createProducerMessageHandler(
        ProducerDestination destination, P producerProperties,
        MessageChannel errorChannel) throws Exception;
}
```

RocketMQMessageChannelBinder 类根据规范完成 RocketMQMessageHandler 的创建和初始化，RocketMQMessageHandler 是消息处理器 MessageHandler 的具体实现，RocketMQMessageHandler 在 RocketMQBinder 中的作用是转化消息格式并发送消息。

```
public class RocketMQMessageChannelBinder extends

AbstractMessageChannelBinder<ExtendedConsumerProperties<RocketMQConsumerProperties>,
ExtendedProducerProperties<RocketMQProducerProperties>, RocketMQTopicProvisioner>
    implements
```

```
    ExtendedPropertiesBinder<MessageChannel, RocketMQConsumerProperties,
RocketMQProducerProperties> {
    //省略

    @Override
    protected MessageHandler createProducerMessageHandler(ProducerDestination
destination,
        ExtendedProducerProperties<RocketMQProducerProperties> producerProperties,
        MessageChannel errorChannel) throws Exception {

      RocketMQTemplate rocketMQTemplate;
    rocketMQTemplate = new RocketMQTemplate();
    rocketMQTemplate.setObjectMapper(this.getApplicationContext()
        .getBeansOfType(ObjectMapper.class).values().iterator().next());
    DefaultMQProducer producer;
    producer = new DefaultMQProducer(producerGroup);
    //初始化 DefaultMQProducer，省略部分代码
    rocketMQTemplate.setProducer(producer);

    RocketMQMessageHandler messageHandler = new RocketMQMessageHandler(
        rocketMQTemplate, destination.getName(), producerGroup,
        producerProperties.getExtension().getTransactional(),
        instrumentationManager);
    messageHandler.setBeanFactory(this.getApplicationContext().getBeanFactory());
    messageHandler.setSync(producerProperties.getExtension().getSync());

    if (errorChannel != null) {
      messageHandler.setSendFailureChannel(errorChannel);
    }
    return messageHandler;
    }
}
```

RocketMQMessageHandler 中持有 RocketMQTemplate 对象，RocketMQTemplate 是对 RocketMQ 客户端 API 的封装，Spring Boot 中已经支持 RocketMQTemplate，Spring Cloud Stream 对其兼容。

DefaultMQProducer 是由 RocketMQ 客户端提供的 API，发送消息到 RocketMQ 消息服务器都

是由它来完成的。

```
DefaultMQProducer producer;
String ak = mergedProperties.getAccessKey();
String sk = mergedProperties.getSecretKey();
if (!StringUtils.isEmpty(ak) && !StringUtils.isEmpty(sk)) {
    RPCHook rpcHook = new AclClientRPCHook(
        new SessionCredentials(ak, sk));
    producer = new DefaultMQProducer(producerGroup, rpcHook,
        mergedProperties.isEnableMsgTrace(),
        mergedProperties.getCustomizedTraceTopic());
    producer.setVipChannelEnabled(false);
    producer.setInstanceName(RocketMQUtil.getInstanceName(rpcHook,
        destination.getName() + "|" + UtilAll.getPid()));
}
else {
    producer = new DefaultMQProducer(producerGroup);
    producer.setVipChannelEnabled(
        producerProperties.getExtension().getVipChannelEnabled());
}
producer.setNamesrvAddr(mergedProperties.getNameServer());
producer.setSendMsgTimeout(
    producerProperties.getExtension().getSendMessageTimeout());
producer.setRetryTimesWhenSendFailed(
    producerProperties.getExtension().getRetryTimesWhenSendFailed());
producer.setRetryTimesWhenSendAsyncFailed(producerProperties
    .getExtension().getRetryTimesWhenSendAsyncFailed());
producer.setCompressMsgBodyOverHowmuch(producerProperties.getExtension()
    .getCompressMessageBodyThreshold());
producer.setRetryAnotherBrokerWhenNotStoreOK(
    producerProperties.getExtension().isRetryNextServer());
producer.setMaxMessageSize(
    producerProperties.getExtension().getMaxMessageSize());
```

　　RocketMQMessageHandler 是消息发送的处理逻辑，解析 Message 对象头中的参数，调用 RocketMQTemplate 中不同的发送消息接口。

```java
public class RocketMQMessageHandler extends AbstractMessageHandler implements Lifecycle {
    //省略

    @Override
    protected void handleMessageInternal(org.springframework.messaging.Message<?> message)
        throws Exception {
        final StringBuilder topicWithTags = new StringBuilder(destination);
        SendResult sendRes = null;
        //发送事务消息
        if (transactional) {
            sendRes = rocketMQTemplate.sendMessageInTransaction(groupName,
                topicWithTags.toString(), message, message.getHeaders()
                    .get(RocketMQBinderConstants.ROCKET_TRANSACTIONAL_ARG));
        }
        else {
            //设置定时消息的参数
            int delayLevel = 0;
            try {
                Object delayLevelObj = message.getHeaders()
                    .getOrDefault(MessageConst.PROPERTY_DELAY_TIME_LEVEL, 0);
                if (delayLevelObj instanceof Number) {
                    delayLevel = ((Number) delayLevelObj).intValue();
                }
                else if (delayLevelObj instanceof String) {
                    delayLevel = Integer.parseInt((String) delayLevelObj);
                }
            }
            catch (Exception e) {
                //省略
            }
            boolean needSelectQueue = message.getHeaders()
                                .containsKey(BinderHeaders.PARTITION_HEADER);
            //同步发送
            if (sync) {
                //顺序消息
                if (needSelectQueue) {
                    sendRes = rocketMQTemplate.syncSendOrderly(
                        topicWithTags.toString(), message, "",
                        rocketMQTemplate.getProducer().getSendMsgTimeout());
                }
```

```
                //普通消息
                else {
                    sendRes = rocketMQTemplate.syncSend(topicWithTags.toString(),
                        message,
                        rocketMQTemplate.getProducer().getSendMsgTimeout(),
                        delayLevel);
                }
            }
            //异步发送和回调
            else {
                rocketMQTemplate.asyncSend(topicWithTags.toString(), message,
                                    new SendCallback() {
                    //省略
                    }});
            }
        }
        //省略
    }
}
```

发送普通消息、事务消息、定时消息还是顺序消息，由 Message 对象的消息头 Header 中的属性决定，在业务代码创建 Message 对象时设置。

9.2.4　RocketMQ Binder 集成消息订阅

AbstractMessageChannelBinder 类中提供了创建 MessageProducer 的协议，在初始化 Binder 的时候会加载 createConsumerEndpoint 方法。

```
public abstract class AbstractMessageChannelBinder<C extends ConsumerProperties, P
extends ProducerProperties, PP extends ProvisioningProvider<C, P>>
    extends AbstractBinder<MessageChannel, C, P> implements
    PollableConsumerBinder<MessageHandler, C>, ApplicationEventPublisherAware {
    //省略
@Override
    public final Binding<MessageChannel> doBindConsumer(String name, String group,
        MessageChannel inputChannel, final C properties) throws BinderException {
    //省略
    MessageProducer consumerEndpoint = null;
    consumerEndpoint = createConsumerEndpoint(destination, group, properties);
        consumerEndpoint.setOutputChannel(inputChannel);
```

```
        //省略
    }

    protected abstract MessageProducer createConsumerEndpoint(
    ConsumerDestination destination, String group, C properties) throws Exception;
}
```

同样，由 RocketMQMessageChannelBinder 类根据协议完成 RocketMQInboundChannelAdapter 的创建和初始化。

```
public class RocketMQMessageChannelBinder extends

AbstractMessageChannelBinder<ExtendedConsumerProperties<RocketMQConsumerProperties>,
ExtendedProducerProperties<RocketMQProducerProperties>, RocketMQTopicProvisioner>
    implements
    ExtendedPropertiesBinder<MessageChannel, RocketMQConsumerProperties,
RocketMQProducerProperties> {
    //省略

    @Override
    protected MessageProducer createConsumerEndpoint(ConsumerDestination destination,
        String group,
        ExtendedConsumerProperties<RocketMQConsumerProperties> consumerProperties)
        throws Exception {

    RocketMQListenerBindingContainer listenerContainer = new
RocketMQListenerBindingContainer(
            consumerProperties, rocketBinderConfigurationProperties, this);
    //省略

    RocketMQInboundChannelAdapter rocketInboundChannelAdapter = new
RocketMQInboundChannelAdapter(
            listenerContainer, consumerProperties, instrumentationManager);
    //省略
    return rocketInboundChannelAdapter;
    }
}
```

RocketMQInboundChannelAdapter 是适配器，需要适配 Spring Framework 中的重试和回调机制，它在 RocketMQ　Binder 中的作用是订阅消息并转化消息格式。RocketMQListenerBindingContainer 是对 RocketMQ 客户端 API 的封装，适配器中持有它的对象。

```java
public class RocketMQListenerBindingContainer
    implements InitializingBean, RocketMQListenerContainer, SmartLifecycle {

    private RocketMQListener rocketMQListener;

    @Override
    public void afterPropertiesSet() throws Exception {
    initRocketMQPushConsumer();
    }


    private void initRocketMQPushConsumer() throws MQClientException {
      String ak = rocketBinderConfigurationProperties.getAccessKey();
      String sk = rocketBinderConfigurationProperties.getSecretKey();
      if (!StringUtils.isEmpty(ak) && !StringUtils.isEmpty(sk)) {
        RPCHook rpcHook = new AclClientRPCHook(new SessionCredentials(ak, sk));
        consumer = new DefaultMQPushConsumer(consumerGroup, rpcHook,
            new AllocateMessageQueueAveragely(),
            rocketBinderConfigurationProperties.isEnableMsgTrace(),
            rocketBinderConfigurationProperties.getCustomizedTraceTopic());
        consumer.setInstanceName(RocketMQUtil.getInstanceName(rpcHook,
            topic + "|" + UtilAll.getPid()));
        consumer.setVipChannelEnabled(false);
      }
      else {
      consumer = new DefaultMQPushConsumer(consumerGroup,
          rocketBinderConfigurationProperties.isEnableMsgTrace(),
          rocketBinderConfigurationProperties.getCustomizedTraceTopic());
      }

    consumer.setNamesrvAddr(nameServer);
    consumer.setConsumeThreadMax(rocketMQConsumerProperties.getConcurrency());
    consumer.setConsumeThreadMin(rocketMQConsumerProperties.getConcurrency());
```

```
switch (messageModel) {
case BROADCASTING:
  consumer.setMessageModel(
      org.apache.rocketmq.common.protocol.heartbeat.MessageModel.BROADCASTING);
  break;
case CLUSTERING:
  consumer.setMessageModel(
      org.apache.rocketmq.common.protocol.heartbeat.MessageModel.CLUSTERING);
  break;
default:
  throw new IllegalArgumentException("Property 'messageModel' was wrong.");
}


switch (selectorType) {
case TAG:
  consumer.subscribe(topic, selectorExpression);
  break;
case SQL92:
  consumer.subscribe(topic, MessageSelector.bySql(selectorExpression));
  break;
default:
  throw new IllegalArgumentException("Property 'selectorType' was wrong.");
}


switch (consumeMode) {
case ORDERLY:
  consumer.setMessageListener(new DefaultMessageListenerOrderly());
  break;
case CONCURRENTLY:
  consumer.setMessageListener(new DefaultMessageListenerConcurrently());
  break;
default:
  throw new IllegalArgumentException("Property 'consumeMode' was wrong.");
}
```

```
        if (rocketMQListener instanceof RocketMQPushConsumerLifecycleListener) {
            ((RocketMQPushConsumerLifecycleListener) rocketMQListener)
                .prepareStart(consumer);
        }
    }
}
```

RocketMQ 提供了两种消费模式：顺序消费和并发消费。RocketMQ 客户端 API 中顺序消费的默认监听器是 DefaultMessageListenerOrderly 类，并发消费的默认监听器是 DefaultMessageListenerConcurrently 类。无论哪种消费模式，监听器收到消息后都会回调 RocketMQListener。

```
public class DefaultMessageListenerConcurrently
    implements MessageListenerConcurrently {

    @SuppressWarnings("unchecked")
    @Override
    public ConsumeConcurrentlyStatus consumeMessage(List<MessageExt> msgs,
        ConsumeConcurrentlyContext context) {
        //省略

        for (MessageExt messageExt : msgs) {
            try {
                rocketMQListener
                    .onMessage(RocketMQUtil.convertToSpringMessage(messageExt));
            }
            catch (Exception e) {
                context.setDelayLevelWhenNextConsume(delayLevelWhenNextConsume);
                return ConsumeConcurrentlyStatus.RECONSUME_LATER;
            }
        }
        return ConsumeConcurrentlyStatus.CONSUME_SUCCESS;
    }
}
```

RocketMQListener 也是 Spring Boot 中已支持的 RocketMQ 组件，Spring Cloud Stream 对其兼容。

在适配器 RocketMQInboundChannelAdapter 中创建和初始化 RocketMQListener 的实现类。

```
public class RocketMQInboundChannelAdapter extends MessageProducerSupport {
    //省略

    @Override
    protected void onInit() {
        //省略
        BindingRocketMQListener listener = new BindingRocketMQListener();
        rocketMQListenerContainer.setRocketMQListener(listener);
    }

    protected class BindingRocketMQListener
            implements RocketMQListener<Message>, RetryListener {

        @Override
        public void onMessage(Message message) {
        boolean enableRetry = RocketMQInboundChannelAdapter.this.retryTemplate != null;
        if (enableRetry) {
            RocketMQInboundChannelAdapter.this.retryTemplate.execute(context -> {
                RocketMQInboundChannelAdapter.this.sendMessage(message);
                return null;
            }, (RecoveryCallback<Object>)
RocketMQInboundChannelAdapter.this.recoveryCallback);
        }
        else {
            RocketMQInboundChannelAdapter.this.sendMessage(message);
        }
        }
    }
}
```

DefaultMessageListenerOrderly 对象在收到 RocketMQ 消息后，会先回调 BindingRocketMQListener 的 onMessage 方法，再调用 RocketMQInboundChannelAdapter 父类中的 sendMessage 方法将消息发送到 DirectChannel。

9.2.5 Spring Cloud Stream 消息订阅流程

在 Spring Cloud Stream 中接收消息和发送消息的消息模型是一致的，Binder 中接收到的消息先发送到 MessageChannel，由订阅的 MessageChannel 通过 Dispatcher 转发到对应的 MessageHandler 进行处理。

Spring Cloud Stream 消息接收流程如图 9-4 所示。

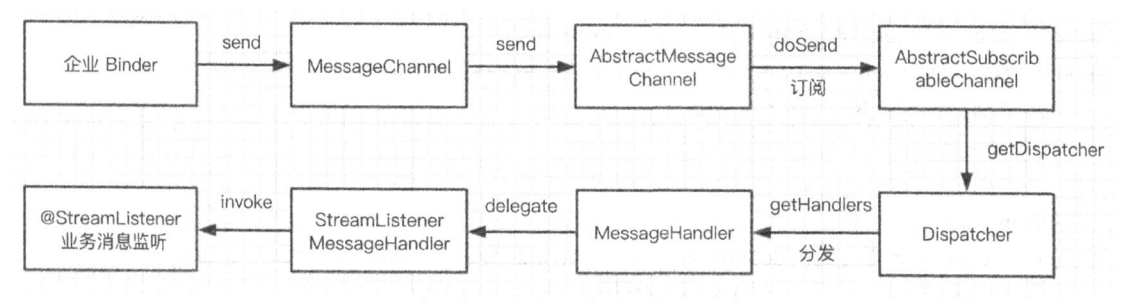

图 9-4　Spring Cloud Stream 消息接收流程

RocketMQInboundChannelAdapter 调用 sendMessage()发送消息。

```
public abstract class MessageProducerSupport extends AbstractEndpoint implements
MessageProducer, TrackableComponent,
    SmartInitializingSingleton {
    private final MessagingTemplate messagingTemplate = new MessagingTemplate();
    private volatile MessageChannel outputChannel;
    //省略

    protected void sendMessage(Message<?> messageArg) {
        //省略
        try {
            this.messagingTemplate.send(getOutputChannel(), message);
        }
        catch (RuntimeException e) {
        }
    }

    @Override
    public MessageChannel getOutputChannel() {
        //省略
        return this.outputChannel;
    }
}
```

getOutputChannel()得到的 MessageChannel 是在初始化 RocketMQ Binder 时传入的 DirectChannel，对应例子中的 Input 通道。

MessagingTemplate 继承了 GenericMessagingTemplate 类，实际执行了 doSend()方法发送消息。

```java
public class GenericMessagingTemplate extends
AbstractDestinationResolvingMessagingTemplate<MessageChannel>
    implements BeanFactoryAware {
//省略

@Override
protected final void doSend(MessageChannel channel, Message<?> message) {
    doSend(channel, message, sendTimeout(message));
}

protected final void doSend(MessageChannel channel, Message<?> message, long timeout) {
    //省略
    boolean sent = (timeout >= 0 ? channel.send(messageToSend, timeout) :
channel.send(messageToSend));
    }
}
```

由于 MessageChannel 的实例是 DirectChannel 对象，就复用了前面讲 Spring Cloud Stream 消息发送流程中提到的流程，通过消息分发类 MessageDispatcher 把消息分发给 MessageHandler。

DirectChannel 对应的消息处理器是 StreamListenerMessageHandler，在消息处理器中回调使用了@StreamListener 注解的业务方法。

```java
public class StreamListenerMessageHandler extends AbstractReplyProducingMessageHandler {
    //省略

private final InvocableHandlerMethod invocableHandlerMethod;

@Override
protected Object handleRequestMessage(Message<?> requestMessage) {
    try {
        return this.invocableHandlerMethod.invoke(requestMessage);
    }
```

```
    catch (Exception e) {
        //省略
    }
  }
}
```

InvocableHandlerMethod 中持有 BeanFactory、Method、MethodParameter 等对象，使用 Java 反射机制完成回调。那么，StreamListenerMessageHandler 是怎么和使用@StreamListener 注解的业务方法关联上的呢？

```
public class StreamListenerAnnotationBeanPostProcessor implements BeanPostProcessor,
    ApplicationContextAware, SmartInitializingSingleton {
    //省略

    @Override
    public final void afterSingletonsInstantiated() {
        //省略
        for (StreamListenerHandlerMethodMapping mapping :
mappedBindingEntry.getValue())                      {
            //创建 InvocableHandlerMethod
            final InvocableHandlerMethod invocableHandlerMethod =
                    this.messageHandlerMethodFactory
                    .createInvocableHandlerMethod(mapping.getTargetBean(),
                    checkProxy(mapping.getMethod(), mapping.getTargetBean()));
            //创建 StreamListenerMessageHandler
            StreamListenerMessageHandler streamListenerMessageHandler =
                new StreamListenerMessageHandler(invocableHandlerMethod,
                                    resolveExpressionAsBoolean
                                    (mapping.getCopyHeaders(),
                                    "copyHeaders"),
                        this.springIntegrationProperties
                                    .getMessageHandlerNotPropagatedHeaders());
        }
    }
}
```

在 Spring 容器管理的所有单例对象初始化完成之后，遍历 StreamListenerHandlerMethodMapping，

进行 StreamListenerMessageHandler 和 InvocableHandlerMethod 的创建和初始化。

从类名看显而易见，StreamListenerHandlerMethodMapping 保存了 StreamListener 和 HandlerMethod 的映射关系。根据代码逐渐往上找，创建映射关系也是在 StreamListenerAnnotationBeanPostProcessor 类中完成的。

```java
public class StreamListenerAnnotationBeanPostProcessor implements BeanPostProcessor,
    ApplicationContextAware, SmartInitializingSingleton {
    //省略

    @Override
    public final Object postProcessAfterInitialization(Object bean, final String
beanName)
        throws BeansException {
        Class<?> targetClass = AopUtils.isAopProxy(bean) ?
AopUtils.getTargetClass(bean)
            : bean.getClass();
        Method[] uniqueDeclaredMethods = ReflectionUtils
            .getUniqueDeclaredMethods(targetClass);
        for (Method method : uniqueDeclaredMethods) {
            StreamListener streamListener = AnnotatedElementUtils
                .findMergedAnnotation(method, StreamListener.class);
            if (streamListener != null && !method.isBridge()) {
                this.streamListenerCallbacks.add(() -> {
                    //处理@StreamListener
                    this.doPostProcess(streamListener, method, bean);
                });
            }
        }
        return bean;
    }
}
```

StreamListenerAnnotationBeanPostProcessor 找到所有使用@StreamListener 的 Method，并创建 StreamListenerHandlerMethodMapping 对象，将映射关系保存到集合中。

```java
private void doPostProcess(StreamListener streamListener, Method method,
    Object bean) {
```

```
//省略
StreamListenerSetupMethodOrchestrator streamListenerSetupMethodOrchestrator =
orchestratorOptional
      .get();
streamListenerSetupMethodOrchestrator
      .orchestrateStreamListenerSetupMethod(streamListener, method, bean);
}


@Override
public void orchestrateStreamListenerSetupMethod(StreamListener streamListener,
    Method method, Object bean) {
  //省略
  registerHandlerMethodOnListenedChannel(method, streamListener, bean);
}


private final MultiValueMap<String, StreamListenerHandlerMethodMapping>
    mappedListenerMethods = new LinkedMultiValueMap<>();


private void registerHandlerMethodOnListenedChannel(Method method,
          StreamListener streamListener, Object bean) {
  //省略
  //创建并保存 StreamListenerHandlerMethodMapping
  StreamListenerAnnotationBeanPostProcessor.this.mappedListenerMethods.add(
          streamListener.value(),
          new StreamListenerHandlerMethodMapping(bean, method,
                  streamListener.condition(), defaultOutputChannel,
                  streamListener.copyHeaders())));
}
```

看到 MethodMapping，大家是否会想起 Spring MVC 中的 HandlerMapping？Spring 中许多模块的技术原理是相同的，在具体功能实现上会有一些差异。

到此，Spring Cloud Stream RocketMQ 的相关知识介绍完了，其他内容不再展开，总结一下前面的内容：

- Spring Cloud Stream 提供了简单易用的消息编程模型，内部基于发布/订阅模型实现。
- Spring Cloud Stream 的 Binder 提供标准协议，不同的消息中间件都可以按照标准协议接入。

- Binder 提供 bindConsumer 和 bindProducer 接口协议，分别用于构造生产者和消费者。

除了使用 Spring Cloud Stream 的消息模型来使用 RocketMQ 的消息功能，还可以使用 Spring Boot 中集成的 RocketMQ 组件，Spring Cloud Alibaba 对其做了兼容，例如常见的 RocketMQTemplate，相关资料在网上非常多，读者可自行查阅。

接下来笔者将为大家重点讲解 RocketMQ 的架构设计、RocketMQ 中常见的功能和场景、在 Spring Cloud Stream 中如何使用 RocketMQ，并深入讲解 RocketMQ 的技术原理。

9.3 RocketMQ 集群管理

在分布式服务 SOA 架构中，任何中间件或者应用都不允许单点存在，服务发现机制是必备的。服务实例有多个，且数量是动态变化的。注册中心会提供服务管理能力，服务调用方在注册中心获取服务提供者的信息，从而进行远程调用。

下面介绍 RocketMQ 的整体架构设计、集群管理，涉及 RocketMQ 中一些重要的概念。

9.3.1 整体架构设计

说到 RocketMQ 的架构设计，不得不说一下它与 Kafka 的渊源。Kafka 是一款高性能的消息中间件，在大数据场景中经常使用，但由于 Kafka 不支持消费失败重试、定时消息、事务消息，顺序消息也有明显缺陷，难以支撑淘宝交易、订单、充值等复杂业务场景。淘宝中间件团队参考 Kafka 重新设计并用 Java 编写了 RocketMQ，因此在 RocketMQ 中会有一些概念和 Kafka 相似。

常见的消息中间件 Kafka、RabbitMQ、RocketMQ 等都基于发布/订阅机制，消息发送者（Producer）把消息发送到消息服务器，消息消费者（Consumer）从消息服务器订阅感兴趣的消息。这个过程中消息发送者和消息消费者是客户端，消息服务器是服务端，客户端与服务端双方都需要通过注册中心感知对方的存在。

RocketMQ 部署架构主要分为四部分，如图 9-5 所示。

- Producer：消息发布的角色，主要负责把消息发送到 Broker，支持分布式集群方式部署。
- Consumer：消息消费者的角色，主要负责从 Broker 订阅消息消费，支持分布式集群方式部署。
- Broker：消息存储的角色，主要负责消息的存储、投递和查询，以及服务高可用保证，支持分布式集群方式部署。

- NameServer：服务管理的角色，主要负责管理 Broker 集群的路由信息，支持分布式集群方式部署。

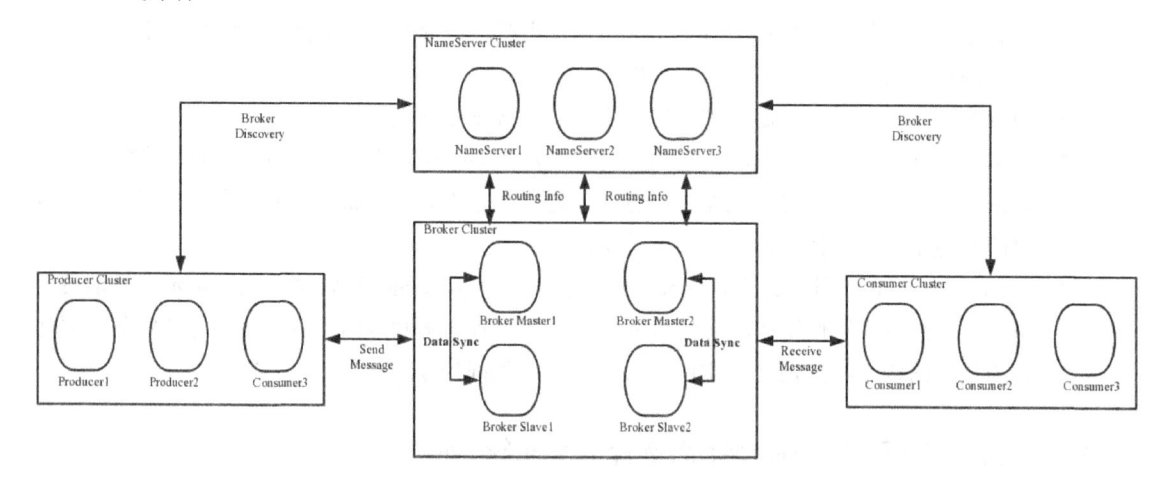

图 9-5　RocketMQ 部署架构图

　　NameServer 是一个非常简单的 Topic 路由注册中心，其角色类似于 Dubbo 中依赖的 ZooKeeper，支持 Broker 的动态注册与发现。主要包括如下两个功能。

- 服务注册：NameServer 接收 Broker 集群的注册信息，保存下来作为路由信息的基本数据，并提供心跳检测机制，检查 Broker 是否还存活。
- 路由信息管理：NameServer 保存了 Broker 集群的路由信息，用于提供给客户端查询 Broker 的队列信息。Producer 和 Consumer 通过 NameServer 可以知道 Broker 集群的路由信息，从而进行消息的投递和消费。

9.3.2　基本概念

- Message：消息，系统所传输信息的物理载体，生产和消费数据的最小单位。每条消息必须属于一个 Topic，RocketMQ 中每条消息拥有唯一的 MessageID，且可以携带具有业务标识的 Key。
- Topic：主题，表示一类消息的集合，每个主题都包含若干条消息，每条消息都只能属于一个主题，Topic 是 RocketMQ 进行消息订阅的基本单位。
- Queue：消息队列，组成 Topic 的最小单元。默认情况下一个 Topic 会对应多个 Queue，Topic 是逻辑概念，Queue 是物理存储，在 Consumer 消费 Topic 消息时底层实际则拉取 Queue 的消息。

- Tag：为消息设置的标志，用于同一主题下区分不同类型的消息。来自同一业务单元的消息，可以根据不同业务目的在同一主题下设置不同标签。标签能够有效地保持代码的清晰度和连贯性，并优化 RocketMQ 提供的查询系统。消费者可以根据 Tag 实现对不同子主题的不同消费的处理逻辑，实现更好的扩展性。

- UserProperties：用户自定义的属性集合，属于 Message 的一部分。

- ProducerGroup：同一类 Producer 的集合，这类 Producer 发送同一类消息且发送逻辑一致。如果发送的是事务消息且原始生产者在发送之后崩溃，则 Broker 服务器会联系同一生产者组的其他生产者实例以提交或回溯消费。

- ConsumerGroup：同一类 Consumer 的集合，这类 Consumer 通常消费同一类消息且消费逻辑一致。消费者组使得在消息消费方面，实现负载均衡和容错的目标变得非常容易。要注意的是，消费者组的消费者实例必须订阅完全相同的 Topic。

9.3.3 为什么放弃 ZooKeeper 而选择 NameServer

在 Kafka 中的服务注册与发现通常是用 ZooKeeper 来完成的，RocketMQ 早期也使用了 ZooKeeper 做集群的管理，但后来放弃了转而使用自己开发的 NameServer。说到这里，大家可能会有个疑问，这些能力 ZooKeeper 早就有了，为什么要重复"造轮子"自己再写一个服务注册中心呢？带着这个疑问我们先来看一下两者部署拓扑图的对比。

在 Kafka 中，Topic 是逻辑概念，分区（Partition）是物理概念。1 个 Topic 可以设置多个分区，每个分区可以设置多个副本（Replication），即有 1 个 Master 分区、多个 Slave 分区。

Kafka 的部署拓扑图如图 9-6 所示。

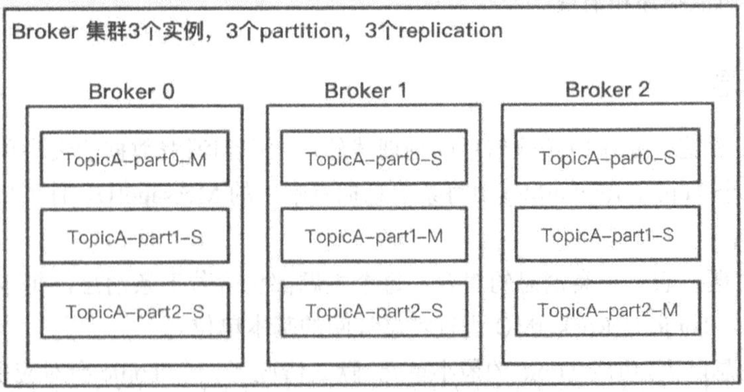

图 9-6 Kafka 的部署拓扑图

例如，搭建 3 个 Broker 构成一个集群，创建一个 Topic 取名为 TopicA，分区是 3 个，副本数是 2 个。在图 9-6 中 part 表示分区，M 表示 Master，S 表示 Slave。在 Kafka 中消息只能发送到 Master 分区中，消息发送给 Topic 时会发送到具体某个分区。如果发送给 part0 就只会发送到 Broker0 这个实例，再由 Broker0 同步到 Broker1 和 Broker2 中的 part0 副本中；如果发送给 part1 就只会发送到 Broker1 这个实例，再由 Broker1 同步到 Broker0 和 Broker2 中的 part1 副本中。

在 RocketMQ 中，Topic 也是逻辑概念，队列（Queue）是物理概念（对应 Kafka 中的分区）。1 个 Topic 可以设置多个队列，每个队列也可以有多个副本，即有 1 个 Master 队列、多个 Slave 队列。

RocketMQ 的部署拓扑图如图 9-7 所示。

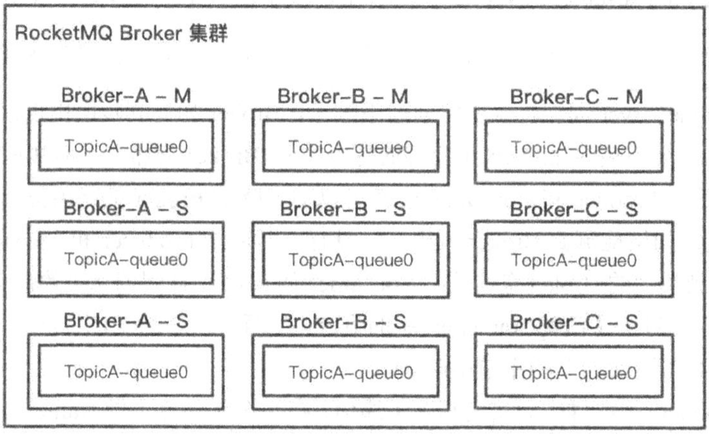

图 9-7　RocketMQ 的部署拓扑图

为了方便对比，同样创建了一个 Topic 取名为 TopicA，队列是 3 个，副本数也是 2 个，但构成 Broker 集群的实例有 9 个。

Kafka 与 RocketMQ 两者在概念上相似，但又有明显的差异。

- 在 Kafka 中，Master 和 Slave 在同一台 Broker 机器上，Broker 机器上有多个分区，每个分区的 Master/Slave 身份是在运行过程中选举出来的。Broker 机器具有双重身份，既有 Master 分区，也有 Slave 分区。

- 在 RocketMQ 中，Master 和 Slave 不在同一台 Broker 机器上，每台 Broker 机器不是 Master 就是 Slave，Broker 的 Master/Slave 身份是在 Broker 的配置文件中预先定义好的，在 Broker 启动之前就已经决定了。

这个差异的影响在哪呢？Kafka 的 Master/Slave 需要通过 ZooKeeper 选举出来，而 RocketMQ 不需要。问题就在这个选举上，ZooKeeper 具备选举功能，选举机制的原理就是少数服从多数，那么 ZooKeeper 的选举机制必须由 ZooKeeper 集群中的多个实例共同完成。ZooKeeper 集群中的多个实例必须相互通信，如果实例数很多，网络通信就会变得非常复杂且低效。

NameServer 的设计目标是让网络通信变简单，从而使性能得到极大的提升。为了避免单点故障，NameServer 也必须以集群的方式部署，但集群中各实例间相互不进行网络通信。NameServer 是无状态的，可以任意部署多个实例。Broker 向每一台 NameServer 注册自己的路由信息，因此每一个 NameServer 实例都保存一份完整的路由信息。NameServer 与每台 Broker 机器保持长连接，间隔 30s 从路由注册表中将故障机器移除。NameServer 为了降低实现的复杂度，并不会立刻通知客户端的 Producer 和 Consumer。

集群环境下实例很多，偶尔会出现各种各样的问题，以下几种场景需要大家思考。

- 当某个 NameServer 因宕机或网络问题下线了，Broker 如何同步路由信息？
  由于 Broker 会连接 NameServer 集群的每个实例，Broker 仍然可以向其他 NameServer 同步其路由信息，Produce 和 Consumer 仍然可以动态感知 Broker 的路由信息。
- NameServer 如果检测到 Broker 宕机，并没有立即通知 Producer 和 Consumer，Producer 将消息发送到故障的 Broker 怎么办？Consumer 从 Broker 订阅消息失败怎么办？
  RocketMQ 作者为了简化 NameServer 的设计，这两个问题都是在客户端中解决的，具体将在后续"高可用设计"的章节中解答。
- 由于 NameServer 集群中的实例相互不通信，在某个时间点不同 NameServer 实例保存的路由注册信息可能不一致。
  这对发送消息和消费消息并不会有什么影响，原理和上一个问题是一样的，从这里能看出 NameServer 是 CAP 中的 AP 架构。

9.4 如何实现顺序消息

顺序消息是业务中常用的功能之一，本节将为大家讲述其使用场景、在项目中如何使用、相关的技术原理及 RocketMQ 中的核心代码实现。

9.4.1 顺序消息的使用场景

日常中需要保证顺序的应用场景非常多，也就是顺序消息和使用场景非常多。例如交易系统中的订单创建、支付、退款等流程，先创建订单才能支付，支付完成的订单才能退款，这需要保证先进先出（First In First Out，缩写 FIFO）。又例如数据库的 BinLog 消息，数据库执行新增语句、修改语句，BinLog 消息的顺序也必须保证是新增消息、修改消息。

9.4.2　如何发送和消费顺序消息

我们使用 RocketMQ 顺序消息来模拟一下订单的场景，顺序消息分为两部分：顺序发送（发消息）、顺序消费（收消息）。

- 第 1 步，顺序发消息。

```
server.port=8081
spring.cloud.stream.rocketmq.binder.name-server=127.0.0.1:9876
spring.cloud.stream.bindings.output.destination=TopicTest
spring.cloud.stream.rocketmq.bindings.output.producer.group=demo-group
#设置同步发送
spring.cloud.stream.rocketmq.bindings.output.producer.sync=true
```

```java
@RestController
public class OrderlyController {

    @Autowired
    private Source source;

    @GetMapping(value = "/orderly")
    public String orderly() {
        List<String> typeList = Arrays.asList("创建", "支付", "退款");

        for (String type : typeList) {
            MessageBuilder builder = MessageBuilder.withPayload(type)
                    .setHeader(BinderHeaders.PARTITION_HEADER, 0);
            Message message = builder.build();
            source.output().send(message);
        }
        return "OK";
    }
}
```

为了简化代码，模拟按顺序依次发送创建、支付、退款消息到 TopicTest。

这里发送顺序消息的代码，相比 9.1.3 节中发送普通消息的代码，修改了两处地方：

- 在 spring.propeties 配置文件中指定 producer.sync=true，默认是异步发送，此处改为同步发送。

- MessageBuilder 设置 Header 信息头，表示这是一条顺序消息，将消息固定地发送到第 0 个消息队列。

- 第 2 步，顺序收消息。

```java
@EnableBinding({ Sink.class })
@SpringBootApplication
public class ConsumerApplication {

    @StreamListener(value = Sink.INPUT)
    public void receive(String receiveMsg) {
        System.out.println("TopicTest receive: " + receiveMsg + ", receiveTime =
" + System.currentTimeMillis());
    }

    public static void main(String[] args) {
        SpringApplication.run(ConsumerApplication.class, args);
    }
}
```

```
server.port=8082
spring.cloud.stream.rocketmq.binder.name-server=127.0.0.1:9876
spring.cloud.stream.bindings.input.destination=TopicTest
spring.cloud.stream.bindings.input.group=test-group1
#指定顺序消费
spring.cloud.stream.rocketmq.bindings.input.consumer.orderly=true
```

相比 9.1.4 节中的消费普通消息，仅修改了 spring.properties 配置文件 consumer.orderly=true，默认是并发消费，此处改成顺序消费。

程序运行之后查看控制台的日志输出，也是按顺序打印出来的。

```
TopicTest receive: 创建, receiveTime = 1581359411181
TopicTest receive: 支付, receiveTime = 1581359411184
TopicTest receive: 退款, receiveTime = 1581359411185
```

9.4.3　顺序发送的技术原理

RocketMQ 的顺序消息分 2 种情况：局部有序和全局有序。前面的例子是局部有序场景。

- 局部有序：指发送同一个队列的消息有序，可以在发送消息时指定队列，在消费消息时也按顺序消费。例如同一个订单 ID 的消息要保证有序，不同订单 ID 的消息没有约束，相互不影响，不同订单 ID 之间的消息是并行的。
- 全局有序：设置 Topic 只有 1 个队列可以实现全局有序，创建 Topic 时手动设置。此类场景极少，性能差，通常不推荐使用。

RocketMQ 中消息发送有三种方式：同步、异步、单向。

- 同步：发送网络请求后会同步等待 Broker 服务器的返回结果，支持发送失败重试，适用于较重要的消息通知场景。
- 异步：异步发送网络请求，不会阻塞当前线程，不支持失败重试，适用于对响应时间要求更高的场景。
- 单向：单向发送原理和异步一致，但不支持回调。适用于响应时间非常短、对可靠性要求不高的场景，例如日志收集。

顺序消息发送的原理很简单，同一类消息发送到相同的队列即可。为了保证先发送的消息先存储到消息队列，必须使用同步发送的方式，否则可能出现先发的消息后到消息队列，此时消息就乱序了。

RocketMQ 核心源码如下。

```
public SendResult syncSendOrderly(String destination, Message<?> message, String hashKey) {
    return syncSendOrderly(destination, message, hashKey,
producer.getSendMsgTimeout());
}

private MessageQueueSelector messageQueueSelector = new SelectMessageQueueByHash();

public SendResult syncSendOrderly(String destination, Message<?> message, String hashKey,
long timeout) {
    try {
        //转成 RocketMQ API 中的 Message 对象
        org.apache.rocketmq.common.message.Message rocketMsg =
RocketMQUtil.convertToRocketMessage(objectMapper,
            charset, destination, message);
```

```
        //调用发送消息接口
        SendResult sendResult = producer.send(rocketMsg, messageQueueSelector, hashKey,
timeout);
        return sendResult;
    } catch (Exception e) {
        log.error("syncSendOrderly failed. destination:{}, message:{} ", destination,
message);
        throw new MessagingException(e.getMessage(), e);
    }
}
```

选择队列的过程由 messageQueueSelector 和 hashKey 在实现类 SelectMessageQueueByHash 中完成。

```
public class SelectMessageQueueByHash implements MessageQueueSelector {

    @Override
    public MessageQueue select(List<MessageQueue> mqs, Message msg, Object arg) {
        int value = arg.hashCode();
        if (value < 0) {
            value = Math.abs(value);
        }

        value = value % mqs.size();
        return mqs.get(value);
    }
}
```

- 根据 hashKey 计算 hash 值，hashKey 是我们前面例子中的订单 ID，因此相同订单 ID 的 hash 值相同。
- 用 hash 值和队列数 mqs.size()取模，得到一个索引值，结果小于队列数。
- 根据索引值从队列列表中取出一个队列 mqs.get(value)，hash 值相同则队列相同。

在队列列表的获取过程中，由 Producer 从 NameServer 根据 Topic 查询 Broker 列表，缓存在本地内存中，以便下次从缓存中读取。

9.4.4　普通发送的技术原理

RocketMQ 中除顺序消息外，还支持事务消息和延迟消息，非这三种特殊的消息我们称为普通消息以便区分。日常开发过程中最常用的是普通消息，这是因为最常用的场景是系统间的异步解耦和流量的削峰填谷，这些场景下尽量保证消息高性能收发即可。

从普通消息与顺序消息的对比来看，普通消息在发送时选择消息队列的策略不同。普通消息发送选择队列有两种机制：轮询机制和故障规避机制（也称故障延迟机制）。默认使用轮询机制，一个 Topic 有多个队列，轮询选择其中一个队列。

轮询机制的原理是路由信息 TopicPublishInfo 中维护了一个计数器 sendWhichQueue，每发送一次消息需要查询一次路由，计算器就进行"+1"，通过计数器的值 index 与队列的数量取模计算来实现轮询算法。

```java
public class TopicPublishInfo {
    public MessageQueue selectOneMessageQueue(final String lastBrokerName) {
        //第一次执行时 lastBrokerName = null
        if (lastBrokerName == null) {
            return selectOneMessageQueue();
        } else {
            int index = this.sendWhichQueue.getAndIncrement();
            for (int i = 0; i < this.messageQueueList.size(); i++) {
                int pos = Math.abs(index++) % this.messageQueueList.size();
                if (pos < 0)
                    pos = 0;
                MessageQueue mq = this.messageQueueList.get(pos);
                //当前选中的 Queue 所在 Broker，不是上次发送的 Broker
                if (!mq.getBrokerName().equals(lastBrokerName)) {
                    return mq;
                }
            }
            return selectOneMessageQueue();
        }
    }

    public MessageQueue selectOneMessageQueue() {
        int index = this.sendWhichQueue.getAndIncrement();
        int pos = Math.abs(index) % this.messageQueueList.size();
        if (pos < 0)
            pos = 0;
        return this.messageQueueList.get(pos);
    }
}
```

```
    //省略
}
```

轮询算法简单好用，但有个弊端。如果轮询选择的队列是在宕机的 Broker 上，会导致消息发送失败，即使消息发送重试的时候重新选择队列，也可能还是在宕机的 Broker 上，无法规避发送失败的情况，因此就有了故障规避机制，后续章节会仔细讲解。

9.4.5　顺序消费的技术原理

RocketMQ 支持两种消息模式：集群消费（Clustering）和广播消费（Broadcasting）。两者的区别是，在广播消费模式下每条消息会被 ConsumerGroup 的每个 Consumer 消费，在集群消费模式下每条消息只会被 ConsumerGroup 的一个 Consumer 消费。

多数场景都使用集群消费，消息每消费一次代表一次业务处理，集群消费表示每条消息由业务应用集群中任意一个服务实例来处理。少数场景使用广播消费，例如数据发生变化，更新业务应用集群中每个服务的本地缓存，这就需要一条消息整个集群都消费一次，默认是集群消费，消息模式是前提条件，我们下面也仅分析这种模式下的情况。

顺序消费也称为有序消费，原理是同一个消息队列只允许 Consumer 中的一个消费线程拉取消费。Consumer 中有个消费线程池，多个线程会同时消费消息。在顺序消费的场景下消费线程请求到 Broker 时会先申请独占锁，获得锁的请求则允许消费。

```java
public class ConsumeMessageOrderlyService implements ConsumeMessageService {
    //省略

    class ConsumeRequest implements Runnable {
        @Override
        public void run() {
            //省略
            try {
                this.processQueue.getLockConsume().lock();
                if (this.processQueue.isDropped()) {
                    break;
                }
                status = messageListener
                    .consumeMessage(Collections.unmodifiableList(msgs), context);
            } catch (Throwable e) {
                hasException = true;
```

```
        } finally {
            this.processQueue.getLockConsume().unlock();
        }
    }
}


public class ProcessQueue {
    private final Lock lockConsume = new ReentrantLock();

    public Lock getLockConsume() {
        return lockConsume;
    }
    //省略
}
```

消息消费成功后，会向 Broker 提交消费进度，更新消费位点信息，避免下次拉取到已消费的消息。顺序消费中如果消费线程在监听器中进行业务处理时抛出异常，则不会提交消费进度，消费进度会阻塞在当前这条消息，并不会继续消费该队列中后续的消息，从而保证顺序消费。在顺序消费的场景下，特别需要注意对异常的处理，如果重试也失败，会一直阻塞在当前消息，直到超出最大重试次数，从而在很长一段时间内无法消费后续消息造成队列消息堆积。

9.4.6　并发消费的技术原理

RocketMQ 支持两种消费方式：顺序消费和并发消费。并发消费是默认的消费方式，日常开发过程中最常用的方式，除了顺序消费就是并发消费。

并发消费也称为乱序消费，其原理是同一个消息队列提供给 Consumer 中的多个消费线程拉取消费。Consumer 中会维护一个消费线程池，多个消费线程可以并发去同一个消息队列中拉取消息进行消费。如果某个消费线程在监听器中进行业务处理时抛出异常，当前消费线程拉取的消息会进行重试，不影响其他消费线程和消息队列的消费进度，消费成功的线程正常提交消费进度。

并发消费相比顺序消费没有资源争抢上锁的过程，消费消息的速度比顺序消费要快很多。

9.4.7　消息的幂等性

说到消息消费不得不提消息的幂等性，业务代码中通常收到一条消息进行一次业务逻辑处理，如果一条相同消息被重复收到几次，是否会导致业务重复处理？Consumer 能否不重复接收消息？

RocketMQ 不保证消息不被重复消费，如果业务对消费重复非常敏感，必须要在业务层面进行幂等性处理，具体实现可以通过分布式锁来完成。

在所有消息系统中消费消息有三种模式：at-most-once（最多一次）、at-least-once（最少一次）和 exactly-only-once（精确仅一次），分布式消息系统都是在三者间取平衡，前两者是可行的并且被广泛使用的。

- at-most-once：消息投递后不论消费是否成功，不会再重复投递，有可能会导致消息未被消费，RocketMQ 未使用该方式。
- at-least-once：消息投递后，消费完成后，向服务器返回 ACK（消费确认机制），没有消费则一定不会返回 ACK 消息。由于网络异常、客户端重启等原因，服务器未能收到客户端返回的 ACK，服务器则会再次投递，这就会导致可能重复消费，RocketMQ 通过 ACK 来确保消息至少被消费一次。
- exactly-only-once：必须下面两个条件都满足，才能认为消息是 "Exactly Only Once"。①发送消息阶段，不允许发送重复的消息；②消费消息阶段，不允许消费重复的消息。在分布式系统环境下，如果要实现该模式，巨大的开销不可避免。RocketMQ 为了追求高性能，并不保证此特性，无法避免消息重复，由业务上进行幂等性处理。

9.5 如何实现事务消息

9.5.1 事务消息的使用场景

事务消息的使用场景很多，例如，在电商系统中用户下单后新增了订单记录，对应的商品库存需要减少，怎么保证新增订单后商品库存减少呢？又例如红包业务，张三给李四发红包，张三的账户余额需要扣减，李四的账户余额需要增加，怎么保证张三账户扣钱后李四账户加钱呢？

此类问题都是事务问题，可以简单理解为：一个表的数据更新后，如何保证另外一个表的数据也更新成功。如果使用同一个数据库实例，那么问题很简单，可以使用本地事务来解决，Spring 的@Transactional 注解就支持。

```
begin transaction
    insert into 订单表 values(xxx);
    update 库存表 set xxx where xxx;
end transaction
commit;
```

但实际场景并不这么简单，互联网应用的流量大，系统规模通常也比较大，会存在许多数据库实例、分库分表等。我们需要修改的表往往不在同一个数据库实例或同一个数据库中，此时就不能使用本地事务来解决了，需要用到分布式事务。RocketMQ 的一大特点就是支持事务消息，支持一些分布式事务场景，下面我们看 RocketMQ 事务消息的具体用法。

9.5.2　如何发送事务消息

我们使用 RocketMQ 事务消息来模拟下单减库存的场景，为了简化代码，部分非核心的实现仅用注释说明。

- 第 1 步，发送订单的事务消息，预提交。

```
@RestController
public class TransactionalController {

    @Autowired
    private Source source;

    @GetMapping(value = "/transactional")
    public String transactional() {
        Order order = new Order("123", "浙江杭州");

        String transactionId = UUID.randomUUID().toString();
        MessageBuilder builder = MessageBuilder.withPayload(order)
                .setHeader(RocketMQHeaders.TRANSACTION_ID, transactionId);
        Message message = builder.build();
        source.output().send(message);
        return "OK";
    }
}
```

```
server.port=8082
spring.cloud.stream.rocketmq.binder.name-server=127.0.0.1:9876
spring.cloud.stream.bindings.input.destination=TopicTest
spring.cloud.stream.bindings.input.group=test-group1
```

Order 对象保存了订单信息，随机生成一个 ID 作为消息的事务 ID，定义了一个名为 OrderTransactionGroup 的事务组，用于下一步接收本地事务的监听。

此时消息已经发送到 Broker 中，但还未投递出去，Consumer 暂时还不能消费这条消息。

- 第 2 步，执行订单信息入库的事务操作，提交或回滚事务消息。

```
@RocketMQTransactionListener(txProducerGroup = "OrderTransactionGroup")
public class TransactionMsgListener implements RocketMQLocalTransactionListener {

    @Override
    public RocketMQLocalTransactionState executeLocalTransaction(Message message,
Object o)        {
        try {
            //获取前面生成的事务 ID
            String transactionId = (String)
message.getHeaders().get(RocketMQHeaders.TRANSACTION_ID);
            //以事务 ID 为主键，执行本地事务
            Order order = (Order) message.getPayload();
            boolean result = this.saveOrder(order, transactionId);
            return result ? RocketMQLocalTransactionState.COMMIT :
RocketMQLocalTransactionState.ROLLBACK;
        } catch (Exception e) {
            return RocketMQLocalTransactionState.ROLLBACK;
        }
    }

    private boolean saveOrder(Order order, String transactionId){
        //将事务 ID 设置为唯一键
        //调用数据库 insert into 订单表
        return true;
    }

    @Override
    public RocketMQLocalTransactionState checkLocalTransaction(Message message) {
        //获取事务 ID
        String transactionId = (String)
message.getHeaders().get(RocketMQHeaders.TRANSACTION_ID);
        //以事务 ID 为主键，查询本地事务执行情况
        if (isSuccess(transactionId)) {
            return RocketMQLocalTransactionState.COMMIT;
        }
        return RocketMQLocalTransactionState.ROLLBACK;
    }
```

```
private boolean isSuccess(String transactionId) {
    //查询数据库 select from 订单表
    return true;
}
}
```

实现 RocketMQLocalTransactionListener 接口，使用@RocketMQTransactionListener 注解用于接收本地事务的监听，txProducerGroup 是事务组名称，和前面定义的 OrderTransactionGroup 保持一致。RocketMQLocalTransactionListener 接口有两个实现方法。

○ executeLocalTransaction：执行本地事务，在第 1 步中消息发送成功会回调执行，一旦事务提交成功，下游应用的 Consumer 能收到该消息，在这里 demo 的本地事务就是保存订单信息入库。

○ checkLocalTransaction：检查本地事务执行状态，如果 executeLocalTransaction 方法中返回的状态是未知 UNKNOWN 或者未返回状态，默认会在预处理发送的 1 分钟后由 Broker 通知 Producer 检查本地事务，在 Producer 中回调本地事务监听器中的 checkLocalTransaction 方法。检查本地事务时，可以根据事务 ID 查询本地事务的状态，再返回具体事务状态给 Broker。

● 第 3 步，消费订单消息。

```
@EnableBinding({ Sink.class})
@SpringBootApplication
public class ConsumerApplication {

    @StreamListener(value = Sink.INPUT)
    public void receive(String receiveMsg) {
        System.out.println("TopicTest receive: " + receiveMsg + ", receiveTime =
" + System.currentTimeMillis());
    }

    public static void main(String[] args) {
        SpringApplication.run(ConsumerApplication.class, args);
    }
}
```

```
server.port=8082
spring.cloud.stream.rocketmq.binder.name-server=127.0.0.1:9876
```

```
spring.cloud.stream.bindings.input.destination=TopicTest
spring.cloud.stream.bindings.input.group=test-group1
```

消费事务消息与消费普通消息的代码是一样的，无须做任何修改。

9.5.3　事务消息的技术原理

RocketMQ 采用了 2PC 的方案来提交事务消息。第一阶段 Producer 向 Broker 发送预处理消息（也称半消息），此时消息还未被投递出去，Consumer 不能消费；第二阶段 Producer 向 Broker 发送提交或回滚消息。具体流程如下：

- 发送预处理消息成功后，开始执行本地事务。
- 如果本地事务执行成功，发送提交请求提交事务消息，消息会投递给 Consumer，如图 9-8 所示。

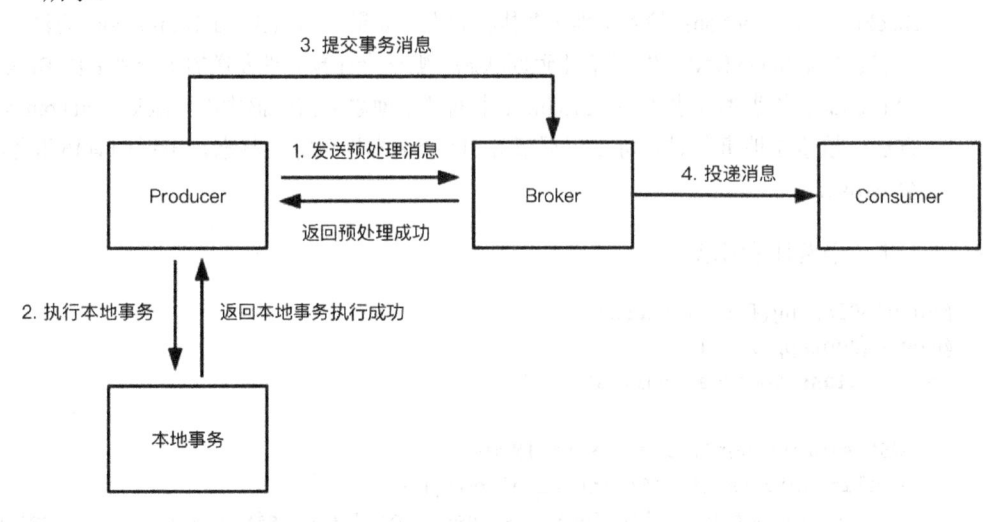

图 9-8　提交事务消息流程图

- 如果本地事务执行失败，发送回滚请求回滚事务消息，消息不会投递给 Consumer，如图 9-9 所示。
- 如果本地事务状态未知，网络故障或 Producer 宕机，Broker 未收到二次确认的消息。由 Broker 端发送请求给 Producer 进行消息回查，确认提交或回滚。如果消息状态一直未被确认，需要人工介入处理，如图 9-10 所示。

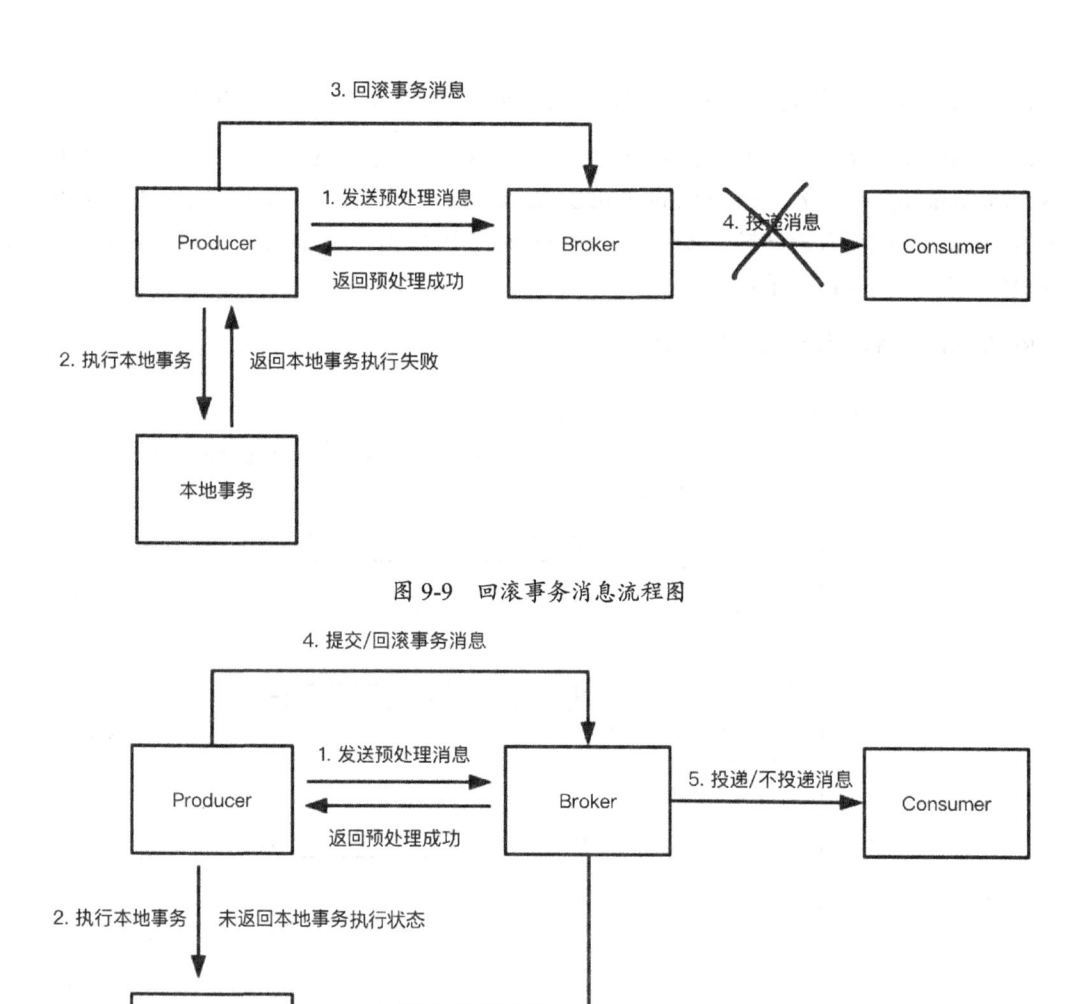

图 9-9　回滚事务消息流程图

图 9-10　回查事务消息状态流程图

9.6　高性能设计

经过阿里巴巴多年双 11 验证，RocketMQ 在稳定的基础上一直保持着非常高的性能，这是诸多企业在消息中间件方面选择使用 RocketMQ 的重要原因。RocketMQ 的高性能设计体现在三个方面：数据存储设计、动态伸缩的能力、消息实时投递。数据存储设计包括顺序写盘、消费队列设计、消息跳跃读、数据零拷贝。动态伸缩的能力包括消息队列扩容、Broker 集群扩容。

RocketMQ 以高吞吐量著称，这主要得益于其数据存储方式的设计。数据存储的核心由两部分组成：CommitLog 数据存储文件和 ConsumeQueue 消费队列文件。Producer 将消息发送到 Broker 服务器，Broker 会把所有消息都存储在 CommitLog 文件中，再由 CommitLog 转发到 ConsumeQueue 文件提供给各个 Consumer 消费。

RocketMQ 存储设计如图 9-11 所示。

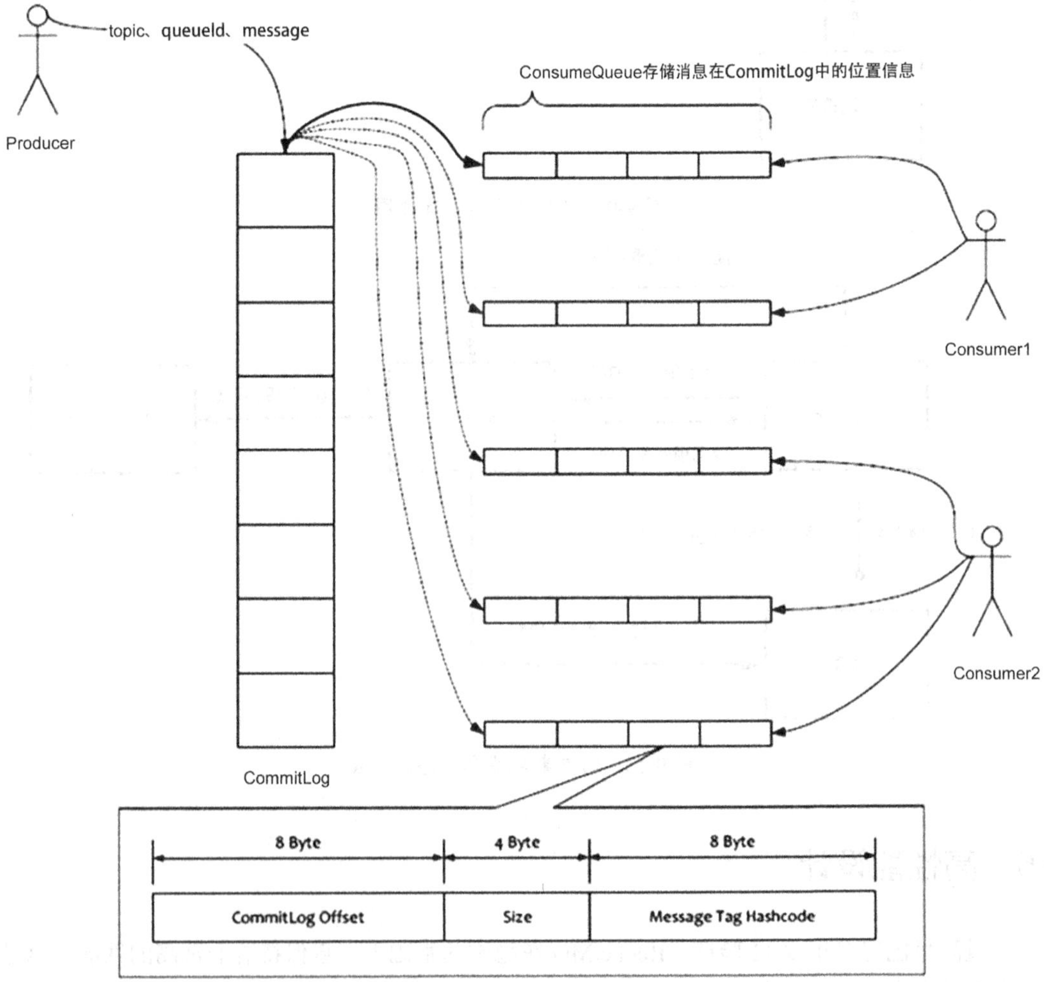

图 9-11　RocketMQ 存储设计

9.6.1　顺序写盘

顺序写盘指写磁盘上的文件采用顺序写的方式，在解释为什么要顺序写盘之前，我们先简单了解一下磁盘读写的过程。一次磁盘请求（读或写）完成过程由三个动作组成：寻道、旋转延迟、数据传输。

- 寻道：磁头移动定位到指定磁道，时间很长，是指找到数据在哪个地方。
- 旋转延迟：等待指定扇区旋转至磁头下，机械硬盘和每分钟多少转有关系，时间很短。
- 数据传输：数据通过系统总线从磁盘传送到内存，时间很短。

磁盘读写最慢的动作是寻道，缩短寻道时间就能有效提升磁盘的读写速度，最优的方式就是不用寻道。随机写会导致磁头不停地更换磁道，时间都花在寻道上了，顺序写几乎不用换磁道，或者寻道时间很短。

CommitLog 文件是负责存储消息数据的文件，所有 Topic 的消息都会先存在{ROCKETMQ_HOME}/store/commitlog 文件夹下的文件中，消息数据写入 CommitLog 文件是加锁串行追加写入。

RocketMQ 为了保证消息发送的高吞吐量，使用单个文件存储所有 Topic 的消息，从而保证消息存储是完全的磁盘顺序写，但这样给文件读取（消费消息）带来了困难。

当消息到达 CommitLog 文件后，会通过线程异步几乎实时地将消息转发给消费队列文件。每个 CommitLog 文件的默认大小是 1GB，写满 1GB 再写新的文件，大量数据 I/O 都在顺序写同一个 CommitLog 文件。文件名按照该文件起始的总的字节偏移量 offset 命名，文件名固定长度为 20 位，不足 20 位前面补 0，如图 9-12 所示。

- 第一个文件起始偏移量是 0，即文件名是 00000000000000000000。
- 第二个文件起始偏移量是 $1024 \times 1024 \times 1024 = 1073741824$（1GB = 1073741824 B），即文件名是 00000000001073741824。

```
[tangchendeMacBook-Pro:commitlog tangchen$ pwd
/opt/rocketmq/store/commitlog
[tangchendeMacBook-Pro:commitlog tangchen$ ls
00000000000000000000    00000000001073741824
tangchendeMacBook-Pro:commitlog tangchen$ ▉
```

图 9-12　RocketMQ 的 CommitLog 文件

文件名这样设计的目的是在消费消息时能够根据偏移量 offset 快速定位到消息存储在某个 CommitLog 文件，从而加快消息的检索速度。

消息数据文件中每条消息数据的具体格式如表 9-1 所示。

表 9-1　消息数据文件中每条消息数据的具体格式

序号	消息存储结构	备注	长度（字节）
1	TOTALSIZE	消息总大小	4
2	MAGICCODE	消息magic code，区分数据消息和空消息	4
3	BODYCRC	消息体的CRC，当Broker重启时会校验	4
4	QUEUEID	区分同一个Topic的不同Queue	4
5	FLAG	未使用	4
6	QUEUEOFFSET	Queue中的消息偏移量，即Queue中的消息个数，QUEUEOFFSET×20=物理偏移量	8
7	PHYSICALOFFSET	在CommitLog中的物理起始偏移量	8
8	SYSFLAG	消息标志，事务状态等消息特征	4
9	BORNTIMESTAMP	Producer的时间戳	8
10	BORNHOST(IP+HOST)	Producer的地址	8
11	STORETIMESTAMP	存储时间戳	8
12	STOREHOST(IP+PORT)	消息存储到Broker的地址	8
13	RECONSUMETIMES	消息被某个Consumer Group重新消费次数（Consumer Group之间独立计数）	8
14	PREPARED TRANSACTION OFFSET	表示该消息是Prepared状态的事务消息	8
15	BODY Length	前4字节为bodyLength，bodyLength后存放消息体内容	4
16	BODY	消息体数据	变长
17	TOPIC Length	前1字节为topicLength，topicLength后存放Topic内容	1
18	TOPIC	Topic名称	变长
19	Properties Length	前2字节为propertiesLength，propertiesLength后存放属性数据	2
20	Properties	属性数据	变长

9.6.2　消费队列设计

消费 Broker 中存储消息的实际工作就是读取文件，但消息数据文件中所有 Topic 的消息数据是混合在一起的，消费消息时是区分 Topic 消费的，这就导致如果消费时也读取 CommitLog 文件会使得消费消息的性能差、吞吐量低。为了解决消息数据文件顺序写难以读取的问题，RocketMQ 中设计了消费队列 ConsumeQueue。

ConsumeQueue 负责存储消费队列文件，在消息写入 CommitLog 文件时，会异步转发到 ConsumeQueue 文件，然后提供给 Consumer 消费。ConsumeQueue 文件中并不存储具体的消息数据，只存 CommitLog 的偏移量 offset、消息大小 size、消息 Tag Hashcode，如表 9-2 所示。

表 9-2 ConsumeQueue文件中存储的内容

序号	消息存储结构	备注	长度（字节）
1	CommitLog Offset	在CommitLog里的物理偏移量	8
2	Size	消息大小	4
3	Message Tag Hashcode	用于订阅时的消息过滤	8

每个 Topic 在某个 Broker 下对应多个队列 Queue，默认是 4 个消费队列 Queue。每一条记录的大小是 20B，默认一个文件存储 30 万个记录，文件名同样也按照字节偏移量 offset 命名，文件名固定长度为 20 位，不足 20 位前面补 0。

- 第一个文件起始偏移量是 0，文件名是 00000000000000000000，与 CommitLog 文件一致。
- 第二个文件起始偏移量是 20 × 30w = 6000000，第二个文件名是 00000000000006000000。

在集群模式下，Broker 会记录客户端对每个消费队列的消费偏移量，定位到 ConsumeQueue 里相应的记录，并通过 CommitLog 的 Offset 定位到 CommitLog 文件里的该条消息，如图 9-13 所示。

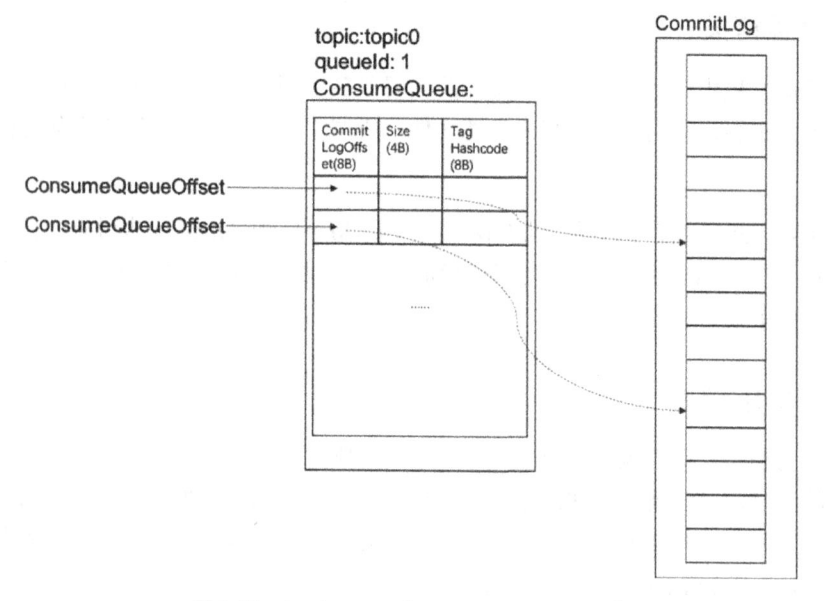

图 9-13 RocketMQ 的 ConsumeQueue 设计

9.6.3 消息跳跃读取

消费 Broker 中存储消息的实际工作就是读取文件，消息队列文件是一种数据结构上的设计。前面讲了磁盘顺序读写和消息队列文件的设计，为了高性能读数据，除此之外，还使用了操作系统中的 Page Cache 机制。RocketMQ 读取消息依赖操作系统的 PageCache，PageCache 命中率越高则读性能越高，操作系统会尽量预读数据，使应用直接访问磁盘的概率降低。消息队列文件的读取流程如下。

- 检查要读的数据是否在上次预读的 Cache 中。
- 如果没有命中 Cache，操作系统从磁盘中读取对应的数据页，并将该数据页之后的连续几页一起读入 Cache 中，再将应用需要的数据返回给应用，这种方式称为跳跃读取。
- 如果命中 Cache，上次缓存的数据有效，操作系统认为在顺序读盘，则继续扩大缓存的数据范围，将之前缓存的数据页之后的几页数据再读取到 Cache 中。

在计算机系统中，CPU、RAM、DISK 的速度不相同，按速度高低排列为：CPU>RAM>DISK。CPU 与 RAM 之间、RAM 与 DISK 之间的速度和容量差异是指数级的。为了在速度和容量上折中，在 CPU 与 RAM 之间使用 CPU Cache 以提高访问速度，在 RAM 与磁盘之间，操作系统使用 Page Cache 提高系统对文件的访问速度。

9.6.4 数据零拷贝

在网络通信过程中，通常情况下对文件的读写要多经历一次数据拷贝，例如写文件数据要从用户态拷贝到内核态，再由内核态写入物理文件。所谓零拷贝，指的是用户态与内核态之间不存在拷贝。

RocketMQ 中的文件读写主要通过 Java NIO 中的 MappedByteBuffer 来进行文件映射。利用了 Java NIO 中的 FileChannel 模型，可以直接将物理文件映射到缓冲区的 PageCache，少了一次数据拷贝过程，提高了读写速度。

9.6.5 动态伸缩能力

随着业务的增长，线上流量会出现快速增长，经常出现的情况是已有的服务器集群能力不足以支撑现有的流量，此时就需要增加服务器（扩容）。例如大促、秒杀等活动，流量上涨持续一段时间后又会回归到正常情况，为了避免服务器资源（成本）浪费，此时就需要减少服务器（缩容），这些场景会用到 RocketMQ 中的动态伸缩能力。

动态伸缩（水平扩容）能力是分布式应用很重要的能力，RocketMQ 中的动态伸缩能力主要体现在消息队列扩容和集群扩容两个方面，需要根据实际场景进行选择。

- 消息队列扩容/缩容：一个 Consumer 实例可以同时消费多个消息队列中的消息。如果一个 Topic 的消息量特别大，但 Broker 集群水位压力还是很低，就可以对该 Topic 的消息队列进行扩容，Topic 的消息队列数跟消费速度成正比。消息队列数在创建 Topic 时可以指定，也可以在运行中修改。相反，如果一个 Topic 的消息量特别小，但该 Topic 的消息队列数很多，则可以对该 Topic 消息队列缩容。

- Broker 集群扩容/缩容：同样如果一个 Topic 的消息量特别大，但 Broker 集群水位很高，此时就需要对 Broker 机器扩容。扩容方式很简单，直接加机器部署 Broker 即可。新的 Broker 启动后会向 NameServer 注册，Producer 和 Consumer 通过 NameServer 发现新 Broker 并更新路由信息。相反，如果 Broker 集群水位很低，则可以适当减少 Broker 服务器来节约成本。

9.6.6 消息实时投递

消息的高性能还体现在消息发送到存储之后能否立即被客户端消费，这涉及消息的实时投递，Consumer 消费消息的实时性与获取消息的方式有很大关系。

任何一款消息中间件都会有两种获取消息的方式：Push 推模式和 Pull 拉模式。这两种模式各有优缺点，并适用于不同的场景。

- Push 推模式：当消息发送到服务端时，由服务端主动推送给客户端 Consumer。优点是客户端 Consumer 能实时地接收到新的消息数据。也有两个缺点。缺点 1 是如果 Consumer 消费一条消息耗时很长，消费推送速度大于消费速度时，Consumer 消费不过来会出现缓冲区溢出；缺点 2 则是一个 Topic 往往会对应多个 ConsumerGroup，服务端一条消息会产生多次推送，可能会对服务端造成压力。

- Pull 拉模式：由客户端 Consumer 主动发送请求，每间隔一段时间轮询去服务端拉取消息。优点是 Consumer 可以根据当前消费速度选择合适的时机触发拉取。缺点则是拉取的间隔时间不好控制。间隔时间如果很长，会导致消息消费不及时，服务端容易积压消息；间隔时间如果很短，服务端收到的消息少，会导致 Consumer 可能多数拉取请求都是无效的（拿不到消息），从而浪费网络资源和服务端资源。

这两种获取消息方式的缺点都很明显，单一的方式难以应对复杂的消费场景，所以 RocketMQ 中提供了一种推/拉结合的长轮询机制来平衡推/拉模式各自的缺点。

长轮询本质上是对普通 pull 模式的优化，即还是以客户端 Consumer 轮询的方式主动发送拉取请求到服务端 Broker，Broker 如果检测到有新的消息就立即返回 Consumer，但如果没有新消息则暂时不返回任何信息，挂起当前请求缓存到本地，Broker 后台有个线程去检查挂起请求，等到新消息产生时再返回 Consumer。平常使用的 DefaultMQPushConsumer 的实现就是推、拉结合的，既能解决资源浪费问题，也能解决消费不及时问题。

9.7 高可用设计

计算机系统的可用性用平均无故障时间来度量，系统的可用性越高，则平均无故障时间越长。高可用性也是分布式中间件的重要特性，RocketMQ 的高可用设计主要有四个方面的体现。

- 消息发送的高可用：在消息发送时可能会遇到网络问题、Broker 宕机等情况，而 NameServer 检测 Broker 是有延迟的，虽然 NameServer 每间隔 10 秒会扫描所有 Broker 信息，但要 Broker 的最后心跳时间超过 120 秒以上才认为该 Broker 不可用，所以 Producer 不能及时感知 Broker 下线。如果在这期间消息一直发送失败，那么消息发送失败率会很高，这在业务上是无法接受的。这里大家可能会有一个疑问，为什么 NameServer 不及时检查 Broker 和通知 Producer？这是因为那样做会使网络通信和架构设计变得非常复杂，而 NameServer 的设计初衷就是尽可能简单，所以这块的高可用方案在 Producer 中来实现。RocketMQ 采用了一些发送端的高可用方案，来解决发送失败的问题，其中最重要的两个设计是重试机制与故障延迟机制。
- 消息存储的高可用：在 RocketMQ 中消息存储的高可用体现在发送成功的消息不能丢、Broker 不能发生单点故障，出现 Broker 异常宕机、操作系统 Crash、机房断电或断网等情况保证数据不丢。RocketMQ 主要通过消息持久化（也称刷盘）、主从复制、读写分离机制来保证。
- 消息消费的高可用：实际业务场景中无法避免消费消息失败的情况，可能由于网络原因导致，也可能由于业务逻辑错误导致。但无论发生任何情况，即使消息一直消费失败，也不能丢失消息数据。RocketMQ 主要通过消费重试机制和消息 ACK 机制来保证。
- 集群管理的高可用：集群管理的高可用主要体现在 NameServer 的设计上，当部分 NameServer 节点宕机时不会有什么糟糕的影响，只剩一个 NameServer 节点 RocketMQ 集群也能正常运行，即使 NameServer 全部宕机，也不影响已经运行的 Broker、Producer 和 Consumer。

9.7.1　消息发送重试机制

重试机制比较简单，在消息发送出现异常时会尝试再次发送，默认最多重试三次。重试机制仅支持同步发送方式，不支持异步和单向发送方式。根据发送失败的异常类型处理策略略有不同，如果是网络异常 RemotingException 和客户端异常 MQClientException 会重试，而 Broker 服务端异常 MQBrokerException 和线程中断异常 InterruptedException 则不会再重试，且抛出异常。

```java
public class DefaultMQProducerImpl implements MQProducerInner {
  //省略
  private SendResult sendDefaultImpl(
      Message msg,
      final CommunicationMode communicationMode,
      final SendCallback sendCallback,
      final long timeout
  ) throws MQClientException, RemotingException, MQBrokerException,
InterruptedException {
        //省略
      int timesTotal = communicationMode == CommunicationMode.SYNC ? 1 +
this.defaultMQProducer.getRetryTimesWhenSendFailed() : 1;
      int times = 0;
      for (; times < timesTotal; times++) {
        try {
            sendResult = this.sendKernelImpl(msg, mq, communicationMode, sendCallback,
topicPublishInfo, timeout - costTime);
            this.updateFaultItem(mq.getBrokerName(), rt, false);
        } catch (RemotingException e) {
            this.updateFaultItem(mq.getBrokerName(), rt, true);
            continue;
        } catch (MQClientException e) {
            this.updateFaultItem(mq.getBrokerName(), rt, true);
            continue;
        } catch (MQBrokerException e) {
            this.updateFaultItem(mq.getBrokerName(), rt, true);
            throw e;
        } catch (InterruptedException e) {
            endTimestamp = System.currentTimeMillis();
            this.updateFaultItem(mq.getBrokerName(), rt, false);
            throw e;
        }
      }
    }
}
```

9.7.2　故障规避机制

在介绍 NameServer 时提到，NameServer 为了简化和客户端通信，发现 Broker 故障时并不会立即通知客户端。故障规避机制用来解决当 Broker 出现故障，Producer 不能及时感知而导致消息发送失败的问题。默认是不开启的，如果在开启的情况下，消息发送失败的时候会将失败的 Broker 暂时排除在队列选择列表外。规避时间是衰减的，如果 Broker 一直不可用，会被 NameServer 检测到并在 Producer 更新路由信息时进行剔除。

在选择查找路由时，选择消息队列的关键步骤如下。

- 先按轮询算法选择一个消息队列。
- 从故障列表判断该消息队列是否可用。

```java
public MessageQueue selectOneMessageQueue(final TopicPublishInfo tpInfo, final String
lastBrokerName) {
    //是否开启故障延迟机制
    if (this.sendLatencyFaultEnable) {
        try {
            //轮询选 Queue
            int index = tpInfo.getSendWhichQueue().getAndIncrement();
            for (int i = 0; i < tpInfo.getMessageQueueList().size(); i++) {
                int pos = Math.abs(index++) % tpInfo.getMessageQueueList().size();
                if (pos < 0)
                    pos = 0;
                MessageQueue mq = tpInfo.getMessageQueueList().get(pos);
                //判断 Queue 是否可用
                if (latencyFaultTolerance.isAvailable(mq.getBrokerName())) {
                    if (null == lastBrokerName || mq.getBrokerName().equals(lastBrokerName))
                        return mq;
                }
            }
        } catch (Exception e) {
            log.error("Error occurred when selecting message queue", e);
        }

        return tpInfo.selectOneMessageQueue();
    }
```

```
//默认轮询机制
return tpInfo.selectOneMessageQueue(lastBrokerName);
}
```

判断消息队列是否可用有两个步骤。

- 判断其是否在故障列表中，不在故障列表中代表可用。
- 在故障列表 faultItemTable 中还需判断当前时间是否大于等于故障规避的开始时间 startTimestamp，使用这个时间判断是因为通常故障时间是有限制的，Broker 宕机之后会有相关运维去恢复。

```
public boolean isAvailable(final String name) {
    final FaultItem faultItem = this.faultItemTable.get(name);
    if (faultItem != null) {
        return faultItem.isAvailable();
    }
    return true;
}

public boolean isAvailable() {
    return (System.currentTimeMillis() - startTimestamp) >= 0;
}
```

这部分重点在于故障机器 FaultItem 在什么场景下进入故障列表 faultItemTable 中，相信大家应该也能猜到，消息发送失败时就可能是机器故障了。回顾一下前面重试机制中的消息发送代码，可以看到两种情况会调用 updateFaultItem()，消息发送结束后和发送出现异常时。

只有在开启故障规避机制时才会更新故障机器信息，根据 isolation 计算故障周期时长，故障时长 duration 的单位是毫秒。

```
public void updateFaultItem(final String brokerName, final long currentLatency, boolean
isolation) {
    if (this.sendLatencyFaultEnable) {
        long duration = computeNotAvailableDuration(isolation ? 30000 : currentLatency);
        this.latencyFaultTolerance.updateFaultItem(brokerName, currentLatency,
duration);
    }
}
```

```java
private long computeNotAvailableDuration(final long currentLatency) {
    for (int i = latencyMax.length - 1; i >= 0; i--) {
        if (currentLatency >= latencyMax[i])
            return this.notAvailableDuration[i];
    }
    return 0;
}

private long[] latencyMax = {50L, 100L, 550L, 1000L, 2000L, 3000L, 15000L};
private long[] notAvailableDuration = {0L, 0L, 30000L, 60000L, 120000L, 180000L, 600000L};
```

currentLatency 代表响应时间，computeNotAvailableDuration()根据响应时间来计算故障周期时长，响应时间越长则故障周期也越长。网络异常、Broker 异常、客户端异常都是固定响应时长 30 秒，所以它们的故障周期时长为 10 分钟。而消息发送成功，或线程中断异常响应时长在 100 毫秒内，则故障周期时长为 0。

```java
public void updateFaultItem(final String name, final long currentLatency, final long
notAvailableDuration) {
    FaultItem old = this.faultItemTable.get(name);
    if (null == old) {
        final FaultItem faultItem = new FaultItem(name);
        faultItem.setCurrentLatency(currentLatency);
        faultItem.setStartTimestamp(System.currentTimeMillis() + notAvailableDuration);
            //加入故障列表
        old = this.faultItemTable.putIfAbsent(name, faultItem);
        if (old != null) {
            old.setCurrentLatency(currentLatency);
            old.setStartTimestamp(System.currentTimeMillis() + notAvailableDuration);
        }
    } else {
        old.setCurrentLatency(currentLatency);
        old.setStartTimestamp(System.currentTimeMillis() + notAvailableDuration);
    }
}
```

FaultItem 存储了 Broker 名称、响应时长、故障规避开始时间，最重要的是故障规避开始时间，会用来判断 Queue 是否可用。故障周期时长为 0 就代表了没有故障。当响应时长超过 100 毫秒时代表 Broker 可能机器出现问题，也会进入故障列表，网络异常、Broker 异常、客户端异常则设定故障周期为 10 分钟。

9.7.3 同步刷盘与异步刷盘

刷盘是指消息数据发送到 Broker 之后，写入磁盘中做持久化，保障在 Broker 出现故障重启时数据不会丢失。RocketMQ 提供了两种刷盘机制：同步刷盘和异步刷盘，在性能和使用场景上有明显区别。

- **同步刷盘**

在同步刷盘的模式下，当消息写到内存后，会等待数据写到磁盘的 CommitLog 文件。具体实现源码在 CommitLog#handleDiskFlush 中，GroupCommitRequest 是刷盘任务，提交刷盘任务后，会在刷盘队列中等待刷盘，而刷盘线程 GroupCommitService 每间隔 10 毫秒写一批数据到磁盘。为什么不直接写呢？主要原因是磁盘 I/O 压力大、写入性能低，每间隔 10 毫秒写一次可以提升磁盘 I/O 效率和写入性能。

```
public void handleDiskFlush(AppendMessageResult result, PutMessageResult
putMessageResult, MessageExt messageExt) {
    final GroupCommitService service = (GroupCommitService) this.flushCommitLogService;
    GroupCommitRequest request = new GroupCommitRequest(result.getWroteOffset() +
result.getWroteBytes());
    service.putRequest(request);
    //等待刷盘完成
    boolean flushOK =
request.waitForFlush(this.defaultMessageStore.getMessageStoreConfig().getSyncFlushTim
eout());
    if (!flushOK) {
      putMessageResult.setPutMessageStatus(PutMessageStatus.FLUSH_DISK_TIMEOUT);
    }
}

public static class GroupCommitRequest {
    private final long nextOffset;
    private final CountDownLatch countDownLatch = new CountDownLatch(1);
    private volatile boolean flushOK = false;
```

```
    public GroupCommitRequest(long nextOffset) {
        this.nextOffset = nextOffset;
    }

    public long getNextOffset() {
        return nextOffset;
    }

    public void wakeupCustomer(final boolean flushOK) {
        this.flushOK = flushOK;
        this.countDownLatch.countDown();
    }

    public boolean waitForFlush(long timeout) {
        try {
            this.countDownLatch.await(timeout, TimeUnit.MILLISECONDS);
            return this.flushOK;
        } catch (InterruptedException e) {
            log.error("Interrupted", e);
            return false;
        }
    }
}
```

GroupCommitService 是刷盘线程，内部有两个刷盘任务列表，在执行 service.putRequest(request) 时仅提交刷盘任务到任务列表，request.waitForFlush 会同步等待 GroupCommitService 将任务列表中的任务刷盘完成。

```
private volatile List<GroupCommitRequest> requestsWrite = new
ArrayList<GroupCommitRequest>();
private volatile List<GroupCommitRequest> requestsRead = new
ArrayList<GroupCommitRequest>();

public synchronized void putRequest(final GroupCommitRequest request) {
    synchronized (this.requestsWrite) {
        this.requestsWrite.add(request);
```

```
        }
        if (hasNotified.compareAndSet(false, true)) {
            waitPoint.countDown(); // notify
        }
}
```

这里有两个队列读写分离，requestsWrite 是写队列，用于保存添加进来的刷盘任务，requestsRead 是读队列，在刷盘之前会把写队列的数据放到读队列。

```
private void swapRequests() {
    List<GroupCommitRequest> tmp = this.requestsWrite;
    this.requestsWrite = this.requestsRead;
    this.requestsRead = tmp;
}
```

刷盘的时候依次读取 requestsRead 中的数据写入磁盘，写入完成后清空 requestsRead。读写分离设计的目的是在刷盘时不影响任务提交到列表。

```
for (GroupCommitRequest req : this.requestsRead) {
  boolean flushOK = false;
  for (int i = 0; i < 2 && !flushOK; i++) {
    //根据文件 offset 判断是否已经刷盘
    flushOK = CommitLog.this.mappedFileQueue.getFlushedWhere() >= req.getNextOffset();
    if (!flushOK) {
      CommitLog.this.mappedFileQueue.flush(0);
    }
  }

  req.wakeupCustomer(flushOK);
}


long storeTimestamp = CommitLog.this.mappedFileQueue.getStoreTimestamp();
  if (storeTimestamp > 0) {
//更新 checkpoint

CommitLog.this.defaultMessageStore.getStoreCheckpoint().setPhysicMsgTimestamp(storeTimestamp);
}
```

//清空已刷盘完成的列表
this.requestsRead.clear();

mappedFileQueue.flush(0)是刷盘操作，通过 MappedFile 映射的 CommitLog 文件写入磁盘。

```java
public boolean flush(final int flushLeastPages) {
    boolean result = true;
    MappedFile mappedFile = this.findMappedFileByOffset(this.flushedWhere,
this.flushedWhere == 0);
    if (mappedFile != null) {
        long tmpTimeStamp = mappedFile.getStoreTimestamp();
        int offset = mappedFile.flush(flushLeastPages);
        long where = mappedFile.getFileFromOffset() + offset;
        result = where == this.flushedWhere;
        this.flushedWhere = where;
        if (0 == flushLeastPages) {
            this.storeTimestamp = tmpTimeStamp;
        }
    }
    return result;
}
```

- **异步刷盘**

RocketMQ 默认采用异步刷盘，异步刷盘又有两种策略：开启缓冲池和不开启缓冲池。

```java
if (!this.defaultMessageStore.getMessageStoreConfig().isTransientStorePoolEnable()) {
    //不开启堆外内存池
    flushCommitLogService.wakeup();
} else {
    //开启堆外内存池
    commitLogService.wakeup();
}
```

不开启缓冲池：默认不开启，刷盘线程 FlushRealTimeService 会每间隔 500 毫秒尝试去刷盘。这间隔 500 毫秒仅仅是尝试，实际去刷盘还得满足一些前提条件，即距离上次刷盘时间超过 10 秒，或者写入内存的数据超过 4 页（16KB），这样即使服务器宕机，丢失的数据也是在 10 秒内的或大小在 16KB 以内的。

```java
class FlushRealTimeService extends FlushCommitLogService {
    private long lastFlushTimestamp = 0;
    private long printTimes = 0;

    public void run() {
        while (!this.isStopped()) {
            boolean flushCommitLogTimed =
CommitLog.this.defaultMessageStore.getMessageStoreConfig().isFlushCommitLogTimed();
                        //每次 Flush 间隔 500 毫秒
            int interval =
CommitLog.this.defaultMessageStore.getMessageStoreConfig().getFlushIntervalCommitLog();
            //每次 Flush 最少 4 页内存数据(16KB)
            int flushPhysicQueueLeastPages =
CommitLog.this.defaultMessageStore.getMessageStoreConfig().getFlushCommitLogLeastPages();
            //距离上次刷盘时间阈值为 10 秒
            int flushPhysicQueueThoroughInterval =
                CommitLog.this.defaultMessageStore.getMessageStoreConfig().
getFlushCommitLogThoroughInterval();

            boolean printFlushProgress = false;

            //判断是否超过 10 秒没刷盘了，需要强制刷盘
            long currentTimeMillis = System.currentTimeMillis();
            if (currentTimeMillis >= (this.lastFlushTimestamp +
flushPhysicQueueThoroughInterval)) {
                this.lastFlushTimestamp = currentTimeMillis;
                flushPhysicQueueLeastPages = 0;
                printFlushProgress = (printTimes++ % 10) == 0;
            }

            try {
                //等待 Flush 间隔 500 毫秒
                if (flushCommitLogTimed) {
                    Thread.sleep(interval);
                } else {
                    this.waitForRunning(interval);
                }

                //通过 MappedFile 刷盘
```

```
        long begin = System.currentTimeMillis();
        CommitLog.this.mappedFileQueue.flush(flushPhysicQueueLeastPages);
        //设置 checkPoint 文件的刷盘时间点
        long storeTimestamp = CommitLog.this.mappedFileQueue.getStoreTimestamp();
        if (storeTimestamp > 0) {
CommitLog.this.defaultMessageStore.getStoreCheckpoint().setPhysicMsgTimestamp(storeTi
mestamp);
        }
        //超过 500 毫秒的刷盘记录日志
        long past = System.currentTimeMillis() - begin;
        if (past > 500) {
            log.info("Flush data to disk costs {} ms", past);
        }
    } catch (Throwable e) {
        CommitLog.log.warn(this.getServiceName() + " service has exception. ", e);
        this.printFlushProgress();
    }
}

//Broker 正常停止前，把内存 page 中的数据刷盘
boolean result = false;
for (int i = 0; i < RETRY_TIMES_OVER && !result; i++) {
    result = CommitLog.this.mappedFileQueue.flush(0);
    CommitLog.log.info(this.getServiceName() + " service shutdown, retry " + (i
+ 1) + " times " + (result ? "OK" : "Not OK"));
    }
    }
}
```

开启缓冲池：RocketMQ 会申请一块和 CommitLog 文件相同大小的堆外内存用来做缓冲池，数据会先写入缓冲池，提交线程 CommitRealTimeService 也每间隔 500 毫秒尝试提交到文件通道等待刷盘，刷盘最终还由 FlushRealTimeService 来完成，和不开启缓冲池的处理一致。使用缓冲池的目的是多条消息合并写入，从而提高 I/O 性能。

```
class CommitRealTimeService extends FlushCommitLogService {

    private long lastCommitTimestamp = 0;

    @Override
```

```java
public void run() {
    CommitLog.log.info(this.getServiceName() + " service started");
    while (!this.isStopped()) {
        //每次提交间隔 200 毫秒
        int interval =
CommitLog.this.defaultMessageStore.getMessageStoreConfig().getCommitIntervalCommitLog();
        //每次提交最少 4 页内存数据 (16KB)
        int commitDataLeastPages =
CommitLog.this.defaultMessageStore.getMessageStoreConfig().getCommitCommitLogLeastPages();
        //距离上次提交时间阈值为 200 毫秒
        int commitDataThoroughInterval =
CommitLog.this.defaultMessageStore.getMessageStoreConfig().getCommitCommitLogThorough
Interval();
        //判断是否超过 200 毫秒没提交了，需要强制提交
        long begin = System.currentTimeMillis();
        if (begin >= (this.lastCommitTimestamp + commitDataThoroughInterval)) {
            this.lastCommitTimestamp = begin;
            commitDataLeastPages = 0;
        }

        try {
            //提交到 MappedFile，此时还未刷盘
            boolean result = CommitLog.this.mappedFileQueue.commit(commitDataLeastPages);
            long end = System.currentTimeMillis();
            if (!result) {
                this.lastCommitTimestamp = end;
                //唤醒刷盘线程
                flushCommitLogService.wakeup();
            }

            if (end - begin > 500) {
                log.info("Commit data to file costs {} ms", end - begin);
            }
            this.waitForRunning(interval);
        } catch (Throwable e) {
            CommitLog.log.error(this.getServiceName() + " service has exception. ", e);
        }
    }
```

```
//Broker 正常停止前，提交内存 page 中的数据
boolean result = false;
for (int i = 0; i < RETRY_TIMES_OVER && !result; i++) {
    result = CommitLog.this.mappedFileQueue.commit(0);
    CommitLog.log.info(this.getServiceName() + " service shutdown, retry " +
(i + 1) + " times " + (result ? "OK" : "Not OK"));
    }
    CommitLog.log.info(this.getServiceName() + " service end");
    }
}
```

9.7.4 主从复制

RocketMQ 为了提高消息消费的高可用性，避免 Broker 发生单点故障引起存储在 Broker 上的消息无法及时消费，同时避免单个机器上硬盘坏损出现消息数据丢失。RocketMQ 采用 Broker 数据主从复制机制，当消息发送到 Master 服务器后会将消息同步到 Slave 服务器，如果 Master 服务器宕机，消息消费者还可以继续从 Slave 拉取消息。

消息从 Master 服务器复制到 Slave 服务器上，有两种复制方式：同步复制 SYNC_MASTER 和异步复制 ASYNC_MASTER。通过配置文件 ${ROCKETMQ_HOME}/conf/broker.conf 里的 brokerRole 参数进行设置。

- 同步复制：Master 服务器和 Slave 服务器都写成功后才返回给客户端写成功的状态。优点是如果 Master 服务器出现故障，Slave 服务器上有全部数据的备份，很容易恢复到 Master 服务器。缺点是由于多了一个同步等待的步骤，会增加数据写入延迟，并且降低系统的吞吐量。
- 异步复制：仅 Master 服务器写成功即可返回给客户端写成功的状态。优点刚好是同步复制的缺点，由于没有那一次同步等待的步骤，服务器的延迟较低且吞吐量较高。缺点显而易见，如果 Master 服务器出现故障，有些数据因为没有被写入 Slave 服务器，未同步的数据有可能会丢失。

在实际应用中需要结合业务场景，合理设置刷盘方式和主从复制方式。不建议使用 SYNC_FLUSH 同步它刷盘方式，因为它会频繁地触发写磁盘操作，性能下降很明显。高性能是 RocketMQ 的一个明显特点，因此放弃性能是不合适的选择。通常可以把 Master 和 Slave 设置成 ASYNC_FLUSH 异步刷盘、SYNC_MASTER 同步复制，这样即使有一台服务器出故障，仍然可以保证数据不丢失。

9.7.5　读写分离

读写分离机制也是高性能、高可用架构中常见的设计。例如 MySQL 也实现了读写分离机制，Client 只能从 Master 服务器写数据，可以从 Master 服务器和 Slave 服务器都读数据。RocketMQ 的设计也是如此，但在实现方式上又有一些区别。

RocketMQ 的 Consumer 在拉取消息时，Broker 会判断 Master 服务器的消息堆积量以决定 Consumer 是否从 Slave 服务器拉取消息消费。默认一开始从 Master 服务器上拉取消息，如果 Master 服务器的消息堆积超过了物理内存的 40%，则会在返回给 Consumer 的消息结果里告知 Consumer，下次需要从其他 Slave 服务器上拉取消息。

9.7.6　消费重试机制

实际业务场景中无法避免消费消息失败的情况，消费失败可能是因为业务处理中调用远程服务网络问题失败，不代表消息一定不能被消费，通过重试可以解决。在介绍 RocketMQ 的消费重试机制之前，先介绍一下"重试队列"和"死信队列"。

- 重试队列：在 Consumer 由于业务异常导致消费消息失败时，将消费失败的消息重新发送给 Broker 保存在重试队列，这样设计的原因是不能影响整体消费进度又必须防止消费失败的消息丢失。重试队列的消息存在一个单独的 Topic 中，不在原消息的 Topic 中，Consumer 自动订阅该 Topic。重试队列的 Topic 名称格式为"%RETRY%+consumerGroup"，每个业务 Topic 都会有多个 ConsumerGroup，每个 ConsumerGroup 消费失败的情况都不一样，因此各对应一个重试队列的 Topic。
- 死信队列：由于业务逻辑 Bug 等原因，导致 Consumer 对部分消息长时间消费重试一直失败，为了保证这部分消息不丢失，同时不能阻塞其他能重试消费成功的消息，超过最大重试消费次数之后的消息会进入死信队列。消息进入死信队列之后就不再自动消费，需要人工干预处理。死信队列也存在一个单独的 Topic 中，名称格式为"%DLQ%+ consumerGroup"，原理和重试队列一致。

通常故障恢复需要一定的时间，如果不间断地重试，重试又失败的情况会占用并浪费资源，所以 RocketMQ 的消费重试机制采用时间衰减的方式，使用了自身定时消费的能力。首次在 10 秒后重试消费，如果消费成功则不再重试，如果消费失败则继续重试消费，第二次在 30 秒后重试消费，依此类推，每次重试的间隔时间都会加长，直到超出最大重试次数（默认为 16 次），则进入死信队列不再重试。重试消费过程中的间隔时间使用了定时消息，重试的消息数据并非直接写入重试队列，而是先写入定时消息队列，再通过定时消息的功能转发到重试队列。

RocketMQ 支持定时消息（也称延迟消息），延迟消息是指消息发送之后，等待指定的延迟时间后再进行消费。除了支持消费重试机制，延迟消息也适用于一些处理异步任务的场景。例如调用某个服务，调用结果需要异步在 1 分钟内返回，此时就可以发送一个延迟消息，延迟时间为 1 分钟，等 1 分钟后收到该消息去查询上次的调用结果是否返回。

RocketMQ 不支持任意时间精确的延迟消息，仅支持 1s、5s、10s、30s、1min、2min、3min、4min、5min、6min、7min、8min、9min、10min、20min、30min、1h、2h。

9.7.7　ACK 机制

在实际业务场景中，业务应用在消费消息的过程中偶尔会出现一些异常情况，例如程序发布导致的重启，或网络突然出现问题，此时正在进行业务处理的消息可能消费完了，也可能业务逻辑执行到一半没有消费完，那么如何去识别这些情况呢？这就需要消息的 ACK 机制。

广播模式的消费进度保存在客户端本地，集群模式的消费进度保存在 Broker 上。集群模式中 RocketMQ 中采用 ACK 机制确保消息一定被消费。在消息投递过程中，不是消息从 Broker 发送到 Consumer 就算消费成功了，需要 Consumer 明确给 Broker 返回消费成功状态才算。如果从 Broker 发送到 Consumer 后，已经完成了业务处理，但在给 Broker 返回消费成功状态之前，Consumer 发生宕机或断电、断网等情况，Broker 未收到反馈，则不会保存消费进度。Consumer 重启之后，消息会重新投递，此时也会出现重复消费的场景，前面讲过消息幂等性需要业务自行保证。

9.7.8　Broker 集群部署

Broker 集群部署是消息存储高可用的基本保障，最直接的表现是 Broker 出现单机故障或重启时，不会影响 RocketMQ 整体的服务能力。RocketMQ 中 Broker 有四种不同的集群搭建方式。

- 单 Master 模式：单 Master 模式仅部署一台 Broker 机器，属于非集群模式，9.1.2 节中的样例就采用了单 Master 模式。这种方式存在单点故障的风险，一旦 Broker 重启或者宕机，会导致整个服务不可用。不建议线上环境使用，仅可以用于本地测试。

- 多 Master 模式：一个集群全部都是 Master 机器，没有 Slave 机器，属于不配置主从复制的场景，例如 2 个 Master 或者 3 个 Master。也不建议线上环境使用，这种模式的优缺点如下。

  ○ 优点：配置简单，单个 Master 宕机或重启维护对应用无影响，在磁盘配置为 RAID10 时，即使机器宕机不可恢复，由于 RAID10 磁盘非常可靠，消息也不会丢失（异步刷盘丢失少量消息，同步刷盘一条不丢），性能最高。

○ 缺点：单台机器宕机期间，这台机器上未被消费的消息在机器恢复之前不可订阅，消息的实时性会受到影响。这个缺点是致命的，消息实时性受到影响意味着一段时间内部分消费不可用，违背系统的可用性原则。

- 异步复制的多 Master 多 Slave 模式：每个 Master 配置一个 Slave，有多对 Master-Slave，主从复制采用异步复制方式，主备有短暂消息延迟（毫秒级），这种模式的优缺点如下。

○ 优点：即使磁盘损坏，消息丢失非常少，且消息实时性不会受影响，同时 Master 宕机后，消费者仍然可以从 Slave 消费，而且此过程对应用透明，不需要人工干预，性能同多 Master 模式几乎一样。

○ 缺点：在 Master 宕机且磁盘损坏的情况下可能会丢失少量消息。出现这种场景的概率很小，有风险但是很低。

- 同步复制的多 Master 多 Slave 模式：每个 Master 配置一个 Slave，有多对 Master-Slave，主从复制采用同步复制方式，即只有主备都写成功，才向应用返回成功。线上推荐使用异步刷盘+同步复制的多 Master 多 Slave 模式，这种模式的优缺点如下。

○ 优点：数据与服务都无单点故障，在 Master 宕机的情况下，消息无延迟，服务可用性与数据可用性都非常高。

○ 缺点：性能比异步复制模式略低（大约低 10%左右），发送单个消息的 RT 会略高。

9.8　本章小结

本章学习了 Spring Cloud Stream 的架构设计，在 Spring Cloud Stream 中提供 Binder 的标准协议让企业集成消息中间件，Spring Cloud Alibaba 通过 RocketMQ Binder 集成 RocketMQ，我们介绍了 RocketMQ Binder 的具体实现。接着重点介绍了 RocketMQ 的功能和特性，以及在高性能和高可用方面的巧妙设计，并分析了部分源码。

RocketMQ 是 Spring Cloud Alibaba 微服务架构中的重要一环，是用来应对互联网亿级流量的重要措施，希望读者能够熟练掌握并使用。

10

第 10 章

微服务网关之 Spring Cloud Gateway

在微服务架构中，每个服务都是一个可以独立开发和运行的组件，而一个完整的微服务架构由一系列独立运行的微服务组成。其中每个服务都只会完成特定领域的功能，比如订单服务提供与订单业务场景有关的功能、商品服务提供商品展示功能等。各个微服务之间通过轻量级通信机制 REST API 或者 RPC 完成通信。

实现微服务之后在某些层面会带来一定的影响，比如，一个用户查看一个商品的详情，对于客户端来说，可能需要调用商品服务、评论服务、库存服务、营销服务等多个服务来完成数据的渲染。如图 10-1 所示，在这个场景中，客户端虽然能通过调用多个服务实现数据的获取，但是会存在一些问题，比如：

- 客户端需要发起多次请求，增加了网络通信的成本及客户端处理的复杂性。
- 服务的鉴权会分布在每个微服务中处理，客户端对于每个服务的调用都需要重复鉴权。
- 在后端的微服务架构中，可能不同的服务采用的协议不同，比如有 HTTP、RPC 等。客户端如果需要调用多个服务，需要对不同协议进行适配。

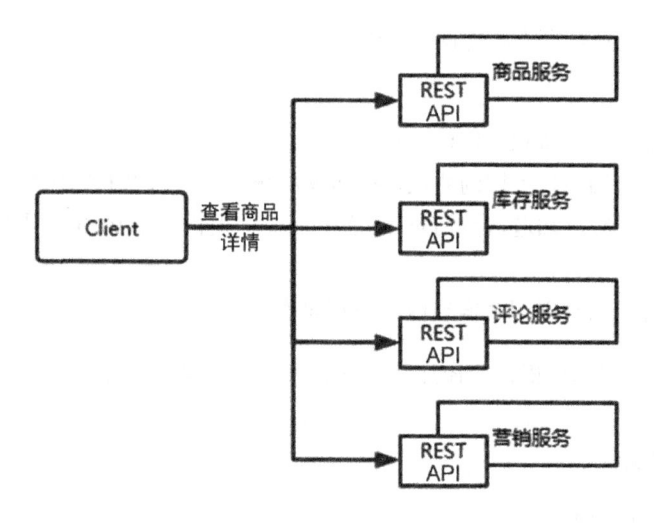

图 10-1 微服务接口调用

10.1 API 网关的作用

网关可以用来解决这个问题，如图 10-2 所示，在客户端与服务端之间增加了一个 API 网关。整体来看，网关有点类似于门面，所有的外部请求都会先经过网关这一层。

对于商品详情展示的场景来说，增加了 API 网关之后，在 API 网关层可以把后端的多个服务进行整合，然后提供唯一的业务接口，客户端只需要调用这个接口即可完成数据的获取及展示。在网关中会再消费后端的多个微服务，进行统一的整合，给客户端返回唯一的响应。

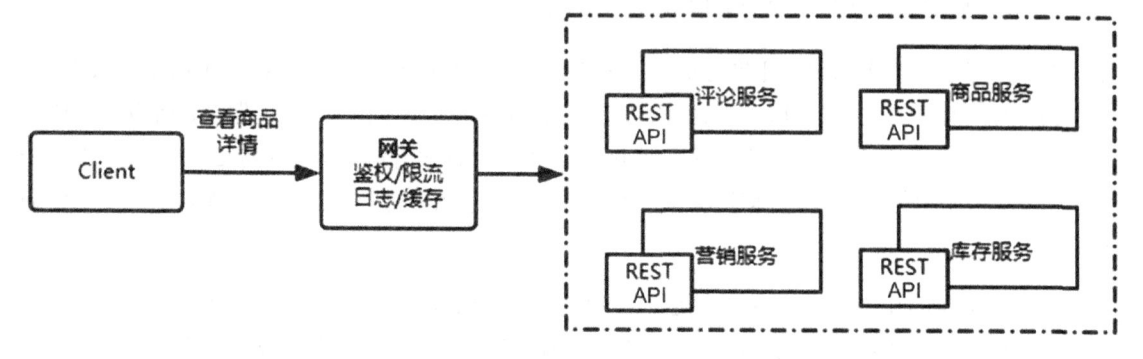

图 10-2 增加网关之后

网关不仅只是做一个请求的转发及服务的整合，有了网关这个统一的入口之后，它还能提供以下功能。

- 针对所有请求进行统一鉴权、限流、熔断、日志。
- 协议转化。针对后端多种不同的协议，在网关层统一处理后以 HTTP 对外提供服务。用过 Dubbo 框架的读者应该知道，针对 Dubbo 服务还需要提供一个 Web 应用来进行协议转化。
- 统一错误码处理。
- 请求转发，并且可以基于网关实现内、外网隔离。

下面针对上述网关作用的分析，选择几种常见的方案进行详细说明。

10.1.1 统一认证鉴权

统一认证鉴权包含如下两部分。

- 客户端身份认证：主要用于判断当前用户是否为合法用户，一般的做法是使用账号和密码进行验证。当然，对于一些复杂的认证场景会采用加密算法来实现，比如公、私钥。
- 访问权限控制：身份认证和访问权限一般是相互联系的，当身份认证通过后，就需要判断该用户是否有权限访问该资源，或者该用户的访问权限是否被限制了。

在单体应用中，客户端身份认证及访问权限的控制比较简单，只需要在服务端通过 session 保存该用户信息即可。但是在微服务架构下，单体应用被拆分成多个微服务，鉴权的过程就会变得很复杂。

- 首先要解决的问题是，原来单体应用中的 session 方式已经无法用于微服务场景。
- 其次就是如何实现对每个微服务进行鉴权。

当然，对于第一个问题，目前已经有非常多的成熟解决方案了，比如 AccessToken、Oauth（开放 API）等。对于第二个问题，我们可以把鉴权的功能抽离出一个统一认证服务，所有的微服务在被访问之前，先访问该认证服务进行鉴权。这种解决方案看似合理，但是在实际应用中，一个业务场景中可能会调用多个微服务，就会造成一次请求需要进行多次鉴权操作，增加了网络通信开销。

如图 10-3 所示，增加 API 网关之后，在网关层进行请求拦截，获取请求中附带的用户身份信息，调用统一认证中心对请求进行身份认证，在确认了身份之后再检查是否有资源的访问权限。

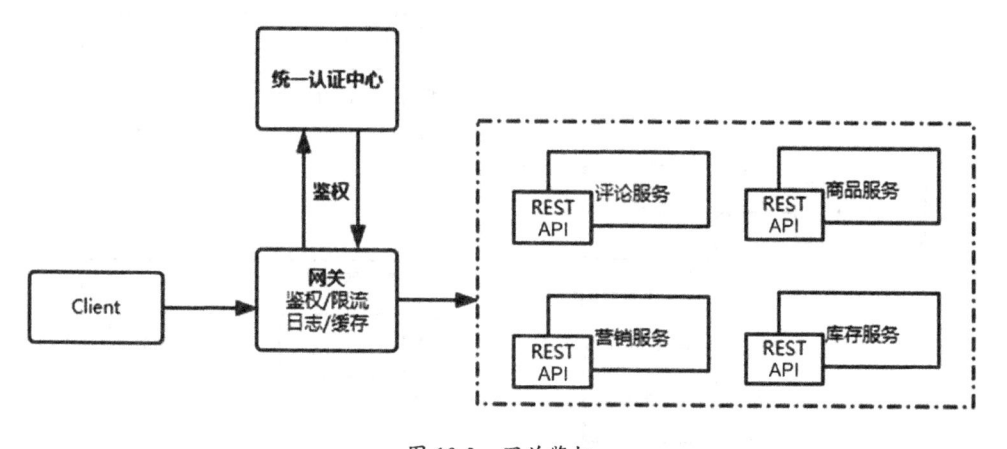

图 10-3 网关鉴权

10.1.2 灰度发布

互联网公司的产品有一个特点,就是迭代非常快,很多公司会采用一周发布一个版本的迭代模式。在这种高频率的迭代模式下,往往会伴随着一些风险,比如:

- 新发布的代码出现兼容性问题。
- 新的功能发布后,用户是否能够接受,如果不能,会造成用户流失。
- 代码中存在隐藏的 Bug,导致线上故障。

为了规避这些问题,对于有较大的功能性改动的版本一般都会采取灰度发布(又名金丝雀发布)的方式来实现平滑过渡。

所谓灰度发布,就是指将要发布的功能先开放给一小部分用户使用,把影响范围控制在一个非常小的范围,比如 A/B Test 就是一种灰度发布方式,即一部分用户继续使用 A 功能,另外一小部分用户使用新的 B 功能。通过对使用 B 功能的用户进行满意度调查,以及对新发布的代码的性能和稳定性指标进行评测,逐步放大该新版本的投放,直到全量或者回滚该版本。

对于应用系统来说,无非就是将新的功能发布在特定的灰度机器上,然后根据设定的规则将部分请求路由到灰度服务器上。

网关是所有客户端请求的入口,因此在网关层可以通过灰度规则进行部分流量的路由,从而实现灰度发布。如图 10-4 所示,网关对请求进行拦截之后,会根据分流引擎配置的分流规则进行请求的路由。

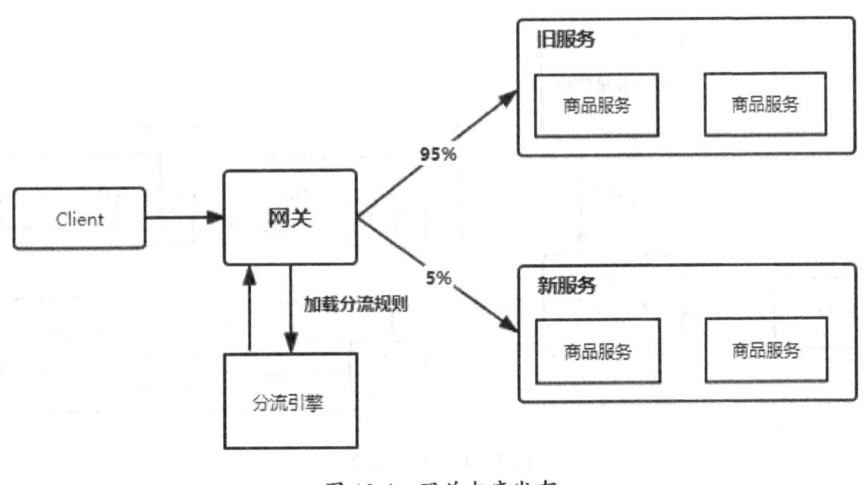

图 10-4　网关灰度发布

10.2　网关的本质及技术选型

通过前面的分析可以发现，网关的本质应该是对请求进行路由转发，以及对请求进行前置和后置的过滤。

- 请求的转发和路由：接收客户端的所有请求，并将请求转发到后端的微服务中。因为微服务的粒度比较细，所以 API 网关又类似于门面模式，对多个微服务进行功能整合，提供唯一的业务接口给客户端。
- 过滤：网关会拦截所有的请求来完成一系列的横切工作，比如鉴权、限流。

常见的开源 API 网关实现方案有很多，比如 OpenResty、Zuul、GateWay、Orange、Kong、Tyk 等，下面我们简单来讲几种框架。

10.2.1　OpenResty

OpenResty 实际上是由 Nginx 与 Lua 集成的一个高性能 Web 应用服务器，它的内部集成了大量优秀的 Lua 库、第三方模块。并且 OpenResty 团队自己研发了很多优秀的 Nginx 模块，开发人员可以使用 Lua 脚本来调用 Nginx 支持的 C 模块及 Lua 模块。

简单来说，OpenResty 本质上就是将 Lua 嵌入 Nginx 中，在每一个 Nginx 的进程中都嵌入了一个 LuaJIT 虚拟机来执行 Lua 脚本。

对于 OpenResty 来说，它本质上仍然是 Nginx 服务器，可以实现反向代理和负载均衡。但是 OpenResty 为什么能够实现网关功能呢？

前面我们提到过，网关的本质是对请求进行路由转发及过滤，这意味着 OpenResty 在接收到客户端的请求时，同样可以拦截请求进行前置和后置的处理。事实上，OpenResty 确实支持这种操作，它可以在不同的阶段来挂载 Lua 脚本实现不同阶段的自定义行为。如图 10-5 所示，可以看到 init_by_lua、init_worker_by_lua、set_by_lua 等 11 个指令，OpenResty 实现网关功能的核心就是在这 11 个步骤中挂载 Lua 脚本来实现功能的扩展。

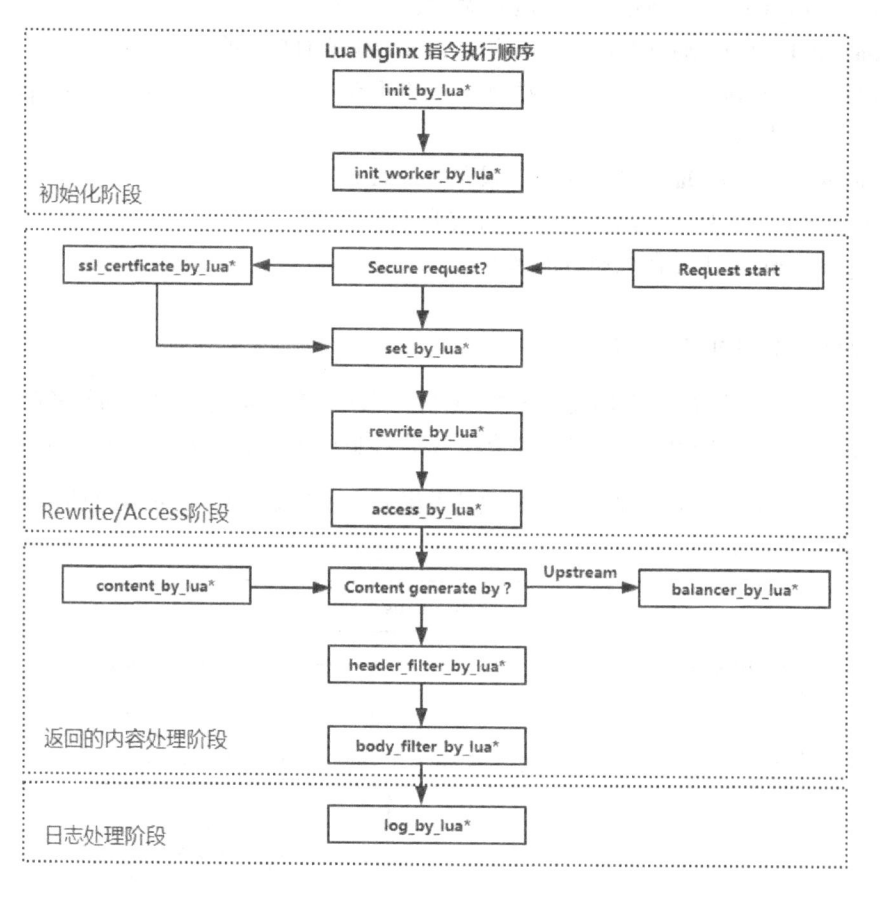

图 10-5　指令执行顺序

一个请求进入 OpenResty 之后，会根据请求所在的不同阶段按照如图 10-5 所示的流程执行不同的指令，每个指令的作用如下。

- **init_by_lua**：当 Nginx Master 进程加载 Nginx 配置文件时会运行这段 Lua 脚本。
- **init_worker_by_lua**：每个 Nginx worker 进程启动时会执行的 Lua 脚本，可以用来做健康检查。
- **ssl_certificate_by_lua**：当 Nginx 开始对下游进行 SSL（HTTPS）握手连接时，该指令执行用户 Lua 代码。
- **set_by_lua**：设置一个变量。
- **rewrite_by_lua**：在 rewrite 阶段执行。
- **access_by_lua**：在访问阶段调用 Lua 脚本。
- **content_by_lua**：通过 Lua 脚本生成 content 输出给 HTTP 响应。
- **balancer_by_lua**：实现动态负载均衡，如果不走 contentbylua，则走 proxy_pass，再通过 upstream 进行转发。
- **header_filter_by_lua**：通过 Lua 来设置 Header 或者 Cookie。
- **body_filter_by_lua**：对响应数据进行过滤。
- **log_by_lua**：在 Log 阶段执行的脚本。

10.2.2　Spring Cloud Zuul

Zuul 是 Netflix 开源的微服务网关，它的主要功能是路由转发和过滤。大部分读者接触到 Zuul 应该是在 Spring Cloud Netflix 生态中，它被整合到 Spring Cloud 中为微服务架构提供 API 网关的功能。

如图 10-6 所示，Zuul 的核心由一系列过滤器组成，它定义了 4 种标准类型的过滤器，这些会对应请求的整个生命周期。

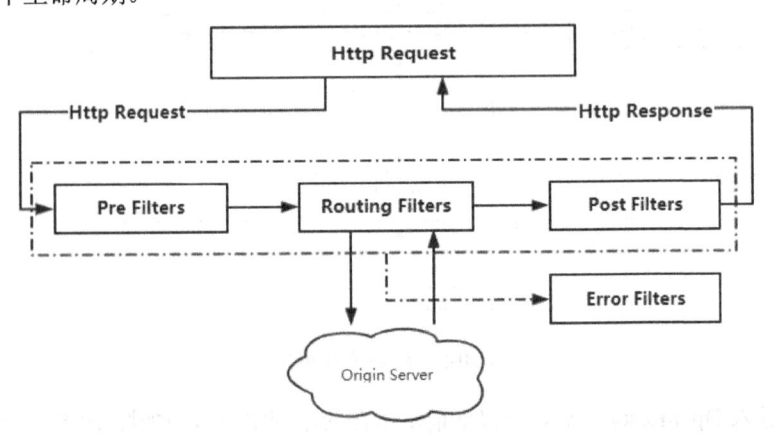

图 10-6　Zull 请求过滤链

- **Pre Filters**：前置过滤器，请求被路由之前调用，可以用于处理鉴权、限流等。
- **Routing Filters**：路由过滤器，将请求路由到后端的微服务。
- **Post Filters**：后置过滤器，路由过滤器中远程调用结束后执行。可以用于做统计、监控、日志等。
- **Error Filters**：错误过滤器，任意一个过滤器出现异常或者远程服务调用超时会被调用。

10.2.3　Spring Cloud Gateway

Spring Cloud Gateway 是 Spring 官方团队研发的 API 网关技术，它的目的是取代 Zuul 为微服务提供一种简单高效的 API 网关。

一般来说，Spring 团队不会重复造轮子，为什么又研发出一个 Spring Cloud Gateway 呢？有以下几方面原因。

- Zuul 1.x 采用的是传统的 thread per connection 方式来处理请求，也就是针对每一个请求，会为这个请求专门分配一个线程来进行处理，直到这个请求完成之后才会释放线程，一旦后台服务器响应较慢，就会使得该线程被阻塞，所以它的性能不是很好。
- Zuul 本身存在的一些性能问题不适合于高并发的场景，虽然后来 Netflix 决定开发高性能版 Zuul 2.x，但是 Zuul 2.x 的发布时间一直不确定。虽然 Zuul 2.x 后来已经发布并且开源了，但是 Spring Cloud 并没有打算集成进来。

Spring Cloud Gateway 是依赖于 Spring Boot 2.0、Spring WebFlux 和 Project Reactor 等技术开发的网关，它不仅提供了统一的路由请求的方式，还基于过滤链的方式提供了网关最基本的功能。下面通过一些案例来了解 Spring Cloud Gateway。

10.3　Spring Cloud Gateway 网关实战

本节使用一个简单的案例来演示 Spring Cloud Gateway 的使用方法，首先准备两个 Spring Boot 应用。

- spring-cloud-gateway-service，模拟一个微服务。
- spring-cloud-gateway-sample，独立的网关服务。

10.3.1　spring-cloud-gateway-service

基于 Spring Boot 脚手架构建一个应用，添加 spring-boot-starter-web 依赖。创建一个 HelloController

类发布一个接口并启动该应用。

```java
@RestController
public class HelloController {

    @GetMapping("/say")
    public String sayHello(){
        return "[spring-cloud-gateway-service]:say Hello";
    }
}
```

10.3.2   spring-cloud-gateway-sample

创建 Spring Boot 应用，添加 Spring Cloud Gateway 依赖。

```xml
<dependency>
    <groupId>org.springframework.cloud</groupId>
    <artifactId>spring-cloud-starter-gateway</artifactId>
</dependency>
```

在 application.yml 文件中添加 Gateway 的路由配置。

```yaml
spring:
  cloud:
    gateway:
      routes:
        - predicates:
            - Path=/gateway/** #路径匹配
          filters:
            - StripPrefix=1 #跳过前缀
          uri: http://localhost:8080/say ##spring-cloud-gateway-service 的访问地址
server:
  port: 8088
```

上述配置中字段的含义说明如下。

- **id**：自定义路由 ID，保持唯一。
- **uri**：目标服务地址，支持普通 URI 及 lb://应用注册服务名称，后者表示从注册中心获取集群服务地址。

- **predicates**：路由条件，根据匹配的结果决定是否执行该请求路由。
- **filters**：过滤规则，包含 pre 和 post 过滤。其中 StripPrefix=1，表示 Gateway 根据该配置的值去掉 URL 路径中的部分前缀（这里去掉一个前缀，即在转发的目标 URI 中去掉 gateway）。

启动应用，在控制台可以获得如下信息，可以看到，它并没有依赖 Tomcat，而是用 NettyWebServer 来启动一个服务监听。

```
2020-02-09 17:04:32.603  INFO 12972 --- [            main]
o.s.b.web.embedded.netty.NettyWebServer  : Netty started on port(s): 8088
```

通过 curl 指令访问网关应用，测试是否实现了请求的路由。

```
curl http://localhost:8088/gateway/say
```

在配置正确的情况下，将会获得返回结果"[spring-cloud-gateway-service]:say Hello"。

10.4　Spring Cloud Gateway 原理分析

Spring Cloud Gateway 的请求处理过程如图 10-7 所示，其中有几个非常重要的概念。

- 路由（Route）：它是网关的基本组件，由 ID、目标 URI、Predicate 集合、Filter 集合组成。
- 谓语（Predicate）：它是 Java 8 中引入的函数式接口，提供了断言的功能。它可以匹配 HTTP 请求中的任何内容。如果 Predicate 的聚合判断结果为 true，则意味着该请求会被当前 Router 进行转发。
- 过滤器（Filter）：为请求提供前置和后置的过滤。

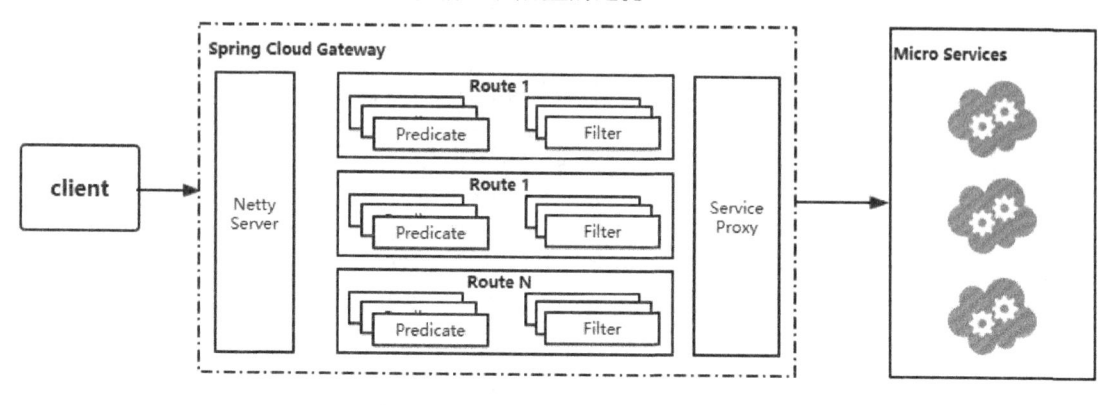

图 10-7　Spring Cloud Gateway 的请求处理过程

Spring Cloud Gateway 启动时基于 Netty Server 监听一个指定的端口（该端口可以通过 server.port 属性自定义）。当客户端发送一个请求到网关时，网关会根据一系列 Predicate 的匹配结果来决定访问哪个 Route 路由，然后根据过滤器链进行请求的处理。过滤器链可以在请求发送到后端服务器之前和之后执行，也就是首先执行 Pre 过滤器链，然后将请求转发到后端服务器，最后执行 Post 过滤器链。

10.5 Route Predicate Factories

Predicate 是 Java 8 提供的一个函数式接口，它允许接收一个参数并返回一个布尔值，可以用于条件过滤、请求参数的校验。

```
@FunctionalInterface
public interface Predicate<T> {
    boolean test(T t);
}
```

在 Spring Cloud Gateway 中，Predicate 提供了路由规则的匹配机制，比如在前面章节中配置的 Predicates 规则 spring.cloud.gateway.routers[0].predicates[0]=Path=/gateway/**，意思是通过 Path 属性来匹配 URL 前缀是/gateway/的请求。

如图 10-8 所示，Spring Cloud Gateway 默认提供了很多 Route Predicate Factory，这些 Predicate 会分别匹配 HTTP 请求的不同属性，并且多个 Predicate 可以通过 and 逻辑进行组合。

Route Predicate Factory	ZonedDateTime	BeforeRoutePredicateFactory
		AfterRoutePredicateFactory
		BetweenRoutePredicateFactory
	Cookie	CookieRoutePredicateFactory
	Header	HeaderRoutePredicateFactory
		CloudFoundryRouteServiceRoutePredicateFactory
	Host	HostRoutePredicateFactory
	Method	MethodRoutePredicateFactory
	Path	PathRoutePredicateFactory
	Query	QueryRoutePredicateFactory
	RemoteAddr	RemoteAddrRoutePredicateFactory
		WeightRoutePredicateFactory
		ReadBodyPredicateFactory

图 10-8 HTTP 请求的属性对应的 Predicate

下面简单介绍几种 Predicate 路由匹配规则。

10.5.1　指定时间规则匹配路由

根据配置的时间来匹配路由规则，包含以下三种。

- 请求在指定日期之前，对应 BeforeRoutePredicateFactory。
- 请求在指定日期之后，对应 AfterRoutePredicateFactory。
- 请求在指定的两个日期之间，对应 BetweenRoutePredicateFactory。

比如，我们希望在 2020 年 6 月 1 号之前发生的请求都路由到 www.example.com，配置如下。

```
spring:
  cloud:
    gateway:
      routes:
      - id: before_route
        uri: http://www.example.com
        predicates:
        - After=2020-06-01T24:00:00.000+08:00[Asia/Shanghai]
```

需要注意的是，配置的日期时间必须满足 ZonedDateTime 的格式，该格式说明如下。

```
//年月日和时分秒用'T'分隔，+08:00 是和 UTC 相差的时间，最后的[Asia/Shanghai]是所在的时间地区
2020-06-01T24:00:00.000+08:00[Asia/Shanghai]
```

10.5.2　Cookie 匹配路由

Cookie Route Predicate Factory 规则，判断请求中携带的 Cookie 是否匹配配置的规则，配置如下。

```
spring:
  cloud:
    gateway:
      routes:
      - id: cookie_route
        uri: http://example.com
        predicates:
        - Cookie=chocolate, mic
```

该配置的意思是，当前请求需要携带一个 name=chocolate，并且 value 需要通过正则表达式匹配 mic，才能路由到 http://example.com。

10.5.3 Header 匹配路由

Header Route Predicate Factory 规则，判断请求中 Header 头消息对应的 name 和 value 与 Predicate 配置的值是否匹配，value 也是正则匹配形式。

```
spring:
 cloud:
  gateway:
   routes:
   - id: header_route
     uri: http://example.com
     predicates:
     - Header=X-Request-Id, \d+
```

该配置中会匹配请求中 Header 头中的 name=X-Request-Id，并且 value 会根据正则表达式匹配 \d+，也就是匹配 1 个以上的数字。

10.5.4 Host 匹配路由

HTTP 请求会携带一个 Host 字段，这个字段表示请求的服务器网址。

Host Route Predicate Factory 规则就是匹配请求中的 Host 字段进行路由。

```
spring:
 cloud:
  gateway:
   routes:
    - id: host_route
      uri: http://example.com
      predicates:
      - Host=**.somehost.com,**.anotherhost.com
```

Host 可以配置一个列表，列表中的每个元素通过,分隔。在上述配置中，当前请求中 Host 的值符合**.somehost.com，**anotherhost.com 时，才会将请求路由到 http://example.com，路径命名及匹配规则支持 Ant Path，比如 www.somehost.com、test.somehost.com、www.anotherhost.com 都

符合该规则。

10.5.5　请求方法匹配路由

Method Route Predicate Factory 规则会根据 HTTP 请求的 Method 属性来匹配以实现路由，配置如下。

```
spring:
  cloud:
    gateway:
      routes:
      - id: method_route
        uri: http://example.com
        predicates:
        - Method=GET,POST
```

该配置表示，如果 HTTP 请求的方法是 GET 或 POST，都会路由到 https://example.com。

10.5.6　请求路径匹配路由

Path Route Predicate Factory，请求路径匹配路由是比较常见的路由匹配规则，配置如下。

```
spring:
  cloud:
    gateway:
      routes:
      - id: path_route
        uri: http://example.com
        predicates:
        - Path=/red/{segment},/blue/{segment}
```

${segment}是一种比较特殊的占位符，/*表示单层路径匹配，/**表示多层路径匹配。上述配置规则中，匹配请求的 URI 为/red/*、/blue/*时，才会转发到 http://example.com。

10.6　Gateway Filter Factories

Filter 分为 Pre 类型的过滤器和 Post 类型的过滤器。

- Pre 类型的过滤器在请求转发到后端微服务之前执行,在 Pre 类型过滤器链中可以做鉴权、限流等操作。
- Post 类型的过滤器在请求执行完之后、将结果返回给客户端之前执行。

在 Spring Cloud Gateway 中内置了很多 Filter,Filter 有两种实现,分别是 GatewayFilter 和 GlobalFilter。GlobalFilter 会应用到所有的路由上,而 GatewayFilter 只会应用到单个路由或者一个分组的路由上。

10.6.1　GatewayFilter

由于内置的 GatewayFilter 比较多,本节会列举几种进行说明。

10.6.1.1　AddRequestParameter GatewayFilter Factory

该过滤器的功能是对所有匹配的请求添加一个查询参数。

```
spring:
  cloud:
    gateway:
      routes:
      - id: add_request_parameter_route
        uri: http://example.com
        filters:
        - AddRequestParameter=foo, bar
```

在上面这段配置中,会对所有请求增加 foo=bar 这个参数。

10.6.1.2　AddResponseHeader GatewayFilter Factory

该过滤器会对所有匹配的请求,在返回结果给客户端之前,在 Header 中添加相应的数据。

```
spring:
  cloud:
    gateway:
      routes:
      - id: add_request_header_route
        uri: http://example.com
        filters:
        - AddResponseHeader=X-Response-Foo, Bar
```

在上面这段配置中，会在 Response 中添加 Header 头，key=X-Response-Foo，Value=Bar。

10.6.1.3　RequestRateLimiter GatewayFilter Factory

该过滤器会对访问到当前网关的所有请求执行限流过滤，如果被限流，默认情况下会响应 HTTP 429-Too Many Requests。

RequestRateLimiterGatewayFilterFactory 默认提供了 RedisRateLimiter 的限流实现，它采用令牌桶算法来实现限流功能。

```
spring:
  cloud:
    gateway:
      routes:
      - id: requestratelimiter_route
        uri: http://example.com
        filters:
        - name: RequestRateLimiter
          args:
            redis-rate-limiter.replenishRate: 10
            redis-rate-limiter.burstCapacity: 20
```

redis-rate-limiter 过滤器有两个配置属性，如果大家了解令牌桶，就很容易知道它们的含义。

- **replenishRate**：令牌桶中令牌的填充速度，代表允许每秒执行的请求数。
- **burstCapacity**：令牌桶的容量，也就是令牌桶最多能够容纳的令牌数。表示每秒用户最大能够执行的请求数量。

下面来实现限制同一个 IP 的请求频次。

- 添加 Jar 包依赖，Redis 的限流器基于 Stripe 实现，它需要引入下面这个依赖包。

```
<dependency>
    <groupId>org.springframework.boot</groupId>
    <artifactId>spring-boot-starter-data-redis-reactive</artifactId>
</dependency>
```

- 创建一个 KeyResolver 的实现类。

```
@Service
```

```java
public class IpAddressKeyResolver implements KeyResolver{
    @Override
    public Mono<String> resolve(ServerWebExchange exchange) {
        return Mono.just(exchange.getRequest().getRemoteAddress().getAddress().
getHostAddress());
    }
}
```

KeyResolver 接口主要用于设置限流请求的 key，我们可以实现该接口来指定需要对当前请求中的哪些因素进行流量控制。在上述代码中我们设置了 HostAddress，表示根据请求 IP 来限流。

KeyResolver 的默认实现是 PrincipalNameKeyResolver，它会从 ServerWebExchange 检索 Principal 并调用 Principal.getName。

在默认情况下，如果 KeyResolver 没有获取到 key，请求将被拒绝。我们可以通过下面这两个属性来调整。

○ spring.cloud.gateway.filter.request-rate-limiter.denyEmptyKey，是否允许空的 key。

○ spring.cloud.gateway.filter.request-rate-limiter.emptyKeyStatus，当 deny-empty- key=true 时返回的 HttpStatus，默认为 FORBIDDEN(403, "Forbidden")。

- 在 application.yml 中添加如下配置。

```yaml
spring:
  cloud:
    gateway:
      routes:
        - id: define_filter
          predicates:
            - Path=/gateway/**
          filters:
            - name: GpDefine
              args:
                name: Gp_Mic
            - name: RequestRateLimiter
              args:
                denyEmptyKey: true
```

```
                    emptyKeyStatus: SERVICE_UNAVAILABLE
                    keyResolver: '#{@ipAddressKeyResolver}'
                    redis-rate-limiter.replenishRate: 1
                    redis-rate-limiter.burstCapacity: 2
                - StripPrefix=1
            uri: http://localhost:8080/say
  redis:
    host: 192.168.216.128
    port: 6379
```

在上述配置中，keyResolver 采用的是 SpEL 表达式按照名称来引用 Bean，#{@ipAddressKeyResolver} 表示引用 name=ipAddressKeyResolver 的 Bean。

- 通过测试工具访问网关即可看到限流的效果，默认响应 HTTP ERROR 429。
- 登录 Redis 服务器，可以看到在 Redis 中会生成如下两个 key。

```
1) "request_rate_limiter.{192.168.1.103}.timestamp"
2) "request_rate_limiter.{192.168.1.103}.tokens"
```

Spring Cloud Gateway 目前默认只实现了基于 Redis 的 Ratelimiter 限流方式，如果我们想使用其他方式实现限流，它也提供了扩展功能，实现方式类似于 keyResolver。

- 创建自定义限流器，实现 AbstractRateLimiter 接口。
- 指定自定义限流器，rateLimiter: #{@defineRateLimiter}。

10.6.1.4 Retry GatewayFilter Factory

Retry GatewayFilter Factory 为请求重试过滤器，当后端服务不可用时，网关会根据配置参数来发起重试请求。

```
spring:
  cloud:
    gateway:
      routes:
      - id: retry_route
        uri: http://www.example.com
        predicates:
        - Path=/example/**
        filters:
```

```
        - name: Retry
          args:
            retries: 3
            status: 503
        - StripPrefix=1
```

RetryGatewayFilter 提供 4 个参数来控制重试请求，参数说明如下。

- **retries**：请求重试次数，默认值是 3。
- **status**：HTTP 请求返回的状态码，针对指定状态码进行重试，比如，在上述配置中，当服务端返回的状态码是 503 时，才会发起重试，此处可以配置多个状态码。
- **methods**：指定 HTTP 请求中哪些方法类型需要进行重试，默认值是 GET。
- **series**：配置错误码段，表示符合某段状态码才发起重试，默认值是 SERVER_ERROR(5)，表示 5xx 段的状态码都会发起重试。如果 series 配置了错误码段，但是 status 没有配置，则仍然会匹配 series 进行重试。

10.6.2　GlobalFilter

GlobalFilter 和 GatewayFilter 的作用是相同的，只是 GlobalFilter 针对所有的路由配置生效。

Spring Cloud Gateway 内置的全局过滤器也有很多，比如：

- GatewayMetricsFilter，提供监控指标。
- LoadBalancerClientFilter，整合 Ribbon 针对下游服务实现负载均衡。
- ForwardRoutingFilter，用于本地 forward，请求不转发到下游服务器。
- NettyRoutingFilter，使用 Netty 的 HttpClient 转发 HTTP、HTTPS 请求。

全局过滤链的执行顺序是，当 Gateway 接收到请求时，Filtering Web Handler 处理器会将所有的 GlobalFilter 实例及所有路由上所配置的 GatewayFilter 实例添加到一条过滤器链中。该过滤器链里的所有过滤器都会按照@Order 注解所指定的数字大小进行排序。

10.6.2.1　LoadBalancerClientFilter

LoadBalancerClientFilter 是用于实现请求负载均衡的全局过滤器，配置如下。

```
spring:
  cloud:
    gateway:
      routes:
```

```
  - id: loadbalance_route
    uri: lb://example_service
    predicates:
    - Path=/service/**
```

如果 URI 配置的是 lb://example_service，那么这个过滤器会识别到 lb://，并且使用 Spring Cloud LoadBalancerClient 将 example_service 名称解析成实际访问的主机和端口地址，具体的使用方法会在后面详细分析。

10.6.2.2　GatewayMetricsFilter

GatewayMetricsFilter 是网关指标过滤器，这个过滤器会添加 name=gateway.requests 的 timer metrics，其中包含以下数据。

- routeId：路由 ID。
- routeUri：API 网关将路由到的 URI。
- outcome：返回的状态码段，值的枚举类定义在 HttpStatus.Series 中。
- status：返回给客户端的 HTTP Status。
- httpStatusCode：返回给客户端的 HttpStatusCode，如 200。
- httpMethod：请求所使用的 HTTP 方法。

这些指标通过 http://ip:port/actuator/metrics/gateway.requests 获得，前提是需要添加 Spring Boot Actuator 依赖，具体的配置步骤如下。

- 添加 Spring Boot Actuator 依赖。

```
<dependency>
    <groupId>org.springframework.boot</groupId>
    <artifactId>spring-boot-starter-actuator</artifactId>
    <version>2.1.1.RELEASE</version>
</dependency>
```

- 在 application.yml 中开启监控管理 Endpoint，并将所有断点暴露出来。

```
management:
  endpoint:
    gateway:
      enabled: true
  endpoints:
```

```yaml
      web:
        exposure:
          include: "*"
```

- 通过 curl 命令访问 gatewaymetric 端点。

```
curl http://localhost:8888/actuator/metrics/gateway.requests
```

- 将会获得如下指标数据（如果数据为空，可以先访问一次网关的接口）。

```json
{
  "name": "gateway.requests",
  "description": null,
  "baseUnit": "seconds",
  "measurements": [{
      "statistic": "COUNT",
      "value": 3.0
  }, {
      "statistic": "TOTAL_TIME",
      "value": 0.565514913
  }, {
      "statistic": "MAX",
      "value": 0.544866516
  }],
  "availableTags": [{
      "tag": "routeUri",
      "values": ["lb://spring-cloud-nacos-gateway-provider"]
  }, {
      "tag": "routeId",
      "values": ["nacos-gateway-provider"]
  }, {
      "tag": "httpMethod",
      "values": ["GET"]
  }, {
      "tag": "outcome",
      "values": ["SUCCESSFUL"]
  }, {
      "tag": "status",
```

```
        "values": ["OK"]
    }, {
        "tag": "httpStatusCode",
        "values": ["200"]
    }]
}
```

在实际应用中，我们可以将这些信息发布到监控平台上，比如可以集成 Prometheus，进行可视化监控。

10.7　自定义过滤器

Spring Cloud Gateway 提供了过滤器的扩展功能，开发者可以根据实际业务需求来自定义过滤器。同样，自定义过滤器也支持 GlobalFilter 和 GatewayFilter 两种。

10.7.1　自定义 GatewayFilter

首先创建一个自定义过滤器类 GpDefineGatewayFilterFactory，继承 AbstractGatewayFilterFactory。

```
@Service
@Slf4j
public class GpDefineGatewayFilterFactory extends
AbstractGatewayFilterFactory<GpDefineGatewayFilterFactory.GpConfig>{

    public GpDefineGatewayFilterFactory(){
        super(GpConfig.class);
    }
    @Override
    public GatewayFilter apply(GpConfig config) {
        return ((exchange, chain) -> {
            log.info("[Pre] Filter Request,name:"+config.getName());
            return chain.filter(exchange).then(Mono.fromRunnable(()->{
                log.info("[Post] Response Filter");
            }));
        });
    }
```

```
public static class GpConfig{ //配置类
    private String name;

    public String getName() {
        return name;
    }

    public void setName(String name) {
        this.name = name;
    }
}
}
```

在上述代码中，有几点需要注意。

- 类名必须要统一以 GatewayFilterFactory 结尾，因为默认情况下过滤器的 name 会采用该自定义类的前缀。这里的 name=GpDefine。

- 在 apply 方法中，同时包含 Pre 和 Post 过滤。在 then 方法中是请求执行结束之后的后置处理。

- GpConfig 是一个配置类，该类中只有一个属性 name。这个属性可以在 yml 文件中使用。

- 该类需要装载到 Spring IoC 容器，此处使用@Service 注解实现。

接下来，在 application.yml 文件中配置该自定义过滤器。

```
spring:
  cloud:
    gateway:
      routes:
        - id: define_filter
          predicates:
            - Path=/gateway/**
          filters:
            - name: GpDefine
              args:
                name: Gp_Mic
            - StripPrefix=1
          uri: http://localhost:8080/say
```

其中，name 属性就是 GpDefineGatewayFilterFactory 的前缀。而 args 中的 name 属性是 GpConfig 配置类中声明的属性，这个属性配置好之后，可以在代码中获得这个 name 对应的值 Gp_Mic。

最后，通过 curl 命令访问网关服务。

```
curl http://localhost:8088/gateway/say
```

可以在控制台获得如下日志信息，这说明自定义过滤器配置正确。

```
2020-02-10 13:04:42.002  INFO 42376 --- [ctor-http-nio-2]
c.g.s.g.s.GpDefineGatewayFilterFactory   : [Pre] Filter Request,name:Gp_Mic
2020-02-10 13:04:42.078  INFO 42376 --- [ctor-http-nio-7]
c.g.s.g.s.GpDefineGatewayFilterFactory   : [Post] Response Filter
```

10.7.2　自定义 GlobalFilter

GlobalFilter 的实现比较简单，它不需要额外的配置，只需要实现 GlobalFilter 接口，自动会过滤所有的 Route。

```
@Service
@Slf4j
public class GpDefineFilter implements GlobalFilter,Ordered{
    @Override
    public Mono<Void> filter(ServerWebExchange exchange, GatewayFilterChain chain) {
        log.info("[pre]-Enter GpDefineFilter");
        return chain.filter(exchange).then(Mono.fromRunnable(()->{
            log.info("[post]-Return Result");
        }));
    }
    @Override
    public int getOrder() {
        return 0;
    }
}
```

getOrder 表示该过滤器的执行顺序，值越小，执行优先级越高。

需要注意的是，我们通过 AbstractGatewayFilterFactory 实现的局部过滤器没有指定 order，它的默认值是 0，如果想要设置多个过滤器的执行顺序，可以重写 getOrder 方法。

10.8 Spring Cloud Gateway 集成 Nacos 实现请求负载

Nacos 可以用于实现 Spring Cloud Gateway 中网关动态路由功能，也可以基于 Nacos 来实现对后端服务的负载均衡。前者利用 Nacos 配置中心功能，后者利用 Nacos 服务注册功能。

如图 10-9 所示，是 Spring Cloud Gateway 集成 Nacos 实现负载均衡的架构图，下面演示一下整个实现过程，首先准备如下项目。

- spring-cloud-gateway-nacos-provider，提供 REST 服务，并将服务注册到 Nacos 上。
- spring-cloud-gateway-nacos-consumer，提供网关路由，基于 Nacos 服务注册中心。

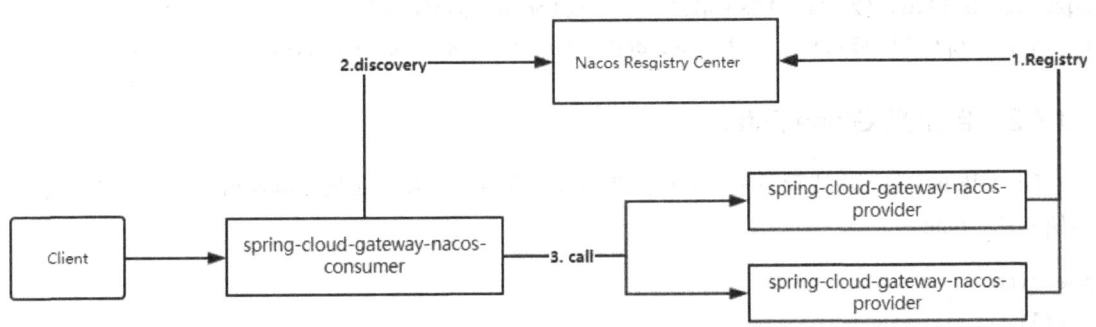

图 10-9　整体架构图

spring-cloud-gateway-nacos-provider 服务的构建过程如下，该项目提供 REST 接口，并且将该接口注册到 Nacos 服务器上。

- 添加相关 Jar 包依赖，Spring Cloud 使用的版本为 Greenwich.SR2。

```xml
<dependency>
    <groupId>org.springframework.cloud</groupId>
    <artifactId>spring-cloud-starter</artifactId>
    <version>2.1.2.RELEASE</version>
</dependency>
<dependency>
    <groupId>org.springframework.boot</groupId>
    <artifactId>spring-boot-starter-web</artifactId>
    <version>2.1.1.RELEASE</version>
</dependency>
<dependency>
    <groupId>com.alibaba.cloud</groupId>
```

```
<artifactId>spring-cloud-alibaba-nacos-discovery</artifactId>
<version>2.1.1.RELEASE</version>
</dependency>
```

- 创建 NacosController，提供一个/say 接口。

```
@RestController
public class NacosController {

    @GetMapping("/say")
    public String sayHello(){
        return "[spring-cloud-nacos-gatewayh-provider]:sayHello";
    }
}
```

- 在 application.yml 中添加服务注册地址的配置。

```
spring:
  application:
    name: spring-cloud-nacos-gateway-provider
  cloud:
    nacos:
      discovery:
        server-addr: 192.168.216.128:8848

server:
  port: 8080
```

为了演示请求负载，将 spring-cloud-gateway-nacos-provider 部署两份，分别开放 8080 和 8081 端口。服务启动成功之后，进入 Nacos Dashboard 的服务列表，可以看到如图 10-10 所示的服务信息。

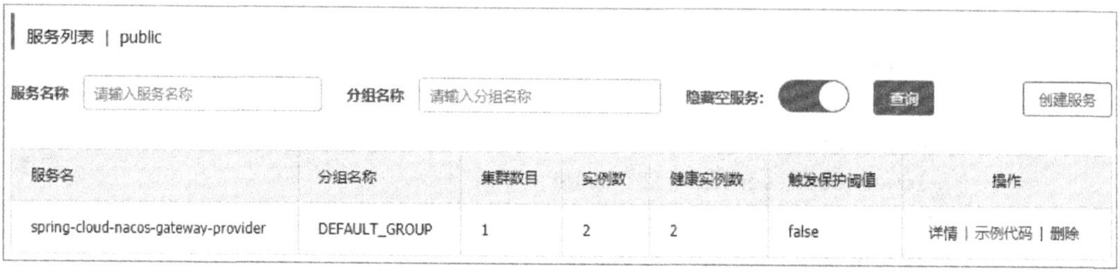

服务列表 | public							
服务名称 请输入服务名称		分组名称 请输入分组名称			隐藏空服务: ⬤ 查询		创建服务
服务名	分组名称	集群数目	实例数	健康实例数	触发保护阈值	操作	
spring-cloud-nacos-gateway-provider	DEFAULT_GROUP	1	2	2	false	详情 | 示例代码 | 删除	

图 10-10　Nacos 服务列表

spring-cloud-gateway-nacos-consumer 作为网关，会从 Nacos 上根据服务名称获取目标 URI 进行服务调用。

- 添加 Jar 依赖。

```xml
<dependency>
    <groupId>org.springframework.cloud</groupId>
    <artifactId>spring-cloud-starter</artifactId>
    <version>2.1.2.RELEASE</version>
</dependency>
<dependency>
    <groupId>org.springframework.cloud</groupId>
    <artifactId>spring-cloud-starter-gateway</artifactId>
    <version>2.1.2.RELEASE</version>
</dependency>
<dependency>
    <groupId>com.alibaba.cloud</groupId>
    <artifactId>spring-cloud-alibaba-nacos-discovery</artifactId>
    <version>2.1.1.RELEASE</version>
</dependency>
```

- 在 application.yml 中添加如下配置。

```yaml
spring:
  application:
    name: spring-cloud-nacos-gateway-consumer
  cloud:
    nacos:
      discovery:
        server-addr: 192.168.216.128:8848
    gateway:
      discovery:
        locator:
          enabled: true
          lower-case-service-id: true
      routes:
        - id: nacos-gateway-provider
          uri: lb://spring-cloud-nacos-gateway-provider
```

```
            predicates:
              - Path=/nacos/**
            filters:
              - StripPrefix=1
server:
  port: 8888
```

关键配置如下。

- **lower-case-service-id**：是否使用 service-id 的小写，默认是大写。
- **spring.cloud.gateway.discovery.locator.enabled**：开启从注册中心动态创建路由的功能。
- **uri**：其中配置的 lb://表示从注册中心获取服务，后面的 spring-cloud-nacos-gateway-provider 表示目标服务在注册中心上的服务名。

- 通过 curl 指令访问网关，如果配置成功，将会正确返回目标服务的内容。

```
curl http://localhost:8888/nacos/say
```

10.9　Spring Cloud Gateway 集成 Sentinel 网关限流

Sentinel 从 1.6.0 版本开始，提供了 Spring Cloud Gateway Adapter 模块，支持两种资源维度的限流。

- Route 维度。
- 自定义 API 维度，可以利用提供的 API 来自定义 API 分组，然后针对这些分组维度进行限流。

下面在 10.8 节演示代码的基础上，分别演示两种方式的限流配置。在使用时，需要引入如下依赖。

```xml
<dependency>
    <groupId>com.alibaba.csp</groupId>
    <artifactId>sentinel-spring-cloud-gateway-adapter</artifactId>
    <version>1.7.1</version>
</dependency>
```

10.9.1　Route 维度限流

添加一个配置类 GatewayConfiguration。

```java
@Configuration
public class GatewayConfiguration {

    private final List<ViewResolver> viewResolvers;
    private final ServerCodecConfigurer serverCodecConfigurer;

    public GatewayConfiguration(ObjectProvider<List<ViewResolver>> viewResolvers,
ServerCodecConfigurer serverCodecConfigurer) {
        this.viewResolvers = viewResolvers.getIfAvailable(Collections::emptyList);
        this.serverCodecConfigurer = serverCodecConfigurer;
    }

    //注入 SentinelGatewayFilter
    @Bean
    @Order(Ordered.HIGHEST_PRECEDENCE)
    public GlobalFilter sentinelGatewayFilter(){
        return new SentinelGatewayFilter();
    }
    //注入限流异常处理器
    @Bean
    @Order(Ordered.HIGHEST_PRECEDENCE)
    public SentinelGatewayBlockExceptionHandler
sentinelGatewayBlockExceptionHandler(){
        return new
SentinelGatewayBlockExceptionHandler(viewResolvers,serverCodecConfigurer);
    }
    @PostConstruct
    public void doInit(){
        initGatewayRules();
    }
    //初始化限流规则
    private void initGatewayRules(){
        Set<GatewayFlowRule> rules=new HashSet<>();
```

```
      GatewayFlowRule gatewayFlowRule=new
GatewayFlowRule("nacos-gateway-provider").setCount(1).setIntervalSec(1);
      rules.add(gatewayFlowRule);
      GatewayRuleManager.loadRules(rules);
   }
}
```

配置类的主要功能如下。

- 注入一个全局限流过滤器 SentinelGatewayFilter。
- 注入限流异常处理器。
- 初始化限流规则。在当前的版本中，sentinel-spring-cloud-gateway-adapter 还只能支持手动配置。

其中，GatewayFlowRule 网关限流规则中提供了如下属性。

- **resource**：资源名称，可以是网关中的 route 名称或者用户自定义的 API 分组名称。
- **resourceMode**：资源模型，限流规则是针对 API Gateway 的 route（RESOURCE_MODE_ROUTE_ID）还是用户在 Sentinel 中定义的 API 分组（RESOURCE_MODE_CUSTOM_API_NAME），默认是 route。
- **grade**：限流指标维度，同限流规则的 grade 字段。
- **count**：限流阈值。
- **intervalSec**：统计时间窗口，单位是秒，默认是 1 秒。
- **controlBehavior**：流量整形的控制效果，同限流规则的 controlBehavior 字段，目前支持快速失败和匀速排队两种模式，默认是快速失败。
- **burst**：应对突发请求时额外允许的请求数目。
- **maxQueueingTimeoutMs**：匀速排队模式下的最长排队时间，单位是毫秒，仅在匀速排队模式下生效。
- **paramItem**：参数限流配置。若不提供，则代表不针对参数进行限流，该网关规则将会被转换成普通流控规则；否则会转换成热点规则。其中的字段如下。
  ○ **parseStrategy**：从请求中提取参数的策略，目前支持提取来源 IP（PARAM_PARSE_STRATEGY_CLIENT_IP）、Host（PARAM_PARSE_STRATEGY_HOST）、任意 Header（PARAM_PARSE_STRATEGY_HEADER）和任意 URL 参数（PARAM_PARSE_STRATEGY_URL_PARAM）四种模式。

- **fieldName**：若提取策略选择 Header 模式或 URL 参数模式，则需要指定对应的 Header 名称或 URL 参数名称。
- **pattern** 和 **matchStrategy**：为后续参数匹配特性预留，目前未实现。

网关限流规则的加载可以通过 GatewayRuleManager.loadRules(rules);的方式手动加载，也可以通过 GatewayRuleManager.register2Property(property)注册动态限流规则（建议使用这种动态限流规则的方式）。

application.yml 文件中的配置如下，由于 SentinelGatewayFilter 是全局过滤器，网关配置不需要做任何调整。

```yaml
spring:
  application:
    name: spring-cloud-nacos-gateway-consumer
  cloud:
    nacos:
      discovery:
        server-addr: 192.168.216.128:8848
    gateway:
      discovery:
        locator:
          enabled: false
          lower-case-service-id: false
      routes:
        - id: nacos-gateway-provider
          uri: lb://spring-cloud-nacos-gateway-provider
          predicates:
            - Path=/nacos/**
          filters:
            - StripPrefix=1
```

最后，通过测试工具访问 http://localhsot:8888/nacos/say，当触发限流之后，会获得如下内容。

```
Blocked by Sentinel: ParamFlowException
```

10.9.2 自定义 API 分组限流

自定义 API 分组限流实际上就是让多个 Route 共用一个限流规则。举例来说，假设有如下两个 URI 匹配规则。

```
spring:
  cloud:
    gateway:
      routes:
        - id: foo_route
          uri: http://www.foo.com
          predicates:
            - Path=/foo/**
        - id: baz_route
          uri: http://www.baz.com
          predicates:
            - Path=/baz/**
```

如果我们希望这两个路由共用同一个限流规则，则可以采用自定义 API 分组限流的方式来实现。

```java
private void initCustomizedApis(){
    Set<ApiDefinition> definitions=new HashSet<>();
    ApiDefinition apiDefinition=new ApiDefinition("first_customized_api");
    apiDefinition.setPredicateItems(new HashSet<ApiPredicateItem>(){{
        add(new ApiPathPredicateItem().setPattern("/foo/**"));
        add(new ApiPathPredicateItem().setPattern("/baz/**").setMatchStrategy
(SentinelGatewayConstants.URL_MATCH_STRATEGY_PREFIX));
    }});
    definitions.add(apiDefinition);
    GatewayApiDefinitionManager.loadApiDefinitions(definitions);
}
```

上述代码主要是将/foo/**和/baz/**进行统一分组，并提供一个 name=first_customized_api，然后在初始化网关限流规则时，针对该 name 设置限流规则。同时，我们可以通过 setMatchStrategy 来设置不同 path 下的限流参数策略。

```java
private void initGatewayRules(){
GatewayFlowRule customerFlowRule=new GatewayFlowRule("first_customized_api").
        setResourceMode(SentinelGatewayConstants.RESOURCE_MODE_CUSTOM_API_NAME).
        setCount(5).setIntervalSec(1);
    }
```

需要注意的是，在上述代码中，foo_route 和 baz_route 这两个路由 ID 与 first_customized_api 都会标记为 Sentinel 的资源（限流资源标识）。比如，当访问网关的 URI 为 http://localhost:8888/foo/1 时，Sentinel 会统计 foo_route、baz_route、first_customized_api 这些资源的流量情况。

10.9.3　自定义异常

在前面演示的案例中，当触发限流时，会返回 Blocked by Sentinel:ParamFlowException 这样的异常信息。

但是在实际应用中，一般都以 JSON 格式进行数据返回，那么怎么修改限流之后返回的数据格式呢？

触发限流后的默认处理类是通过下面这段代码来实现的。

```
@Bean
@Order(Ordered.HIGHEST_PRECEDENCE)
public SentinelGatewayBlockExceptionHandler sentinelGatewayBlockExceptionHandler(){
    return new
SentinelGatewayBlockExceptionHandler(viewResolvers,serverCodecConfigurer);
}
```

在 SentinelGatewayBlockExceptionHandler 中实现了 WebExceptionHandler 接口，这意味着我们可以实现该接口来自定义异常处理器以实现消息格式的转化。

先创建一个自定义限流异常处理器 GpSentinelGatewayBlockExceptionHandler，所有代码都可以直接从 SentinelGatewayBlockExceptionHandler 中复制过来，我们只需要修改 writeResponse 方法，该方法的作用是将限流的异常信息写回客户端。

```
public class GpSentinelGatewayBlockExceptionHandler implements WebExceptionHandler{
  private List<ViewResolver> viewResolvers;
  private List<HttpMessageWriter<?>> messageWriters;
  public GpSentinelGatewayBlockExceptionHandler(List<ViewResolver> viewResolvers,
ServerCodecConfigurer serverCodecConfigurer) {
    this.viewResolvers = viewResolvers;
    this.messageWriters = serverCodecConfigurer.getWriters();
  }
  //省略无关代码
  private Mono<Void> writeResponse(ServerResponse response, ServerWebExchange exchange) {
```

```
ServerHttpResponse serverHttpResponse = exchange.getResponse();
serverHttpResponse.getHeaders().
    add("Content-Type", "application/json;charset=UTF-8");
byte[] datas = "{\"code\":999,\"msg\":\"访问人数过多
    \"}".getBytes(StandardCharsets.UTF_8);
DataBuffer buffer = serverHttpResponse.bufferFactory().wrap(datas);
return serverHttpResponse.writeWith(Mono.just(buffer));
  }
}
```

在配置类中注入自定义限流异常处理器。

```
@Bean
@Order(Ordered.HIGHEST_PRECEDENCE)
public GpSentinelGatewayBlockExceptionHandler sentinelGatewayBlockExceptionHandler(){
    return new
GpSentinelGatewayBlockExceptionHandler(viewResolvers,serverCodecConfigurer);
}
```

通过测试工具访问网关地址，如果被限流，将会获得如下异常。

```
{"code":999,"msg":"访问人数过多"}
```

10.9.4　网关流控控制台

Sentinel 在 1.6.3 版本引入了网关流控控制台，我们可以在 Sentinel 控制台上查看 API Gateway 实时的 Route 和自定义 API 分组的监控，可以在控制台上管理网关的流控规则和 API 分组配置。

如果需要接入 Sentinel Dashboard，则可以按照如下步骤来操作。

- 添加 Jar 包依赖。

```
<dependency>
    <groupId>com.alibaba.csp</groupId>
    <artifactId>sentinel-transport-simple-http</artifactId>
    <version>1.7.1</version>
</dependency>
```

- 在启动配置中添加 VM 参数。

```
-Dcsp.sentinel.dashboard.server=192.168.216.128:8081
-Dproject.name=spring-cloud-nacos-gateway-consumer -Dcsp.sentinel.app.type=1
```

其中-Dcsp.sentinel.app.type=1 是在 Spring Cloud Gateway 接入 Sentinel 的时候才需要配置的,配置好之后 Sentinel Dashboard 会针对 Gateway 提供一个定制化的界面。

10.9.5　网关限流原理

网关限流的实现原理如图 10-11 所示,主要实现逻辑如下。

在看这段原理分析之前,最好先阅读第 7 章中关于 Sentinel 原理的讲解。

- 通过 GatewayRuleManager 加载网关限流规则 GatewayFlowRule 时,无论是否针对请求属性进行限流,Sentinel 底层都会将网关流控规则 GatewayFlowRule 转化为热点参数规则 ParamFlowRule 存储在 GatewayFlowManager 中,与正常的热点参数规则相互隔离。在转化时,Sentinel 会根据请求属性配置,为网关流控规则设置参数索引(idx),并添加到生成的热点参数规则中。

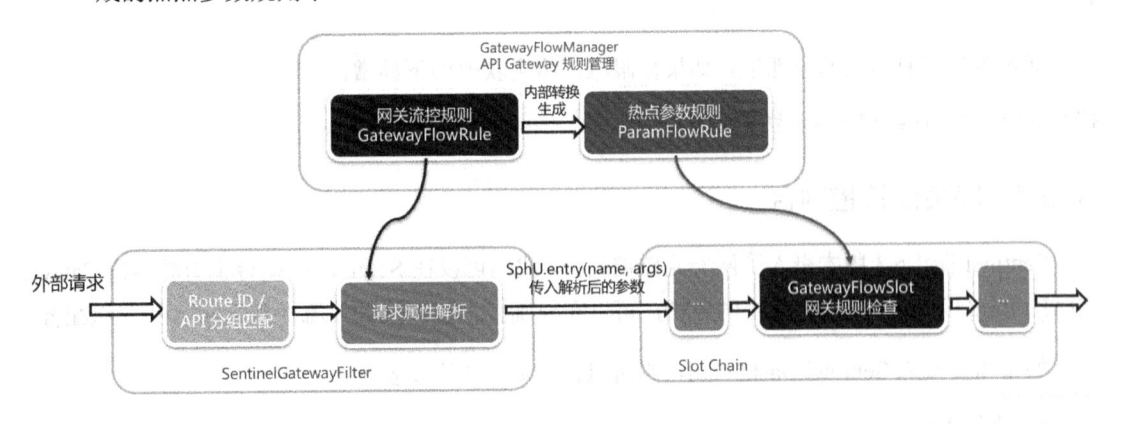

图 10-11　网关限流的实现原理

- 在外部请求进入 API 网关时,会先经过 SentinelGatewayFilter,在该过滤器中依次进行 Route ID/API 分组匹配、请求属性解析和参数组装。
- Sentinel 根据配置的网关限流规则来解析请求属性,并依照参数索引顺序组装参数数组,最终传入 SphU.entry(name,args)中。
- 在 Sentinel API Gateway Adapter Common 模块中在 Slot Chain 中添加了一个 GatewayFlowSlot,专门用来处理网关限流规则的检查。

- 如果当前限流规则并没有指定限流参数，则 Sentinel 会在参数的最后一个位置置入一个预设的常量$D，最终实现普通限流。

实际上，在网关限流中，我们所配置的网关限流规则最终都会转化为参数限流规则，通过 ParamFlowChecker.passCheck 进行参数限流规则检查。

10.10　本章小结

在本章中主要介绍了网关的发展过程，以及目前比较常见的 API 网关解决方案。通过分析可以发现，网关的本质是提供路由及过滤的功能。

笔者重点分析了 Spring 团队研发的 Spring Cloud Gateway，它由三部分组成：

- 路由（Route）。
- 谓语（Predicate）。
- 过滤器（Filter）。

相信读者再看到这三个概念时，立马就能想到这三者的实现原理。

最后，笔者将 Spring Cloud Alibaba 生态下的 Nacos 和 Sentinel 组件集成到 Spring Cloud Gateway，演示了网关限流，以及网关的负载均衡策略。其中重点分析了网关限流的原理，这也能帮助大家更好地理解这些技术的本质。

需要注意的是，Spring Cloud Gateway 目前的版本只支持 HTTPS、HTTP、WS、WSS 这四种协议的转发，而 Dubbo 框架是基于 Dubbo 协议来实现的，因此暂时无法实现 Dubbo 服务的网关请求转发。

反侵权盗版声明

电子工业出版社依法对本作品享有专有出版权。任何未经权利人书面许可，复制、销售或通过信息网络传播本作品的行为；歪曲、篡改、剽窃本作品的行为，均违反《中华人民共和国著作权法》，其行为人应承担相应的民事责任和行政责任，构成犯罪的，将被依法追究刑事责任。

为了维护市场秩序，保护权利人的合法权益，我社将依法查处和打击侵权盗版的单位和个人。欢迎社会各界人士积极举报侵权盗版行为，本社将奖励举报有功人员，并保证举报人的信息不被泄露。

举报电话：(010)88254396；(010)88258888

传　　真：(010)88254397

E - mail：dbqq@phei.com.cn

通信地址：北京市万寿路 173 信箱
　　　　　电子工业出版社总编办公室

邮　　编：100036